U0016868

楚亡

從項羽到韓信

李開元 著

文學比史學更真實？

序言

文學和史學，誰更真實？

文學所追求的極致是美，史學以求真為自己的最高目標。為了美，文學可以大膽地虛構，對於史學來說，虛構損害了真。

不過，有些哲學家並不這樣看。亞里斯多德有一個說法，詩比歷史更真實，他所說的詩，就是文學。因為歷史所記述的，是已經發生了的事情，文學所描述的，是可能發生的事情，可能發生的事情比已經發生了的事情更接近本質、更富有哲學意義，也就更真實。

世間流傳這樣一個故事。一六六三年，伽利略接受宗教裁判，正式宣布放棄地球圍繞太陽轉動的日心說。據說，他當時嘀咕道：「但它（地球）確實轉動。」這句話，至今找不到證據加以證明。這個故事，作為歷史事實或許是假的，但是，它真實地刻畫了伽利略在被迫放棄自己觀點時的主觀立場，具有邏輯的真實性。

在本書中，我詳細地敘述了侯生說項羽的故事。在這個故事中，侯生動之以情，曉之以理，以透徹的人情利害分析，成功地說服了項羽接受劉邦的和議，以鴻溝為界中分天下，釋放了被扣押在軍中做人質的太公和呂后，成就了一樁歷史上罕見的外交偉業。侯公說項羽這件事情，史書有記載，寥寥數語。但侯公如何說項羽的詳情，史書卻沒有記載，是一段歷史的空白。我的敘述，是為了填補歷史空白的構築。

多年來，不管是歷史學家還是文學家，都面臨歷史空白的困惑：對歷史上肯定有過而史書沒有記載的事情，究竟是沉默不語，用嚴謹和慎重將其束之高閣，還是打破沉默，用推測和想像將其構築出來？

在寫作本系列的第一部《秦崩：從秦始皇到劉邦》時，我力求打通文史哲，回到司馬遷，力求用優美動人的文筆，用追尋往事的感觸和腳行古跡的體驗，去復活兩千年前的那一段歷史。在追求真實的敘述中，我曾經嘗試用推測性的構築，去填補歷史記載的空白，寫成「戲水之戰的秘密」，結果是贊否兩論，毀譽參半。

在寫作本書的過程中，我再一次面臨同樣的困惑。有幸的是，在敘述到侯公說項羽的時候，我得到兩位偉大先輩的支持，一位是宋代的蘇東坡，一位是明代的王世貞。蘇東坡讀史，有感於侯生說項羽的詳情失載，曾經撰寫〈代侯公說項羽辭〉一文，縱橫馳騁想像，有節有度敘述，堪稱補史的名文。王世貞著有〈短長說〉上下篇，其中有侯生說項羽的篇章，也是匠心獨運，構思巧妙。我讀二位先賢，心靈相通之餘，仍有意猶未盡之感，於是活用兩篇侯公說項羽辭，再次復活了侯公說項羽的詳情。

蘇東坡大氣明朗，自述撰寫〈代侯公說項羽辭〉的動機說：「侯公之辯，過陸生矣，而史闕其所以說羽之辭，遂探其事情以補之，作〈代侯公說項羽辭〉。」這句話說，侯生遊說項羽的言辭，遠遠超過陸賈了。但是，史書沒有將他如何說動項羽的詳情記載下來，我於是探討這件事情的事理情由，將其補充出來。清楚明確，他是有感於歷史記載的空白，於是探討當時的歷史形勢，基於相關的歷史事實做合理的推測而構築成文，宛若歷史研究的文學敘述表達。

王世貞精巧曲折，他景仰司馬遷，模仿《史記》撰寫當代史傳，他也景仰蘇東坡，學習蘇東坡為《史記》補白。不過，他的補白太多，不便於直說，於是借助託古的方式，聲稱補白的文字出於地下。他為〈短長說〉作序說：「耕於齊之野者，地墳得大篆竹策一袠，曰短長。其文無足取，其事則時時與史牴牾……因錄之以佐稗官。」這句話說，在山東地區，有人在耕地的時候，從墳墓中得到竹簡一帙，用大篆書寫，篇題為『短長』。文字無甚可取之處，所記的事情也常常與史書的記載不同……我將這些竹書文字整理記錄下來，以供史官參考。」

〈短長說〉這部書，肯定不是出土文獻而是王世貞的編撰。不過，這部書的內容，絕非天馬行空的胡編亂造，而是在史書記載的空白點上，運用間接材料，基於已知史實，做合理的推測和構築。這部書，從史料學的角度上看，無疑是偽書。不過，這部書，從文學的角度上看，是擬古文的佳作，從史學的角度上看，相當逼近歷史的真實，從哲學上看，具有邏輯的真實性。

我曾經將歷史學的知識結構概括為3＋N的世界，史實是第一歷史，史料是第二歷史，史書是第三歷史，之外是N個延伸的歷史。毫無疑問，在這個3＋N的歷史世界中，史料最接近史實，不過，史料有低視野的欠缺，仍須用推想去與廣闊的史實連接。在史料的空白處，合理的推測和構築，應當是逼近歷史真實的有力武器。

得到了這種認識以後，我在本書中較多地選用了〈短長說〉的內容，比如第四章第五節「范增之死」，講述了臨死前的范增接受占卜師的詢問，極力為項羽的種種行為辯護，唯獨對於項羽指使部下殺害義帝的事情不予回答，諱莫如深，似有難言之隱。

這件事情，是王世貞構築的一個歷史故事。這個故事，作為歷史事實或許是假的，但是，它真實地反映了范增被項羽猜忌出局的原因，他在對待義帝的態度上與項氏家族不一致。這個構築的故事，具有相當的邏輯真實性。這個構築的歷史故事，比《史記》所記載的陳平使用反間計，以不同待遇迷惑楚國使者的故事更接近歷史的真實。所以，我在本書中，拋棄了《史記》的故事，使用了〈短長說〉的故事，並且將蘇東坡和我自己的意見附在後面，既作為採用這個故事的根據，也作為歷史見解的闡述。

往事留下的信息往往是隻言片語。史料少於史實，是歷史學一個永恆的困境，特別是古代史，更是萬劫不復的陷阱。歷史學家面對如此困境時，在發現新史料的努力和幸運之外，或許也需要拓展自己的方法和思路。

眼下，我呈現給讀者的這本書，既是復活往事的歷史敘述，也是連接古今的紀實文學。透過這本書，我也想表達一種思想：

一切歷史都是推想。有時候，文學比史學更真實。

目錄

第一章　大將韓信

第二章　彭城大戰

第三章　南北兩翼戰場

第四章　滎陽對峙

第五章　垓下決戰

第六章　倒影回聲中的楚和秦

附錄

人物介紹

聯經編輯部整理

鄭昌

秦時為吳縣縣令，後隨項羽反秦，與之交好。項羽殺韓王韓成後，封韓鄭昌為韓王以期與漢王劉邦抗衡。其後劉邦遣韓襄王之孫韓太尉信攻打韓地，鄭昌降漢，韓太尉信因而受劉邦之封成為韓王信。

隨何

劉邦營中謀士，楚漢戰爭之際，隨何受命游說九江王英布，隨何對英布分析天下大勢與楚之不義，成功使英布叛楚歸漢。漢王朝建立後，出任護軍都尉。

蒯通

范陽人，原名徹，史書中為避漢武帝名諱而名之「通」，著名辯士。曾替趙王武臣勸降秦范陽縣令徐公；後為韓信謀臣，在酈食其為漢使與齊國和談之際，成功鼓動韓信襲齊。韓信破齊為齊王後，蒯通勸其叛漢，與楚漢成三足鼎立之勢，未被韓信採納。

侯公

楚漢之際著名辯士。彭城之戰漢軍大敗，劉邦之父遭項羽俘為人質；劉邦遣辯士陸賈往楚營談判不成，侯公自請為使，前去游說項羽。此次談判侯公不僅使劉邦之父獲釋返漢，也與項羽商定楚漢以鴻溝中分天下的局勢。劉邦曾讚侯公為「天下第一辯士」。

陳勝、吳廣

陳勝為陳郡陽城人，吳廣為陳郡陽夏人，兩人皆為秦朝戍卒，在戍邊路途中因雨誤期，為避死罪揭竿起義，建立「張楚」政權，揭開抗秦序幕。張楚以周文為將攻破函谷關，進入關中戲水直逼咸陽。後在圍攻滎陽之際，吳廣遭部將田臧謀殺，使軍心渙散；秦將章邯隨後攻來，陳勝敗退，最後也被車伕莊賈殺害。兩人從起義至身亡僅約六個月。

項梁

楚國名將項燕之子，世代為楚國貴族，早年因殺人與其姪項羽避居吳中，並在當地建立威信。陳勝與吳廣起義，項梁偕項羽殺會稽太守殷通響應，率江東八千子弟軍渡江抗秦。曾戰勝秦將章邯、李由等。陳勝死後，項梁採納謀士范增之計，自民間尋回楚懷王之孫熊心重立為楚懷王，自號武信君。項梁其後再戰秦將章邯時，因不聽勸諫而輕敵，戰死定陶。

楚義帝

楚義帝，熊氏，芈姓，名心，為楚懷王之孫，楚為秦所滅後流落民間，牧羊為生。陳勝敗亡後，熊心被項梁尋得奉為楚王，仍號楚懷王。項梁戰死定陶，懷王遷都彭城，為疏遠項氏掌握實權，遣劉邦伐秦而項羽救趙，並與諸侯定下先入咸陽者為王之約。項羽率大軍進入咸陽，奉懷王為義帝，自封西楚霸王，不再聽命於他。項羽定都彭城，義帝被迫遷都郴縣，被項羽指使部下暗殺。

章邯

秦朝將領，在張楚政權進逼咸陽時，臨危受命，先敗張楚大將周文再克陳勝，進攻各路反秦勢力，打敗魏軍、齊軍，雖一度敗給項梁，但隨後增兵擊殺項梁於定陶。章邯在鉅鹿之戰敗給楚軍，因疑懼趙高迫害而出降項羽。秦滅後，項羽封章邯為雍王，為三秦之一。韓信率漢軍「暗渡陳倉」攻佔關中，章邯困守廢丘十個月後兵敗自殺。

田榮

秦末狄縣人，齊王田氏宗族。陳勝起義，其兄田儋自立為齊王，田榮為相國。田儋出兵援魏，為秦將章邯所殺。田榮重立田儋之子田市為齊王。後與項羽失和，未隨項羽救趙入關。項羽分封諸侯，田榮失封不服，自立為齊王抗楚，項羽遂率兵伐齊，田榮敗走平原，為平原人所殺。

酈食其

陳留高陽人，早年家貧為里監門，好讀書有謀略。抗秦之初，認為陳勝、項梁等領袖氣度不大而隱居不出。後聽聞劉邦謀略遠大即前往拜見，以不亢不卑的態度折服了不敬儒生的劉邦，並助之奪取陳留。後來酈食其出使齊國，游說齊王田廣降漢，在和談成功之際，韓信接受蒯通的計謀揮兵襲齊。齊王認定自己受酈食其出賣，在盛怒之下烹殺了他。

范增

秦末居巢人，先為項梁之謀士，獻再立楚懷王之計，項梁身故後為項羽倚重，尊稱為「亞父」。項羽入關中後，范增曾力勸項羽翦除劉邦勢力卻未被接受。鴻門宴上安排項莊刺殺劉邦，也因項羽的猶豫而失敗。其後，劉邦被楚軍困於滎陽，項羽接受范增之諫拒絕劉邦求和，急攻滎陽，卻在途中遭漢營謀士陳平施以離間計，使項羽誤信范增勾結漢軍，故奪其兵權；范增憤而告老還鄉，病死途中。

魏豹

戰國末期魏國宗族，張楚之將周市攻克魏地，立其兄魏咎為王。後魏咎死於秦將章邯兵下，魏豹逃至楚地，得楚懷王之助攻回魏地城池，受封為魏王，後隨項羽入關中，改封西魏王。魏豹在劉邦渡黃河後棄楚投漢，卻在劉邦彭城戰敗後再度叛漢。劉邦遣韓信攻魏，魏豹不敵受俘，被劉邦派守滎陽，後在楚軍圍攻滎陽時，被守將周苛所殺。

張耳

大梁人，少時為魏信陵君門客，曾任外黃縣令廣納門客，劉邦也曾短暫投入門下。魏亡後張耳隨陳勝反秦，再與陳餘擁將領武臣為趙王。張耳後與陳餘失和，取其兵權隨項羽入關中，受封常山王。陳餘憤而求得齊王田榮之助襲擊張耳，張耳敗走，投奔劉邦，再同韓信出兵攻打陳餘及其奉立之趙王歇，陳餘、趙王敗死，張耳受劉邦封為趙王。

虞姬

秦末虞地人，傳為項羽營中戰將虞子期之妹，嫁予項羽為妾。虞姬貌美善舞，常年隨項羽征戰。項羽困守垓下時，虞姬亦隨侍在側，見大勢以去，為項羽歌舞後刎頸自盡。

項羽

楚名將項燕之孫，年少隨叔父項梁躲避仇家移居吳中，殺會稽太守舉兵反秦。項梁戰死定陶後，項羽受楚懷王之命與宋義北上救趙，因宋義按兵不動而殺宋義，後破釜沈舟於鉅鹿之戰中大破秦軍，使反秦各諸侯臣服。項羽隨後進軍關中，迫使先入關之劉邦屈服，再焚秦宮，殺秦王子嬰。即漢王劉邦反叛，項羽於彭城之戰中大敗漢軍，又佔滎陽，戰無不勝，卻因漢營切斷楚營後勤及分化楚將的策略，使情勢對楚越顯不利。項羽最終與漢定下以鴻溝中分天下之約，卻在履約退兵之際遭受漢軍攻擊，最終兵敗垓下，烏江自刎。

韓信

淮陰人，少時先投項梁、項羽但不被重用，至劉邦入漢中時改投漢營。韓信於漢營中因犯事險被處斬，但先後得到夏侯嬰與蕭何的保薦被劉邦拜為大將。其後韓信領軍奇襲三秦得勝，攻佔關中，並於劉邦彭城敗戰後馳援滎陽，阻斷楚軍有功。佔領魏國、趙國、齊國後，韓信被封為齊王，拒絕謀士蒯通叛漢投楚的游說。楚漢垓下決戰，韓信統領聯軍擊敗項羽，但隨即被劉邦奪去兵權，改立為楚王，後降為淮陰侯被軟禁於長安，後因受到陳豨叛亂的牽連，遭蕭何和呂后用計殺害。

劉賈

沛縣人，劉邦宗室，在漢營為將，楚漢戰爭時與盧綰共助彭越斷項羽後勤，渡淮水招降楚將周殷。垓下之戰，劉賈與英布合攻項羽，再協同盧綰殲滅助楚的臨江王共尉，受封荊王。後在英布叛漢的戰役中，為英布所殺。

英布

六縣人，抗秦之初先投陳勝軍中，再隨項梁，後為項羽之將。鉅鹿之戰英布戰功彪炳，擊破秦軍主力，並受命在章邯降後，殺秦降軍二十餘萬人。項羽分封諸侯，英布為九江王，助項羽暗殺楚義帝。楚漢戰爭之際英布與項羽逐漸疏遠，被漢謀士隨何策反至漢營，垓下之戰共漢軍擊潰項羽。劉邦稱帝，英布受封淮南王，後叛漢為劉邦所殺。

劉邦

沛縣豐邑人，少時任沛縣泗水亭長，在往驪山押解犯人途中出逃，後與蕭何、曹參殺沛縣縣令響應陳勝。劉邦向項梁借兵攻豐，並加入奉立懷王之楚軍。楚懷王建都彭城後，派劉邦領軍入關滅秦而項羽北上救趙。劉邦善用眾人良策，於出征同年滅秦，首入咸陽。在鴻門宴中，劉邦因謀士張良與項伯之誼逃過一劫，被項羽封至巴蜀漢中為漢王，自此展開楚漢間的勢力競爭。幾番拉鋸後，楚漢終約定以鴻溝為界，中分天下，劉邦在項羽依約退兵之際奇襲楚軍，令項羽受困垓下，敗戰自刎。劉邦一統天下，國號為漢，定都洛陽。

盧綰

沛縣豐邑人，與劉邦同鄉，同月同日生，少時亦為同窗，深受劉邦信任。楚漢戰爭時曾渡白馬津助彭越斷項羽後勤，之後攻下燕縣、睢陽、外黃等城，殲滅助楚的臨江王共尉，多立戰功。劉邦稱帝，盧綰受封為燕王。在討伐陳豨叛亂的過程中，遭劉邦猜忌，終率部眾逃往匈奴，死於胡地。

蕭何

沛縣豐邑人，早年為沛縣的主吏掾，官職高於亭長劉邦，陳勝吳廣起義，蕭何與劉邦應和，殺死沛縣縣令響應，成為劉邦心腹。其後劉邦先入咸陽，蕭何便收集秦代內政資料，助漢營掌握天下情勢；並在劉邦被封至漢中情勢險惡之際，勸其暫且臣服項羽以培養實力，同時力薦韓信為漢營主將。在楚漢戰爭之際，蕭何留守漢中，使漢軍供糧不絕，奠定勝利基礎。漢立國後，蕭何任丞相，參考秦法，建立漢朝的典章律令，後來協助高祖消滅英布、韓信等異姓諸侯。

張良

戰國時期韓國人，其祖父與父親都曾是韓王丞相；秦國破韓後張良曾散盡家財刺殺秦王未果，在下邳隱匿時得到〈太公兵法〉，並進言項梁再立韓王。後因劉邦能採納其謀略，遂跟從劉邦。張良在伐秦的戰役中獻計，使劉邦輕取宛城、進入咸陽，並在滅秦後與民約法三章贏得民心。項羽進入關中後，張良倚靠與項伯之誼使劉邦向項羽輸誠，在鴻門宴逃過一劫，又在分封時助劉邦取得漢中郡。劉邦兵敗彭城，張良建策使用韓信、英布、彭越，終於翻轉頹勢，決定了楚漢之爭的最終勝負。劉邦登基後，張良逐漸隱退。

陳平

陽武戶牖人，抗秦之初先投魏王，再入項羽門下，後投奔劉邦營中。漢營重臣周勃、灌嬰等初時對陳平的德行有所疑慮，但劉邦仍愛惜其才並委以重任。此後，陳平為劉邦屢出奇計，其中離間楚營君臣、脫出滎陽、籠絡韓信等計都對楚漢相爭的勝負有重大影響。

灌嬰

原為睢陽布商，秦二世二年劉邦退兵至碭時，加入劉邦麾下；其後的關鍵戰役如降塞王司馬欣、圍雍王章邯、彭城之戰、垓下之戰，灌嬰無役不與，用兵以迅捷強力著稱。劉邦稱帝後灌嬰官拜車騎將軍，再助劉邦平定臧荼、韓王信與陳豨、英布之叛亂。高祖劉邦駕崩，灌嬰奉事漢惠帝和呂后，再於呂后死後誅殺呂氏外戚，擁立漢文帝。並於文帝前元三年拜相，次年身故。

楚亡

第一章

大將韓信

一、本是韓國王孫

漂母稱韓信為「王孫」，或許從另一頭牽引出了韓信身世的隱秘。王孫，直面的意義，就是王子王孫。

秦滅六國，古來的貴族社會完結，各國的王子王孫淪落到社會底層，破敗的金枝玉葉，最是招慈善的下層人憐愛。

西元前二〇六年四月，身在咸陽的韓信面臨人生的重大選擇：究竟是跟隨項羽回到故鄉楚國，還是跟隨劉邦前往漢中？他必須馬上決斷。

韓信是淮陰人，地方在現在的江蘇省淮安市一帶。韓信的生年，大概在西元前二二八年左右。這一年，以楚國的年曆計算，是楚幽王十年，以秦國的年曆計算，是秦王政十九年。韓信出生的時候，淮陰是楚國的國土，秦始皇統一天下後，編制成了秦帝國的東海郡淮陰縣。所以，以出生地而言，韓信是楚國人。

不過，從韓信的姓氏上來看，他可能與韓國有些淵源。我們知道，韓是韓國王族的姓氏。韓信的姓氏，或許就是繼承了韓國王族的血統而來的？當然，這種說法，僅僅是一種現代的推測，司馬遷著《史記》為韓信立傳的時候，完全沒有提到韓信的親族和家庭。所以，我們不知道他的父母是誰，他有無兄弟姐妹？我們也不知道他的妻子是誰，他有無子女親屬？史書中的韓信，彷彿是英雄孤身一人，特立獨行於天地之間。

漢帝國的江山，三分之二是韓信打下來的，韓信曾經先後被封為齊王和楚王。漢帝國建立的時候，以功業、聲望、地位而論，韓信僅次於劉邦，無疑是名副其實的第二號人物。對於這樣一位顯赫的歷史人物的家世，司馬遷竟然不能有隻言片語傳達給後人，實在是非常遺憾的事情。不過想來，司馬遷有他的難處，他是巧婦難為無米之炊。

我們知道，韓信輝煌的人生，有非常不幸的結局。西元前一九六年，也就是漢高帝十一年，他被呂后以謀反的罪名處死，被殘酷地滅了三族。因此之故，有關他的親族和家庭情況的紀錄，大概都被銷毀得一乾二淨。《史記・淮陰侯列傳》中所記載的有關韓信早年行狀的一些記事，多是司馬遷訪問淮陰時收集到的一些傳聞故事。值得注意的是，在這些現地采風摘取到的花絮斷片中，處處流露出古來貴族社會的流風遺韻。

史書上說，韓信青年時代家境貧窮，連吃飯都沒有著落。不過，韓信吃飯沒有著落的問題，怨不得別人，都是他自身的習俗討來的後果。韓信身材高大，堂堂正正一男子漢，既不耕田種地，也不買賣經商，又不能出仕為吏，生計當然不會有著落。生計沒有著落的韓信，成天遊手好閒，到處晃蕩。他不但到處晃蕩，還喜歡佩著刀劍晃蕩，吃不起飯還端著架子，活生生一副落魄貴族子弟的形象。

在古代社會，帶刀佩劍，本來是貴族的特權，不事生產，更是貴族的習性。大概正是遺風所然，我們在韓信身上，不但見不到依靠勞力養活自己的行動，甚至見不到這種意願，他習以為常地「從人寄食」。「從人寄食」，用今天的話來說，就是到別人家裡吃白食，似乎是不太光彩的事情。不過，在韓信所生活的戰國秦漢時代，「從人寄食」是士人依附有力者的一種生活方式。這種生活方式，本是古來貴族社會的遺風，到了戰國時代，也成了新起的遊俠社會的時尚。戰國末年，三千門客寄食於魏國公子信陵君門下，秦漢之際，鄉俠劉邦帶領一批小兄弟到嫂子家白吃白喝，都是這種寄食之風。

韓信寄食，最初依附在淮陰縣下鄉的南昌亭長家，天天去白吃，久來生厭，惹得亭長老婆心煩，於是使壞，早早做飯吃了。韓信按往常的時刻到了時，亭長老婆不再招呼吃飯。韓信心中明白，從此不再到亭長家去。乍一看，韓信寄食南昌亭長家的這個故事，與劉邦寄食大嫂家的故事有些相似之處，仔細琢磨，內涵卻大不相同。

劉邦喜歡結交朋友，吆三喝四，呼風喚雨，領著一幫狐朋狗友，去大嫂家混飯吃。韓信是孤獨的人，沒有聽說他在家鄉有過什麼朋友，孤零零一個人到南昌亭長家寄食，孤零零一個人在淮陰街市上受欺負。韓信不好酒色，不管是先前蟄居鄉里還是後來高居廟堂，都沒有聽說過他有酒色方面的緋聞，哪裡像劉邦，婚前養外婦生子，發跡後更是性趣盎然。韓信一生待人接物拘謹矜持，既不灑脫，更缺豪氣，完全不是遊俠社會中的人，倒是多有一些虎落平陽受人欺的沒落貴族氣。

淮陰是水鄉，多河流湖泊。衣食無著的韓信，不時到城外釣魚。韓信常去的釣魚處，有年長的婦人在水邊沖洗絲棉，被稱為漂母。有漂母面善心慈，見韓信可憐，就將自己帶來的飯菜分與他吃。數十天來，漂母天天在水邊漂洗，天天帶飯給韓信吃，毫無厭煩的神色。有過挨白眼體驗的韓信，感動地對漂母說，我將來一定要重重地報答你老人家。結果反而惹得漂母生氣，討來一頓重重的教訓：「你堂堂男子漢不能自食其力，我分口飯與你，無非是可憐你，可憐你王孫落到如此境地，哪裡想到過要你報答的事情！」韓信一時無言，慚愧得無地自容。

漂母稱韓信為「王孫」，或許從另一頭牽引出了韓信身世的隱秘。王孫，直面的意義，就是王子王孫。秦滅六國，古來的貴族社會完結，各國的王子王孫淪落到社會底層，破敗的金枝玉葉，最是招慈善的下層人憐愛。

韓信出生的前二年，也就是西元前二三〇年，秦國攻滅韓國，為躲避戰亂，不少韓國人向東遷徙，韓信一家，抑或是其中之一？漂母對韓信的家世，或許有所耳聞，稱他為王孫，或許正是實有所指？落魄無助之人，最能感受慈善之心，當時當地的韓信，暗暗在心中發下誓言，眼下的點滴之恩，將來定將湧泉以報。

淮陰侯（韓信）—清・上官周《晚笑堂畫傳》
（乾隆八年刊行）

二、胯下之辱有兵法

人生如戰場，兵法就是人生哲學。

當韓信在淮陰市街受到惡少挑釁的時候，他理智地選擇了胯下之辱，種種考量之外，他從小得到《孫子兵法》的指引，視《孫子兵法》為自己的人生哲學，不可不說是重大的原因。

在韓信的早年行狀中，最為人津津樂道的就是胯下之辱。

據說有一天，韓信佩劍經過淮陰市街。市街上的人，多是些狗屠商販，如同當年沛縣市街上的樊噲和周勃一般，堂堂正正勞動人民出身，手腳勤快養家糊口之人，最是看不慣韓信這種破落子弟，四體不勤，五穀不分，窮得吃不起飯，還酸溜溜地帶把劍，實在是討打。於是，在眾人的慫恿下，一位魯莽惡少站了出來，橫街擋住韓信的去路，挑釁說：「別看你小子長得牛高馬大，還喜歡佩劍帶刀，其實是他媽個膽小鬼。」

韓信沒有搭理他。少年更來了勁，扯開衣襟高聲喊道：「你小子不怕死，捅我一刀。不敢捅，就從我胯下鑽過去。」眾目睽睽之下，韓信一言不發，久久地注視著這位惡少，最終彎下腰，匍匐在地，從惡少的胯下鑽了過去。市街上爆發出哄堂大笑，大家都以為韓信是個窩囊廢。胯下之辱的故事，同寄食亭長的故事和漂母飯食的故事一樣，是司馬遷到淮陰採訪時收集到的民間傳說，生動地傳達了淮陰的鄉土風貌和韓信的個性人情，千百年來，膾炙人口。

偉大的司馬遷，最愛這些軼聞掌故，他繼續為我們講述這三個故事的結局說，漢帝國建立以後，韓信被封為楚王衣錦還鄉，找到了三位故事的當事人，分別做了不同的處置。對於漂母，韓信賜以千金。對於南昌亭長，韓信當面指斥他是小人，為德不終，扔給他一百錢。對於當年侮辱了自己的惡少，韓信對部下說：「此人也是一位勇士。當年他羞辱我的時候，我豈非不能一劍殺了他？不過，殺了他並不能揚名天下，因為忍受下來，才有了今天。」說完這番話後，韓信下令，提拔這位惡少做楚國的中尉，負責都城下邳的警衛。

我讀《史記》，對於司馬遷所講述的這些歷史故事，喜愛之餘，不時又生將信將疑之感。韓信衣錦還鄉，賜漂母千金，擲亭長百錢，作為民間傳說來解讀，是常見的因果報應的故事，作為人性來解讀，是有一報還一報的恩怨往來，都容易理解。唯有提拔製造胯下之辱的惡少做中尉的事情，總是覺得有些不可思議。

胯下之辱的故事，千百年流傳的結果，已經成了漢語的常用成語，生發出來的勵志意義，是說一個人只有能夠忍受一般人所不能忍受的羞辱，才能得到一般人所得不到的榮光。由此遙想當年，韓信匍匐下地，在眾目睽睽之下從惡少胯下鑽過時，他的基本精神，在於能忍。那種能忍的工夫，已經遠遠超出了常人所能忍受的範圍。

蘇東坡著〈留侯論〉說：「古之所謂豪傑之士，必有過人之節，人情有所不能忍者。匹夫見辱，拔劍而起，挺身而鬥，此不足為勇也；天下有大勇者，卒然臨之而不驚，無故加之而不怒，此其所挾持者甚大，而其志甚遠也。」蘇東坡的這段名文，本是針對張良說的，不過，將這段話用來解說韓信，也許更為合適。韓信正是能夠忍受常人所不能忍受的大勇豪傑，他之所以如此能忍，是因為他心中有遠大的抱負。他自視甚高，展望甚遠，他捨小求大，忍辱負重。順此推想開去，青少年時代的韓信，究竟有什麼遠大的抱負？他在淮陰市街上帶劍獨行的時候，他對未來究竟有過何種夢想，在他那年輕的心中，誰是崇拜的偶像？

我整理韓信的歷史，深感韓信是志在將帥的人，他自幼熟讀《孫子兵法》，孫子其人，或許還有輔佐周武王平定天下的姜太公，就是少年韓信心中的偶像。縱觀韓信的一生，以《孫子兵法》為代表的兵家思想，不僅深刻地影響了他的軍事生涯，也深刻地影響了他的性情和人生。可以說，《孫子兵法》，是瞭解韓信其人其事的一把鑰匙。

《孫子・火攻篇》說：「主不可以怒而興師，將不可以慍而致戰。合於利而戰，不合於利而止。」意思是說，國君不可因一時的怨忿而發動戰爭，將帥不可因一時的憤怒而貿然作戰。合於國家利益就開戰，不合於國家利益就停戰。簡短的話語，將止確行動的原則講得清清楚楚。重大的行動，不能受情緒的左右，怨憤時的衝動，最是大忌。決定動與不動的根本，在於前瞻性的算計，合於利益就行動，不合於利益就停止。

〈火攻篇〉接著道：「怒可以復喜，慍可以復悅，亡國不可以復存，死者不可以復生。故明君慎之，良將警之，此安國全軍之道也。」意思是說，惱怒後可以重新歡喜，怨忿後可以重新高興，國亡了就不能再存，人死了就不能再活。所以說，明君一定要對此慎重，將帥一定要對此警惕。安定國家保全軍隊的道理，就在這裡。補充的說明，一步一步精算得深入明白。喜怒哀樂的情緒，可以失而復得，國破身死的存亡，決然是一去不回。兩相比較之下，孰輕孰重，孰是皮毛，孰是根本，斷然是一目了然。

俗話說，人生如戰場，兵法就是人生哲學。當韓信在淮陰市街受到惡少挑釁的時候，他眼前有兩種選擇，一種是忍辱負重，匍匐下地鑽胯，另一種是任氣使性，拔劍刺殺惡少。可以想像，韓信若是選擇了後者，他可能在刺殺了惡少之後，被惡少的同黨們所殺，或者是成為殺人犯而被官府通緝逮捕，判處極刑。如此一來，歷史上將不會有聯百萬之軍、決勝垓下的韓信。韓信也不可能衣錦榮歸，在楚王的輝煌儀仗中接受惡少的匍匐禮拜。

慶幸的是，抱負遠大的韓信，理智地選擇了胯下之辱，種種考量之外，他從小得到《孫子兵法》的指引，視《孫子兵法》為自己的人生哲學，不可不說是重大原因。胯下之辱，磨練了韓信的意志，打造了韓信的堅韌，使他能在忍受的極點冷靜行事。

想來，當功成名就的韓信在淮陰回首往事時，他會認為自己人生成功的起點，就在胯下之辱難能地應對了惡少的挑戰。眼前這位惡少，他當年用生命挑戰生命，儘管是錙銖對千金，燕雀撓鴻鵠，畢竟是浪擲同樣寶貴生命的豪賭。敢做如此豪賭的人，也是一條血性漢子。

於是，韓信不但寬恕了惡少，還起用了他。因為他覺得，當年的這位惡少，也許是自己的命運使者之一？

淮陰老街

2007年8月，我隨歷史北上，在揚州渡過長江，過廣陵，走邗溝，沿高郵湖北上，西望東陽，一氣進入淮陰。淮陰縣如今改名淮安市，變革的潮流中，昨日舊城正在消失，千年古蹟當去哪裡尋覓？

韓信釣台

淮陰是水鄉，內外運河、張福河、二河、古黃河等多條水道在此交匯，河道水澤之間，處處是歷史遺跡。韓信用兵，最善用水，多次依水用兵的勝算，都是植根於淮陰水鄉的靈氣。

漂母祠

韓信故里在淮安城中，韓侯釣台與漂母祠同在，據說當年韓信垂釣於此，受漂母一飯之恩，榮歸故里時千金以報。原為明清建築，1977年重修。

韓母墓

我訪韓母墓，觸景生情，勾起當年司馬遷來訪時的回音，「吾入淮陰，淮陰人為余言，韓信雖為布衣時，其志與眾異。其母死，貧無以葬，乃行營高敞地，令其旁可置萬家。余視其母冢，良然。」字字句句，都是太史公的輕言細語。

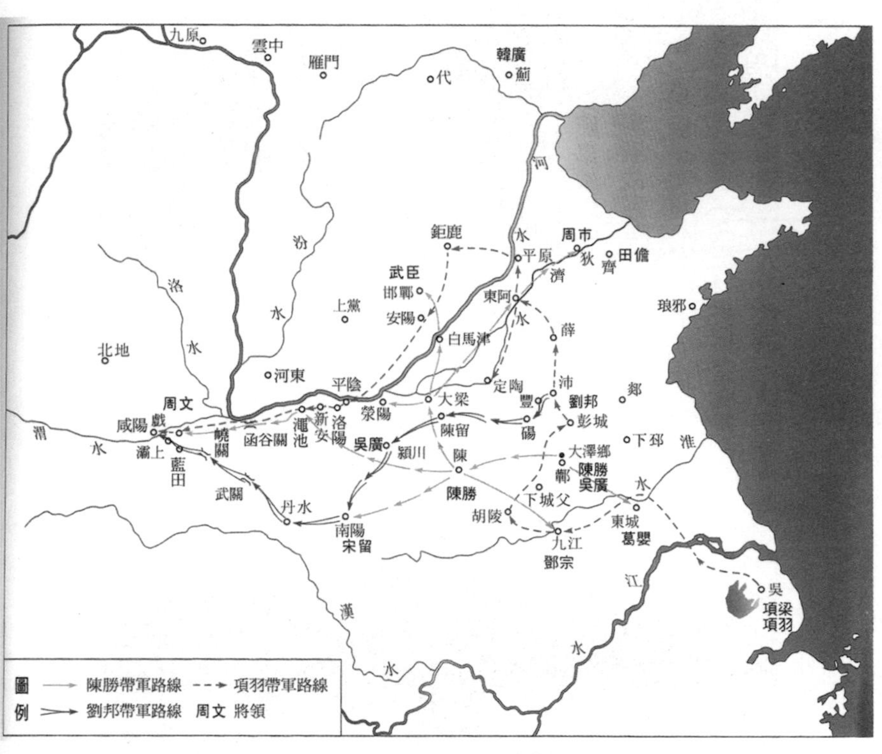

秦末反秦武裝勢力爭戰形勢圖

三、韓信保衛項羽

韓信不是呼風喚雨，承頭起事的領袖人物，他天才自負，高傲孤獨，他無意造反，領頭打江山，他只是想找到一個可以施展自己才能的平台，成就聯百萬之軍，戰必勝，攻必取的偉業。

秦二世元年（前二〇九年）七月，陳勝吳廣在蘄縣大澤鄉（今安徽宿州市東南）起義，迅速攻佔陳縣（今河南淮陽），建立起張楚政權，天下大亂。兩三個月內，以楚國地區為中心，秦嘉、朱雞石等起兵於淮北，項梁、項羽等起兵於會稽（今江蘇蘇州），劉邦等起兵於沛縣（今江蘇沛縣），英布、吳芮等起兵於番陽（今江西鄱陽東北），都以張楚為號召，復楚反秦。

當時，秦楚之間的抗爭，主要集中在泗水郡以西。東海郡在泗水郡以東，是瀕臨東海的邊郡，局勢相對較為平靜。韓信的家鄉淮陰縣在東海郡中部，有關該地在秦末之亂爆發之初的動向，史書上沒有記載。同在東海郡內，淮陰南部的東陽縣（今江蘇盱眙東南）有陳嬰起兵，聚集了近兩萬人。不過，東陽叛秦起兵，基本上是自保觀望，並未捲入戰爭中去。以此推想，淮陰縣的動向或許與東陽縣類似，不會不動，也沒有大動，本是楚國的土地，趁亂叛秦，起兵自保，也在觀望等待。

韓信是志在將帥的人，天下大亂，兵鋒突起的時代來臨，可謂是施展抱負的機遇，他躍躍欲試。不過，韓信不是呼風喚雨，承頭起事的領袖人物，他天才自負，高傲孤獨，他無意造反，領頭打江山，他只是想找到一個可以施展自己才能的平台，成就聯百萬之軍，戰必勝，攻必取的偉業。想來，在淮陰少年們不甘寂寞的動亂中，韓信始終冷眼旁觀，不為所動，他或許依舊垂釣於河邊，苦於衣食沒有著落。他繼續忍耐，在淮陰相對平靜的環境中，密切關注局勢的發展，等待機會的來臨。

秦二世二年（前二〇八年）二月，項梁、項羽統領八千江東子弟兵渡江北上，進入東海郡。項梁渡江北上的時候，正是反秦鬥爭低迷的關口，陳勝被殺，張楚政權被消滅，章邯統領秦國大軍乘勝進入碭郡和泗水郡一帶，開始圍攻魏國。被打散的各路楚軍群龍無首，鼠竄各地，無力做有力的抵抗。項梁楚軍的出動，宛若集結的戰鼓，召喚的旗幟，一直在尋找出路，觀望等待的楚國軍民，聞訊奔相走告，風驅雲聚般紛紛歸順。項梁軍由廣陵（今江蘇揚州）渡過長江，馬上得到陳嬰的響應，兩萬東陽楚軍的加入，使項梁軍勢大振。得到項梁軍渡江的消息後，由陳縣一帶敗退下來的英布軍，呂臣呂青父子軍，號為蒲將軍的柴武所統領的軍隊，也都紛紛投奔加入。謀士居巢（今安徽巢湖）人范增，驍將鍾離（今安徽鳳陽）人鍾離昧，也都在這個時候加入到項梁軍中來。

合併整編後的項梁軍，沿大澤北走高郵（今江蘇高郵），進入淮陰，淮陰軍民簞食壺漿，迎接項梁的到來。一直在觀望等待的韓信，終於盼到了自己出世的機會，他將《孫子兵法》小心翼翼地收藏在身上，仗劍投軍，成為項梁軍的一名戰士。

從軍以後，韓信幾乎參加了項梁軍的每一次戰鬥，攻佔彭城擊敗秦嘉，援救東阿大敗章邯，再戰濮陽截斷秦軍，他都是親歷者。韓信乘著項梁軍的順風船，一路爭戰殺敵，在實戰中成長起來。

濮陽戰勝後，項梁滋生驕傲情緒，以為秦軍大勢已去，鬆懈怠惰中，被秘密集結的諸路秦軍會師偷襲，定陶城下慘敗，身死兵散。年輕的韓信，雖說僥倖逃脫一死，當時將亡軍潰，戰友們被秦軍如同捕羊追兔般屠虜的慘狀，他是銘心刻骨，欲哭無淚。

定陶之戰後，楚懷王在彭城親政，重新整編楚軍。韓信與眾多潰散的將士一樣，輾轉回到了楚軍當中，成為項羽的部下。秦二世二年後九月，楚懷王任命宋義為上將軍，統領楚軍主力北上援救趙國。十二月，項羽殺宋義奪軍，迅速揮軍北上，由平原津渡過黃河，打響了決定秦帝國命運的鉅鹿之戰。

鉅鹿之戰時，韓信身任郎中，是項羽的親近侍衛，戰鬥的親歷者。遺憾的是，關於韓信在鉅鹿之戰中的活動，由於史書的失載，我們幾乎一無所知。我們只能合理地推想，項羽作戰，往往是身先士卒，衝鋒陷陣在第一線。身材高大、自幼佩劍習武的警衛戰士韓信，不離左右地隨同項羽行動，自始至終處在大戰的風口浪尖上，無愧於鉅鹿城外一日九戰九捷的楚軍中的一員。不過，以韓信的個性和為人來看，他是算計多而少激情的人，難有突出的奪旗斬首之功，收穫的多是經驗教訓的總結，他的鵲起豹變，還需時間的磨練。

歷史是時間中過去了的往事，往事的痕跡，可以在現地的空間中尋到蹤影。二〇〇七年八月，我隨歷史北上，在揚州渡過長江。遙想當年廣陵渡，船頭旌旗在望，江中戰馬嘶鳴，統領八千子弟兵誓師渡江北上者，正是項梁、項羽叔姪二人。

過廣陵，走邗溝，沿高郵湖北上，西望東陽，一氣進入淮安水鄉。淮陰故城，在淮安城西碼頭鎮，是內外運河、張福河、二河、古黃河等多條水道的交匯處，千年漕運的水路樞紐。河道水澤之間，處處是歷史遺跡，由南而北，有淮陰城故址、枚乘故里碑址，有甘羅城址、韓城故址。韓信故里在淮陰城中，胯下橋與韓侯釣台有跡可循，漂母祠與韓母墓隔河相望，觸景生情，勾起當年司馬遷來訪時的回音，「吾入淮陰，淮陰人為余言，韓信雖為布衣時，其志與眾異。其母死，貧無以葬，乃行營高敞地，令其旁可置萬家。余視其母塚，良然。」字字句句，都是太史公的輕言細語。

我讀《史記》，最愛太史公曰，兒時家父耳提面命，身教言傳，他讀這一段文字時那搖晃的身姿，抑揚的聲調，景仰入神的親切，影響了我的一生，成為我選擇史學為終身之志的誘因。我在淮陰，踴太史公足跡尋找韓信，鄉土歷史學家徐業龍先生引領我行，將千百年來的英雄故事，為我娓娓講述開來。韓信用兵，最善用水，攻魏之戰，在臨晉（今陝西大荔）渡口陳船為疑兵，奇兵從夏陽（今陝西韓城）用木製水甕渡過黃河，一舉滅魏。滅趙有背水之戰，在井陘道（今河北井陘）綿蔓水邊布陣，置將士於死地而後生，大破趙軍。攻齊之戰，在高密（今山東高密）阻斷濰水，誘使敵軍涉河道追及，中途放水大敗楚齊聯軍……多場依水用兵的勝算，都是植根於淮陰水鄉的靈氣。信哉此言，當時當地的我，又感一種身臨其境的親切，不由得再次回想起韓信在項羽軍中的點滴記事。

史書上說，「及項梁渡淮，信仗劍從之，居戲下，無所知名。」講的是項梁渡江以後，韓信仗劍從軍，成為項梁的部下，沒沒無聞。這句話，是韓信從秦二世元年二月（項梁渡江）到九月（定陶之戰）之間閱歷的概括。接著說，「項梁敗，又屬項羽，羽以為郎中。」講的是項梁定陶戰死後，韓信轉而跟隨項羽，概括了韓信從秦二世元年九月到三年十二月（鉅鹿之戰）之間的事蹟。又說，「數以策干項羽，羽不用。」是說韓信多次嘗試用自己的策劃影響項羽，卻得不到項羽賞識。這條記載非常重要，不但是韓信從軍閱歷的概括，也透露了韓信之所以離開項羽，轉而投奔劉邦的動機。

從時間上看，韓信「數以策干項羽」的事情，應當在秦二世三年（前二〇七年）十二月以後到漢元年（前二〇六年）三月之間。二世三年十二月，項羽統領楚軍取得鉅鹿之戰的勝利，成為反秦聯軍的總帥，功業和聲望都達到歷史的頂點。然而，從此以後的項羽，剛愎自用，一步步走入了下坡路。也許，就是在這一段時間，身在項羽身邊的韓信看到了項羽的種種弱點，多次進言而不為所用。

二世三年八月，項羽任命秦降將司馬欣為上將，驅使二十萬新降秦軍同行進攻關中，韓信以為不妥，項羽聽不進去？

漢元年十一月，聯軍行進到新安，新降的秦軍出現不穩的動向，項羽與英布和蒲將軍密謀坑殺秦軍，韓信勸諫，項羽不聽？

漢元年一月，項羽進入咸陽以後，一心衣錦還鄉東歸，不願意以關中為本支配天下，韓信進言，也不為所用？

特別值得提到的是鴻門宴。鴻門宴時的韓信，身為執戟郎中，當也是親歷者之一。刀光劍影的酒席宴上，項羽幼稚不忍，暴露出不能掌握天下霸權的無能。以項伯為首的諸項用事，目光短淺而不和。唯有范增深謀遠慮，卻處處受到項伯的掣肘，甚至受到項羽的懷疑。此時的韓信，大概已經對項羽感到失望，他斷定項羽不是王者之才，難以託付天下，難以託付人生。此時的韓信，已經確信項羽不可能重用自己，自己的才能，不可能在項羽的麾下得到發揮。

鴻門宴後，韓信萌生了去意。

四、張良求得漢中

范增深知，對於可能為害的猛獸，如果不能殺掉，就將它禁閉起來，對於潛在的敵人，如果不能馬上消滅，就對他封鎖堵截。

他勸諫項羽說，巴蜀地區，易居難出，本是秦國的領土，請大王將巴郡和蜀郡分封給劉邦。

鴻門宴上，項羽因為劉邦完全接受了自己提出的苛刻條件，已經降伏，所以沒有接受范增的意見，殺掉劉邦，而是接受了項伯的提議，寬恕了劉邦。不過，他對劉邦的戒心，並沒有消除。分封天下的時候，在范增的策劃之下，項羽最初決定將秦國的巴郡和蜀郡封給劉邦，讓劉邦去做蜀王。

巴郡和蜀郡在四川盆地，巴郡在盆地的東部，郡治在江州（今重慶市），蜀郡在西部，郡治在成都（今四川成都）。巴蜀地區，古來有巴國和蜀國，是擁有獨特文明的異族古國。西元前三一六年，秦滅巴蜀，巴蜀地區成為秦國的領土。巴蜀地區，氣候溫和，河川縱橫，物產豐富，自然條件非常優裕。秦國佔領了巴蜀以後，百多年來一直精心經營，興修水利，構築城郭，整齊制度，至秦末的時候，巴蜀地區已經成為秦國的後院，富庶僅次於關中，號稱天府之國。

不過，巴蜀地區，四面被高山環繞，西部是青藏高原，南部是雲貴高原，東面有巫山，北面有岷山、米倉山和大巴山，交通非常不便。與中原地區的交通，東去走水路，過三峽穿越巫山抵達江漢平原，北去走山道，或者穿越岷山抵達隴東，或者穿越米倉山和大巴山抵達漢中，再穿越秦嶺抵達關中，都是路途艱險，所謂是蜀道難，難於上青天。

正是由於這種獨特的地理環境，使巴蜀地區易於割據自守，難於擴張進取。優裕的自然，富庶的物產，使巴蜀人安於自足的生活，閉塞的環境，困難的交通，使巴蜀人不想外出，不思進取。受這種自足環境的影響，感染如此休閒的民風，縱然是有兼濟天下的雄心壯志者，入蜀長久以後，也往往難以逃脫被封閉被銷磨的命運。俗話說，少不入蜀，又說，蜀人不出川，不成大事，背後就是這層道理。東漢末年，深明此理的諸葛孔明，入蜀以後不顧國弱兵弊，強行推動五次北伐，一個重大原因，就是出於對蜀地鎖國磨人的恐懼。〈後出師表〉中有「王業不得偏全於蜀都」，「惟坐而待亡，孰與伐之」的感慨，就是這種唯恐消沉的危機意識的體現。

范增是老謀深算的戰略家，鴻門宴上，他未能說動項羽殺掉劉邦，在痛恨項羽仁而不忍，項伯倔而糊塗之外，加深了必須遏制劉邦的決心。項羽貶斥六國舊主，以軍功分封天下。在軍功的大原則之下，首先進入關中、降下秦都咸陽的劉邦自然也在分封之列。這個時候，將劉邦分封到何處去，對於范增來說，是退而求其次的機會。范增深知，對於可能為害的猛獸，如果不能殺掉，就將它禁閉起來，對於潛在的敵人，如果不能馬上消滅，就對他封鎖堵截。

范增勸諫項羽說，蜀漢地區，易居難出，本是秦國的領土，請大王將巴郡和蜀郡分封給劉邦。這樣一來，劉邦並沒有失去王秦的名分，大王卻得到了禁錮劉邦於巴蜀的實利，可謂是一舉兩得。項羽同意了。

分封劉邦為蜀王，都成都，領巴蜀二郡的方案，尚未正式頒行，幕後透露出來的消息，早早地驚動了一位人物，這個人就是張良。

此時的張良，遵照項羽分割天下，諸侯國人各自歸國的安排，不得不離開劉邦，回到韓王成的麾下。他得到劉邦將被分封到巴蜀的消息以後，深感憂慮，他清楚地知道，對於劉邦來說，進入巴蜀，等於被軟禁，在難以外出的封閉中，野心和意志將被錦衣玉食銷磨淨盡。張良迅速地行動起來。

項羽分封天下，大體在漢元年二月前後，當時的咸陽，既是慶功盛宴之後的別離場，更是權益競逐的名利場。隨同項羽入關的諸侯各國將領，在大功告成，即將榮歸故里之際，人人垂涎秦王宮室的珍寶美人，個個期望得到帝國領土的王侯之封，功高者明爭，功少者暗奪，金錢賄賂，人情請託，爾虞我詐，鉤心鬥角，條條道路，最終都指向項羽帳下。

張良是明察時局的智者，他知道眼下的天下分封，表面看來，決定於項羽一聲令下，仔細觀察，制定方案，統籌事宜的背後策劃人，則是范增。項羽是頭腦簡單的軍人，對於分封天下這種複雜的政治安排和勢力平衡，除了情感上的好惡以外，缺乏政治判斷的能力，他對於范增提供上來的方案，往往不能決斷，在這個時候，項氏家族，特別是家族之長項伯的意見，每每對他有決定性的影響。范增策劃分封劉邦到巴蜀的消息，或許最初就是由項伯透露給張良的，宛若又一次鴻門宴前的通風報信。

這一次，張良得到消息後，立即來見項伯。他將劉邦贈送自己的黃金二千兩，珍珠二十升，悉數送予項伯，一來作為臨別前感謝的表示，感謝鴻門宴以來項伯對於自己和劉邦的關照，二來也是請求項伯繼續關照劉邦，能否在領土的分封上有所變通。當他知道分封劉邦到巴蜀的方案已經得到項羽的認可，難以變動以後，請求項伯說，漢中與巴蜀鄰近，是劉邦軍首先攻佔下來的地區，現在由劉邦部下酈商掌控，劉邦願意居漢中而領巴蜀，能否請項伯兄求項王將漢中也封給劉邦。

項伯豪俠重情義，他終身視張良為生死之交，自鴻門宴以來，他又自視為劉邦的保護者，一直關照劉邦。項伯眼光短淺而貪圖小利，劉邦尊他為大哥，請求結兒女親家的事情，他心中很受用，張良親自帶重金珍寶來，代表劉邦表示感謝，他也覺得受之無愧。項羽軍入關以後，范增促使項羽迅速攻擊劉邦軍，項伯私訪張良，促成了和解，鴻門宴上，范增指使項莊舞劍，務必誅殺劉邦，他堅決反對，不惜跳出來拔劍相助，從此以後，由對待劉邦的態度開始，他與范增之間難免不生嫌隙。大分封的時候，范增主事，項伯有些旁落，封鎖劉邦於巴蜀，項伯雖然沒有站出來說話，對於范增一手策劃的苛刻計畫，心中實在是不以為然。現在，既然張良代劉邦請求到自己頭上來了，他正好順水推舟賣人情，再一次庇護劉邦，也折殺范增的咄咄逼人之勢，顯示自己乃是項王之下，范增之上，天下第二的權位存在。他答應了張良的請求。

分封劉邦到巴蜀的消息傳出來後，劉邦帳中幾乎鬧翻了天。劉邦一時屈辱難忍，悲憤絕望，衝動之下準備鋌而走險，打算動用自己的軍隊偷襲項羽，來個魚死網破。親信部下樊噲、周勃、灌嬰等人死死拉住劉邦，阻止了他的一時衝動，無論如何，要等到張良來了以後再做計議。

張良來到劉邦帳中時，劉邦已經安靜下來。張良講述了分封巴蜀已成定局，自己委託項伯請求漢中的事情。聽了張良的話，劉邦仍然沉落於絕望當中不能自拔，默默無語。

這時候，蕭何站出來說道：「王巴蜀漢中，雖然是可恨可惡，比起尋死自滅來，畢竟還是好的出路。」

劉邦有些觸動，問蕭何道：「比尋死好的出路，話從哪裡講起？」

蕭何說：「以軍隊的數量實力而言，我們根本不能和項羽對抗，一旦衝突，可以說是百戰百敗，這不是尋死又是什麼？從歷史上看，商湯王和周文王，都是能夠一時屈服於一人之下，而最終能夠使天下信服的人。臣下望大王能夠以他們為榜樣，遵從張先生的安排，首先請得漢中，以漢中為王業根基，養育人民，召用賢人，進而收用巴蜀的物力人力，反攻關中，如此這般，天下大事，並非不可以重圖再計，推倒重來。」

劉邦畢竟是有天聽的人，聽了蕭何這一番話，他當即醒悟過來，起身抬頭，口中迸出一個「好」字來。

醒悟後的劉邦，馬上像換了個人一般，他立即交代蕭何制定接受漢中巴蜀的計畫，命令諸將做離開關中的準備。他引張良入內協商，將手邊的金銀財寶悉數請張良挑選，要張良不惜一切代價，務必求得漢中之地。

經過張良的努力，項伯說動了項羽，將漢中封給了劉邦。劉邦如願以償，得到了漢中、巴、蜀三郡，定都南鄭，號為漢王。

鴻門宴圖（河南南陽市出土之東漢畫像磚）
最右側握劍而坐者為項羽，與其相對踞坐者為劉邦。中央舞劍者為項莊，左側應為項伯、范增等。

五、國士無雙

蕭何識人的慧眼再一次開啟，他預感韓信是獨步天下的統帥型人才。更讓蕭何興奮的是，韓信在這個時候出現在漢中，可謂是上天特意賜予的瑰寶，引領劉邦軍脫出當前困境的希望，應當就在韓信的身上！

漢元年四月，駐在灞上的劉邦軍拔營啟程，經由杜縣（今西安市長安區）南部，進入子午道赴漢中而去。

前往漢中的劉邦軍，不過三萬餘人。這支三萬人的部隊，是劉邦擔任楚國碭郡長時期的本部兵馬，他們自沛縣起兵以來一直隨同劉邦轉戰南北，最終從武關攻入關中。秦王子嬰統領秦政府投降以後，劉邦接收了駐守關中的秦軍，擁軍號稱十萬。鴻門宴議和，劉邦接受了項羽的條件，將投降的秦軍全部交予項羽處置，只留下這支三萬人的老部隊。這支三萬人的軍隊，將士們都出身於關東地區，以泗水郡和碭郡出身的人最多，他們是劉邦軍團的核心和中堅，史稱碭泗楚人集團，未來漢帝國的功臣宿將，基本上都在其中。

在這支三萬人的老部隊之外，還有一批數量不少的人私下跟隨劉邦前往漢中。這些人，都出身於關東各諸侯國，他們或者隨同劉邦由武關，或者隨同項羽由函谷關進入關中，在項羽分封天下為十九國以後，按照各歸故國的命令，都應當回到自己出身所在的國度去。然而，這些人對於現狀不滿意、不滿足，他們不安心、不安分，不願意馬上回到故鄉去，去過老婆孩子熱炕頭的平凡生活，他們還想趁亂拚一把，博得功名祿利，他們仰慕劉邦，覺得跟隨劉邦可以得到更大的利益，哪怕是先吃些苦頭也在所不惜。這批人，數量有數萬人之多，史稱諸侯子，他們加入了劉邦軍，堅持下來的人，後來也成了西漢建國的中堅，革命成功以後，終身享受漢政府特殊的優待，這已經是後話了。

出身於楚國東海郡的韓信，正是屬於跟隨劉邦前往漢中的數萬諸侯子中的一員。不過，在所有的諸侯子中，韓信的野心最大，瞄準的目標最高，他是衝著指揮漢軍的最高軍職——大將而來的。

進入漢中以後，韓信被編入漢軍，出任連敖。連敖，是楚國的官名，大概是軍中的中級武官。劉邦自起兵以來，一直是楚軍的一部分，服從楚王，採用楚國的官制，他對於主動歸屬於漢軍的他國將士，大體採用官制對等接受的原則，特別是歸屬過來的別部楚軍，與舊部一視同仁。韓信在項羽軍中最後的軍職是郎中，相當於侍從武官，他在劉邦被左遷，劉邦軍經歷艱難困苦的時候前來投奔，自然受到歡迎和優待，連敖的級別，應當不低於郎中。

脫楚歸漢的韓信，他的心願，不是在軍中積功步步升遷，逐級得到爵祿官職的封賞。韓信是

蕭何—明・王圻、王思義輯《三才圖會》

自比姜太公和孫武子的人，他希望劉邦是周武王，是吳王闔閭。他認定劉邦有帝王之才，看準劉邦軍缺少一位統軍的大將，他希望以自己的才幹得到劉邦的賞識，成為漢軍的統帥，領軍擊敗項羽，成就如同姜太公輔佐周武王滅商，孫武子指揮吳軍敗楚的偉業。然而，離開項羽投靠劉邦，辭去郎中而任連敖，從級別上來說，或許算是有所升遷，從職務上看，反而離開君王更遠，幾乎沒有直接進入漢王視野的機會。連敖任上的韓信，大感失望，鬱鬱不得志的埋沒感，與日俱增，他跌入了人生的低谷。

據史書記載，韓信在連敖任上，犯法被定了死罪。韓信究竟犯了什麼罪，由於史書失載，我們已經無法考究。以韓信當時的處境心態而論，或許是集體逃亡？刑場上，同被判處死刑的人，前面已有十三人被斬首，輪到韓信的時候，他抬起頭來，仰望刑場的監斬官大聲喊道：「漢王難道不是想要奪取天下嗎，為什麼反而要處死壯士？」

當時的監斬官是夏侯嬰，韓信的話引起了他的注意。他見韓信身材高大，相貌偉岸，在即將被處死的時候毫不恐懼失態，反而是冷靜豪邁，堂堂能言，當即心生好感，下令刀下留人。夏侯嬰釋放了韓信以後，開始詢問交談，一席話下來，他心中暗暗稱奇，感到韓信是一位不可多得的人才，馬上推薦給劉邦。

夏侯嬰是劉邦的同鄉，泗水亭長任上的鐵桿哥兒們，沛縣起兵以來的心腹大臣。夏侯嬰的推薦，劉邦是買帳的，他當即下達指令，任命韓信為治粟都尉。治粟都尉，負責軍隊的後勤供應。出任漢軍治粟都尉的韓信，相當於劉邦軍的後勤部長，官職地位，已經遠遠高於連敖，相當於別部將軍一類了。

得到夏侯嬰的賞識，被推薦出任治粟都尉，是韓信在劉邦軍中出頭的第一步。治粟都尉任上的韓信，因為後勤工作的關係，與當時擔任丞相，負責整個漢王國行政事務的蕭何有了接觸。經過幾次接觸，蕭何感到夏侯嬰眼力不凡，韓信確是人才。

蕭何是有慧眼的人。當年，劉邦還在泗水亭長任上廝混的時候，身為頂頭上司的蕭何早早地察覺到劉邦是內慧有肚量的人，敢擔當能承頭，對他另眼相看。後來的事實證明，蕭何的眼光一點也不錯，劉邦是獨步天下的帝王型人才。如今的蕭何，識人的慧眼再一次開啟，他預感韓信是獨步天下的統帥型人才。更讓蕭何興奮的是，韓信在這個時候出現在漢中，可謂是上天特意賜予的瑰寶，引領劉邦軍脫出當前困境的希望，應當就在韓信的身上！

劉邦軍從沛縣起兵以來，至今三年有餘，歷經數十場大小戰鬥，如今擁兵數萬，領巴、蜀、漢中三郡獨立建國，也是一段英勇奮鬥的歷程。三年的征戰中，劉邦是指揮作戰的主將，表現出卓越的軍事才能。在劉邦的親自指揮下，劉邦軍戰功卓著，實現了由小到大、由弱到強的發展，進而獨立開闢第二戰場，一舉攻入關中，不僅拔了滅秦的頭功，也使劉邦軍成為僅次於項羽軍的楚軍最強部隊。

不過，在蕭何看來，劉邦的才能，政治長於軍事。以政治才能而論，當今天下，無人能出劉邦之上。如果以軍事才能而論的話，排名第一的，無疑是項羽，項羽之後，當數章邯。鉅鹿之戰，王離兵敗，章邯抗衡項羽半年之久，正是在兩雄難分高下的空隙間，劉邦才能夠所向披靡，一舉攻入關中。所以，以排名而論的話，劉邦當在第三。

進入漢中以後，劉邦所要面對的敵人，是章邯加上項羽，單純地看，第一聯合第二對第三，這已經遠遠超出劉邦的能力了。放眼劉邦軍中，如同樊噲、周勃、灌嬰這樣的勇將是大有人在，能夠統領大軍獨當一面，可以與章邯和項羽對抗的人物，卻一個也找不出來。缺乏獨當一面的領軍人才，正是眼下困擾劉邦軍的難題之一。蕭何預感到，韓信正是這樣一位可以填補空白的人才，如果有韓信的加入，眼前這場第一加第二對第三的不利博弈，將可能有根本的改觀。

劉邦軍進駐漢中以來，陷入了從來沒有經歷過的困境。漢中北有秦嶺，南有大巴山，為一狹小的山間盆地，只有幾條漫長而險峻的山間小道連接巴蜀和關中。在范增的精心安排下，以章邯為首的三秦軍的主要任務就是圍堵劉邦，他們已經嚴密地封鎖了漢中進入關中的所有通道。如何能夠返回關中，進而東去，是進入漢中的劉邦軍所面臨的又一生死攸關的難題。雪上加霜的是，足智多謀的張良，已經在項羽的命令下隨韓王成東去，失去了軍師的劉邦及其部下，至今想不出脫困的辦法，正陷於焦慮和困苦之中。

在蕭何與韓信的密切接觸中，擊敗章邯，脫出漢中的事情，自然是必須涉及的話題。讓蕭何震動的是，韓信對此已經胸有成竹，他對蕭何詳細地分析形勢，明確地提出了「明出子午，暗渡陳倉」的反攻關中的計畫。這個計畫，讓蕭何在黑暗中看到了一線光明，在迷途中被指明了通路。當蕭何進一步聽取了韓信對於項羽的看法，對於楚漢間強弱形勢可以轉化的分析以後，他益發堅信自己的眼光和經驗，他斷定，唯有韓信，是能夠引領劉邦軍走出困境的統帥人才。

國士無雙，就是蕭何在這個時候對於韓信所做的評價，他允諾韓信說，定將請准劉邦親自召見。

六、蕭何截賢追韓信

歷史的真實，常常是零零散散，在不引人注目之處，本來不是熱鬧的地方。滌蕩清洗之下，水落石出之旁。歷史啊歷史，一路走來，留下多少迷人的花絮。

認定韓信是天下無雙的國士，是唯一能夠引領漢軍脫離困境的統帥人選後，蕭何開始做起劉邦的工作。他多次向劉邦推薦韓信，希望劉邦親自面見韓信，聽取韓信的看法，大膽破格重用。劉邦有些不以為然，一位不久前才從項羽軍中脫逃過來的軍士，不到一個月，被提拔為將領，委以治粟都尉的重任，已經是破格又破格了，再要重用，不但自己通不過，軍中的元功宿將，怕也是會譁然不服了。他敷衍蕭何說，稍微再等一等、看一看，等韓信有了功績以後再說吧。

韓信得到蕭何的看重和賞識，心中充滿了希望。得到蕭何推薦的承諾以後，韓信一直等待劉邦召見的消息。然而，一等不來，再等也不來。韓信是聰明人，他不難猜想得到，蕭何肯定已經將自己推薦給了劉邦，而劉邦呢，並無召見並重用自己的意願。他清楚知道，如果連蕭何的推薦也不能起作用的話，那就不會有希望了。韓信再一次失望了，他決定離開漢中，回到自己的家鄉淮陰去，另謀出路。於是，韓信封存了治粟都尉的印綬，或許還留下了給蕭何的一封離別信，感激之餘，也陳述了自己的失望，將歸隱於江湖云云。

蕭何得到韓信不辭而別的消息後，慌亂促急，三腳併作兩步跑到馬廄，牽馬上騎，出丞相府奔南鄭南門而去。蕭何走得惶急，來不及將事情告知身邊的人。

當時，困居漢中的劉邦軍正在遭受前所未有的逃亡浪潮，關東地區出身的士兵和追隨者們，在進入漢中的子午道上已經開始逃亡。到了漢中，北人不服南方水土，當他們實實在在地感受到被群山包圍的閉鎖後，更加思念故土親人，不僅士兵，一些將校也開了小差。蕭何走得倉皇蹊蹺，有人將丞相逃亡的消息通報了劉邦，劉邦當即大怒，如同失去了左右手。

一兩天以後，蕭何來謁見劉邦。劉邦是又氣又喜，指著蕭何罵道：「連你也逃亡，究竟是為了啥？」

蕭何回答道：「臣下豈敢逃亡，是去追逃亡的人。」

劉邦追問道：「追誰？」

蕭何答道：「韓信。」

劉邦一聽，氣不打一處來，又高聲罵道：「鬼才信你的屁話，軍中逃亡的將領，不下數十人。你不去追，偏偏只追韓信，你這不是明明白白把老子當傻瓜嗎。」

蕭何平靜而堅決地說道：「那些將領，要多少有多少，至於韓信，那是國士無雙。如果大王想要長久地做漢中王，那就不必起用韓信。但是，如果大王想要爭奪天下，除了韓信，沒有可以謀議這件大事的人。就看大王您如何決策了。」

劉邦怏怏說道：「我當然希望向東方發展，哪裡想鬱鬱久困在這裡。」語氣已經趨於平和。

蕭何接著說道：「請大王定奪，如果決意東向爭奪天下，起用韓信，韓信就會留下。如果不能起用韓信，韓信終究要走。」

劉邦知道蕭何行事謹慎，這番話，是他深思熟慮的結果。稍事考慮後，劉邦回答蕭何說：「為了你，我任命韓信為將軍。」

蕭何毫不妥協，說道：「韓信被任命為將軍，仍然不會留下。」

劉邦沉默了，低下了頭。不過，他很快又抬起頭來，果斷地說：「我任命韓信為大將。」

蕭何起身施禮道：「臣下為大王慶幸，慶幸。」

於是劉邦讓蕭何將韓信召來，準備馬上任命他為大將。

蕭何進言道：「大王素來傲慢無禮，如今拜大將如同招呼小兒一般，這也是韓信之所以要離開的原因之一。如果大王真的決心要拜韓信為大將，請選擇吉日，沐浴齋戒，設置將壇，周全禮節，方才可以。」

劉邦一一同意了。

蕭何追韓信，史書有記載，當是可信的史實，如此精彩動人的記事，或許也有口述傳聞的成分？蕭何何處追韓信，史書上沒有記載，漢中當地卻多有傳說和遺跡。

今漢中市西北留壩縣馬道街北，有馬道河，為褒水支流，古名寒溪，據說是蕭何追韓信處。據清嘉慶《漢中府志》記載：「昔韓信亡漢至此，水漲不能渡，蕭何故追及之。」河邊立有兩通石碑，一為清嘉慶十年（一八〇五年）馬道驛丞黃綬所立。有碑文「漢酇侯（蕭何）追淮陰侯（韓信），因溪夜漲水，至此，故及之。」另一為清乾隆八年（一七四三年）褒城縣知縣萬世謨初立，咸豐五年（一八五五年）馬道當地的士庶人士重立，有碑文「漢相國蕭何追韓信至此」。至今已成為當地的觀光名勝之一。

二〇〇五年八月，我去漢中訪古，寧靜的小城，古風尚存。先去看漢台遺址，傳說劉邦為漢王時所修築的宮殿就在這裡，如今是漢中博物館的所在地，收藏的眾多石碑最是值得一看。又去飲馬池，傳說是劉邦軍在漢中的駐地。拜將壇遺址在漢中城南門外，存有南北兩座夯土台，傳說是韓信拜大將時所修築的將壇遺址。南台下有石碑一座，正面題有「漢大將韓信拜將壇」碑文，背面刻詩一首「辜負孤忠一片丹，未央宮月劍光寒。沛公帝業今何在，不及淮陰有將壇」。皆是晚近後人的題記，惋恨「鳥盡弓藏，兔死狗烹」的無情。

在漢中購得《漢中史跡雜考》一書，為鄉土歷史學家陳顯遠先生所著，書中有〈蕭何追韓信初考〉一文，讀罷大有所得。陳先生以為，韓信是江蘇淮陰人，他亡歸故鄉，不應當北上走留壩經褒斜道入關中，落入敵對的三秦。而是應當由南鄭往西南，走米倉道穿越大巴山，進入今四川南江，然後東去鄂西，經過南楚回歸故里。

陳先生引用宋代地理書《輿地紀勝》證明說，蕭何追韓信處，在今四川省南江縣兩角山下的截賢嶺，嶺上有淮陰侯祠，唐代集州（今南江）刺史楊師謀所書的「漢蕭何追韓信到此」的刻石，曾經保存在這裡。

信哉，陳先生所言。歷史的真實，常常是零零散散，在不引人注目之處，本來不是熱鬧的地方。滌蕩清洗之下，水落石出之旁，留霸地方的種種遺址，多是明清以來，借助商旅道路的繁華，人為的錦上添花。

歷史啊歷史，一路走來，留下多少迷人的花絮。

七、漢中對

劉邦接受了蕭何的建議，決意任用韓信為大將以後，他親自召見韓信，詳細聽取了韓信的意見，有禮而又慎重地對韓信做了面對面的考察。有關二人之間會面的情況，史書上留下了一段對話，史家稱為「漢中對」。

「漢中對」載於《史記・淮陰侯列傳》，文章從劉邦與韓信分別入座開始。

劉邦問道：「丞相多次進言將軍，將軍有什麼謀略可以讓寡人領教？」

韓信起身施禮，謝過劉邦，以反問的形式回答說：「大王如今東向爭奪天下，對手難道不是項王嗎？」

劉邦答道：「正是項王。」

韓信又問道：「請大王衡量一下，在用兵之勇悍、待人之禮仁、實力之強大三個方面，與項王相比如何？」

劉邦長久沉默之後，回答說：「不如項王。」

韓信站起身來再一次施禮，應聲贊同說：「我韓信也認為大王不如項王。不過，臣下曾經在項王帳下供事，請讓我談談項王的為人。」

韓信首先分析項羽用兵的勇悍說：「項王一聲怒吼，千百人不敢動彈，但是，項王不能使用賢將，任其獨當一面。這種勇悍，不過是匹夫之勇。」

韓信又分析項羽待人的禮仁說：「項王待人恭謹有禮，言語溫和，人有疾病，他會同情流淚，將自己的飲食分給他。但是，當被任用的人有了功勞，應當封爵受賞的時候，他卻把刻好的印章久久捏在手上，遲遲捨不得給人。這種禮仁，不過是婦人之仁。」

接著，韓信分析項羽勢力的強大說：「項羽雖然稱霸天下臣服諸侯，卻不據有關中而定都彭城。這是他的第一個失誤。項羽背棄懷王之約，以自己的好惡裂土封王，諸侯心中不服。這是他的第二個失誤。項王將舊主懷王驅逐到江南，新封諸侯紛紛效仿，也都驅逐舊主，搶佔肥美的土地。這是他的第三個失誤。項王所到之處，沒有不摧殘破滅的，百姓都怨恨，人民不親附，只不過迫於威勢，勉強服從而已。這是他的第四個失誤。」

分析到這裡，韓信稍做總結說：「從整體上來看，項王名義上是天下的霸主，實際上已經失去了天下的人心，所以，他的優勢容易轉化為劣勢。」

話聽到這裡的劉邦，入神屏息，俯身前傾，不知不覺之間，膝蓋已經觸抵到前面的座席了。

這時候，韓信話鋒一轉，由分析項羽的得失，歸結到劉邦的應對，他說：「而今，大王如果能夠反其道而行之，任用天下的武勇賢將，有什麼勇悍的敵人不能誅滅！以天下的土地城邑分封功臣，有什麼人的心不能收伏！尊重義帝，守懷王之約，興義兵順從將士東歸的心願，有什麼障礙無法摧毀！」

古代史書的引用，往往都是摘錄。「漢中對」也並非一篇完整的文章，而是司馬遷從他所使用的史料中選擇截取的。從文意來看，「漢中對」至此當為一段，內容是韓信借項羽和劉邦的名義，對敵我雙方的優劣條件做戰略性的比較，從總體上得出了劉邦可以由弱轉強的結論。在此基礎上，他進一步具體地分析了三秦的形勢，提出了反攻三秦的設想，成為「漢中對」的後半段。

韓信說：「三秦王本為秦將，統領秦軍子弟數年之久，損兵折將不可勝數，又欺騙部下投降諸侯，二十萬將士，在新安被項王使詐坑殺，唯有章邯、司馬欣、董翳三人脫逃，秦人怨恨這三個人，痛入骨髓。如今，項王強以威勢封三人為王，得不到秦人的擁護和愛戴。

「另一方面，大王攻入武關以來，秋毫無所侵犯，廢除秦國苛刻的法律，與民約法三章，秦國的百姓沒有不希望大王做秦王的。根據楚懷王與諸侯之間的公約，大王應當在關中稱王，關中的百姓，人人皆知。如今大王失掉應有的職位而去了巴蜀，關中的百姓沒有不痛惜的。今天，如果大王舉兵北上東進，三秦可以傳檄而定。」

聽了韓信的這番話，劉邦大喜，自以為太晚得到韓信了，他堅定了任命韓信為大將的決心，決定接受韓信的計畫，按照韓信的安排，部署諸將做進攻三秦的準備。

漢中對，是楚漢相爭歷史的起點，劉邦集團由此制定了北上還定三秦，進而東進爭奪天下的戰略。從爾後的歷史來看，漢中對的正確決策和成功推行，是劉邦集團由被動轉為主動、由弱小走向強大的轉捩點，可以說，劉邦最終能夠戰勝項羽奪取天下，其勝利的基礎，正是奠基於此。因此之故，歷史學家稱「漢中對」為中國歷史上戰略決策的成功典範，將其與諸葛亮答劉備的「隆中對」齊名並舉，應當是各有千秋。

仔細考察，「漢中對」主要還是戰略層面上的分析和策劃。聽取「漢中對」時的劉邦，身陷困境，急於打開局面。當韓信比較敵我雙方的優劣，挑明了由弱轉強的可能，進而分析三秦的形勢，提出了反攻三秦的設想時，他的眼前一亮，思路由此開通，方向由此明確。不過，劉邦是實幹家，他多年領兵作戰，深知一兵一卒、一刀一槍的戰鬥戰役之緊要，當他真要任命韓信為大將時，眼下如何實現北上還定三秦戰略計畫的具體方法，怕是萬萬缺少不得的話題。從爾後的歷史來看，有兩件非常重要的事情，也是韓信在這個時候提出來的。第一，提出「明出子午，暗渡陳倉」的反攻三秦的具體計畫。第二，「申軍法」，就是按照秦軍的規章制度，對漢軍做大規模的整編和訓練。

關於「明出子午，暗渡陳倉」的計畫，我們在後面將會詳細敘述。關於韓信申軍法，意義非同尋常而歷來語焉不詳，這裡不得不稍做解說。我們知道，戰國以來，秦軍之所以能夠多年不斷地戰勝各國軍隊，除了上升的國勢、強君能將的種種原因而外，還有一個更為根本的原因，就是秦國通過商鞅變法以來的一系列改革，建立起了一套完備的軍事制度。這個軍事制度，以二十等級軍功爵賞制度為中心，包括了軍隊的編制訓練，徵發動員，獎懲激勵，旗鼓通訊，退役撫恤，進而連接到軍人轉業入仕，個人的財產身分和社會的基層組織建設等方方面面，幾乎牽涉到整個國家體制。這個制度的框架細則，統稱為秦軍法。由秦軍法所規定的秦的軍事制度，是當時最先進最高效率的軍事制度，這個制度，是秦軍之所以戰無不勝，成為天下最強大的軍隊的根本。

秦統一天下後，將秦的軍事制度推行到整個帝國。秦末亂起，六國復活，各國不同的軍事制度也在不同程度上復活。劉邦軍自起兵以來，打著楚國的旗號，服從楚王，使用復活後的楚國的制度。進入漢中建立漢王國後，劉邦面臨一個重大的制度決策，究竟是迎合關東出身的廣大將士的心願，繼續保留楚國的制度，爭取回到家鄉？還是變更思路和政策，採用秦國的制度，以舊秦國作為新根基，一切重新開始？

這個改制的問題，關係到漢王國立國根基的確立。從以後的歷史來看，漢王國建立以後，廢除了楚制，採用了秦制，確立了全面繼承舊秦國的國土、人民和制度的秦本位國策，這個重大的決策，是劉邦能夠戰勝項羽的根本原因和制度保證。而韓信呢，他是從軍制改革的角度，最先提出並推行秦本位政策的人。可以說，由韓信中軍法開始的軍制改革，不但將劉邦軍整訓為一支制度最為先進、戰鬥力極強的新型軍隊，而且為秦人秦軍的加入提供了制度的保證和文化的歸屬。劉邦軍後來順利反攻三秦，楚漢戰爭中秦人死心塌地追隨劉邦與項羽殊死決戰的原因，都可以在這裡找到依據。可以說韓信申軍法，既是漢軍走向勝利的開始，也是漢承秦制這個重大歷史事件的源頭。

我讀〈淮陰侯列傳〉，確立韓信申軍法始於漢中，為影響歷史進程的重大歷史事件，曾經寫成論文刊行，信然而無疑。然而，多年以來，當我讀到蕭何追回韓信後強力推薦給劉邦，劉邦先是猶豫，最終下決心任命韓信為大將時，總是覺得有些不可思議。這一次，我重新整理這段歷史，將劉邦之所以不得不用韓信的理由，從蕭何看去的角度，做了盡可能的補充，寫成「國士無雙」，大體通順釋然。

但是，當我繼續整理到劉邦接受了蕭何的推薦，當即就要召韓信前來拜將，無論如何也不敢相信世界上有這樣的事情。要知道，劉邦任命韓信為大將，已經不是破格提拔，而是破天荒任用。而此時的劉邦，與韓信之間沒有任何交往，甚至連面都沒有見過，合理地想來，即使有夏侯嬰和蕭何的推薦，即使有任用的強烈意向，怎麼也得先見面談話，聽取意見，親自面對面地考察之後才能拍板。這種情況，打個現代的比方說，不要說是作為一國之主任命三軍總司令，即使是百人的小公司董事長任命管理二十人的部門經理，怕都是最起碼的常識。所以說，史書上的這種不合情理的細節，斷然不可當真，只能理解為歷史故事的傳奇色彩。我敘述歷史到這裡時，依據史書編撰的結構原理，大膽地將史書的敘事，參考常情常理做合理的改定，並附理由在此，供後來的讀史者參考。

八、田榮反楚

自封為齊王的田榮，公開豎立反楚的大旗，開始在不滿項羽的各國實力人物中尋找幫手和同盟。他找到的第一個幫手，就是彭越，而第一個起來響應田榮的實力人物則是陳餘。

正當韓信統領漢軍，不聲不響地在漢中積極整軍備戰的時候，有消息自關東傳來，田榮叛亂，攻佔齊國，項羽統領楚軍前往鎮壓。

齊國與楚國的不和，由來已久，田榮與項羽的糾葛，越扯越緊。秦二世三年十一月，項羽在安陽（今山東東平）擊殺了親齊的大將宋義，奪取了楚軍的指揮權，又派騎兵深入齊國境內，追殺了被田榮禮聘為國務大臣的宋義的兒子，與齊國關係交惡。所以，當項羽統領楚軍北上救趙時，田榮拒絕合作。北上的項羽軍，經過齊國的濟北郡和博陽郡地區時，得到了當地兩位齊軍將領田安和田都的支持，領軍隨同項羽一起由平原津（今山東平原）渡河救趙，更引起了田榮的不滿。從此以後，田榮拒絕與項羽的一切合作，不發一兵一卒參加聯軍進擊秦軍的行動，將齊國孤立於諸侯各國之外，也引來了項羽對於田榮更深的怨恨。

項羽統領諸國聯軍滅秦後，論功行賞，分封天下，根據各國將領在滅秦戰爭中軍功的大小決定地位的高低、封賞的厚薄。鉅鹿之戰，是滅秦的決定性戰役，鉅鹿之戰前後的軍功，是封賞的最重要因素，同時，是否隨同項羽進入關中，也是考核的重要參照。

按照項羽所定的封賞原則，齊國丞相田榮既未參加鉅鹿之戰，又不跟隨聯軍進入關中，自然不在裂土封王之列。對於齊國，項羽將其分割為膠東、齊、濟北三國。將原來的齊王田市徙封為膠東王，以即墨（今山東平度東）為首都，領有膠東（即墨）和膠西兩郡，統治齊國的東部地區。封田都為齊王，以臨淄（今山東淄博）為首都，領有臨淄、琅邪和城陽三郡，統治齊國的中部地區。封田安為濟北王，以博陽（今山東泰安東南）為首都，領有濟北和博陽兩郡，統治齊國的北部地方。

田都和田安，都是違反田榮的意思，領兵隨同項羽渡河救趙，又隨同項羽進入關中的齊國將領，得到了項羽優厚的封賞。田市是田儋的兒子，田儋戰死後，被田榮擁立為王，一直在伯父田榮的監護下當政，未曾領兵救趙，也不從入關，自然受到貶抑，國土被分割，只得到了偏遠的膠東之地。

項羽的這種作法，使田榮極為憤怒，他拒絕接受項羽的命令。田榮讓田市繼續留在臨淄做齊王，當田都領軍到臨淄來接收齊國時，他領軍攻擊田都，田都兵敗，逃往楚國。田市膽小，害怕項羽的報復，偷偷離開臨淄前往即墨去做膠東王，又引來田榮的憤恨，進軍膠東，在即墨將田市殺死，乾脆自己做了齊王。

自封為齊王的田榮，公開豎起反楚的大旗，開始在不滿項羽的各國實力人物中尋找幫手和同盟。他找到的第一個幫手，就是彭越。我們已經講過，彭越屬於地方軍閥一類的人物。在秦末之亂中，彭越部隊始終是一支獨立的武裝力量，不固定從屬於任何王國，只是根據自己的利益進出游擊。當秦軍和楚軍長期鏖戰時，他在一旁觀望，當劉邦軍前來攻擊昌邑的秦軍時，他積極出兵協力。當攻擊不利，劉邦軍南下西去時，他繼續留在當地，回到鉅野澤中蟄伏起來，招兵買馬，養精蓄銳，聚集了數萬人。

項羽對於彭越這種土軍閥，根本不放在眼裡，分封天下時，彭越既未參加鉅鹿救趙之戰，又不跟隨聯軍進入關中，不在分封之列。按照秦滅魏時的版圖，河內郡、東郡和碭郡本是魏國的領土。項羽大分封的時候，他將河內郡封給了趙國將領司馬卬，以朝歌（今河南淇縣）為首都，建立殷國。他將東郡和碭郡併入西楚，作為自己的領地，以資補償，將河東郡、太原郡和上黨郡封給魏王魏豹，將魏國遷徙到河東一帶，以平陽（今山西臨汾）為首都，沿襲魏國的國號和王號，史稱西魏。項羽的這種作法，當然也引起了部分魏國人的不滿。

彭越是魏國人，他所蟄伏的根據地鉅野澤，地處魏國的東郡、碭郡、楚國的薛郡和齊國的濟北郡之間，為一巨大的沼澤湖泊。彭越出身於下層社會，驍勇善戰，他沒有任何家世憑藉，只想依靠自己的力量，糾結一幫人馬，趨利避害，博得人生的富貴榮華。利益所在，就是行動所向，是彭越的人生準則。田榮看準了這點，他以齊王的名義，正式授予彭越將軍印綬，命令他起兵魏國，配合齊軍行動。彭越得到田榮的正式任命以後，領軍進攻濟北，殺死了濟北王田安。得到彭越協力的田榮，將濟北國併入齊國，領有了濟北、博陽、臨淄、琅邪、城陽、膠西和膠東七郡，重新統一了齊國，以臨淄為首都，全力與楚國對抗。

田榮攻擊齊王田都，在漢元年五月。殺膠東王田市自封為齊王，在六月。指示彭越殺濟北王田安，統一齊國，在七月。不到三個月時間，將項羽所建立的天下秩序，再一次打亂。自認為在大分封中遭到了不公正處置的各色各地實力人物，紛紛行動起來，摩拳擦掌，準備大幹一場。

第一個起來響應田榮的實力人物是陳餘。陳餘本是趙國的大將軍，是丞相張耳的摯友，鉅鹿之戰後，兩人因為誤會而關係交惡。一氣之下，陳餘帶領部下數百人脫離趙國，到黃河下游的濕地沼澤中隱逸遊獵，當了山大王。項羽分封天下時，封張耳為常山王，將趙國的舊都信都改名為襄國（今河北邢台），作為首都，統治趙國的東部地區，將原來的趙王歇遷徙到代縣（現河北蔚縣），改封為代王，統治趙國的北部地方。聽說陳餘隱逸在南皮（今河北南皮）一帶，就封陳餘為侯，領有南皮附近的三個縣。陳餘是與張耳同時起兵的戰友，自以為功勞與張耳相當，也應當封王，對於項羽的分封非常不滿。

南皮在趙國的東部邊境，緊靠齊國，當陳餘看到田榮統一了齊國後，馬上派使者去見田榮，陳述自己對於項羽和張耳的不滿，請求田榮提供軍事援助，進攻常山國，共同反楚。田榮同意了，馬上派遣軍隊進入常山國，協同陳餘攻擊張耳。同時，他又指使彭越南下攻擊楚國，將反楚的戰火，燒到了黃河下游的南北兩岸。

韓信一直密切關注著關東的局勢動向，當田榮與彭越和陳餘聯手，同時在齊國、舊魏國地區和常山國，與項羽展開全面對抗以後，他認為還定三秦的時機到了。漢元年八月，得到劉邦的認同以後，韓信調兵遣將，下達了明出子午，暗渡陳倉的攻擊令。

韓溪一（劉欣攝影）
蕭何追韓信，史書有記載，當是可信的史實，蕭何於何處追韓信，史書沒有記載，漢中當地多有傳說和遺跡。今漢中市西北留壩縣馬道街北，有馬道河，為褒水支流，古名寒溪，據說是蕭何追韓信處。據清嘉慶《漢中府志》記載：「昔韓信亡漢至此，水漲不能渡，蕭何故追及之。」

韓溪二（劉欣攝影）
河邊立有兩通石碑，一為清嘉慶十年馬道驛丞黃綬所立，有碑文「漢酇侯（蕭何）追淮陰侯（韓信），因溪夜漲水，至此，故及之。」另一為清乾隆八年褒城縣知縣萬世謨初立，咸豐五年馬道當地的士庶人士重立，有碑文「漢相國蕭何追韓信至此。」至今已成當地的觀光名勝之一。

拜將台

拜將壇遺址在漢中城南門外，存有南北兩座夯土台，傳說是韓信拜大將時所修築的將壇遺址。南台下有石碑一座，正面題有「漢大將韓信拜將壇」碑文，背面刻詩一首「辜負孤忠一片丹，未央宮月劍光寒。沛公帝業今何在，不及淮陰有將壇。」皆是晚近後人的題記，惋恨「鳥盡弓藏，兔死狗烹」的無情。

漢台
2005年8月，我去漢中訪古，寧靜的小城，古風尚存。先去漢台遺址，傳說劉邦為漢王時所修築的宮殿就在這裡，如今是漢中博物館的所在，收藏的眾多石碑最是值得一看，記有漢軍「出散入秦」的〈漢司隸校尉犍為楊君頌〉石碑，就在其中。

留壩留侯祠（劉欣攝影）
張良沒有去過漢中，留壩卻有規模最大，保存最為完整的張良祠廟，空靈的祭祀和懷念，瀰漫在山間林蔭中。傳說張良「辟谷」於此，還有一種傳說，張良送劉邦去漢中就國，從子午道進，劉邦送張良回韓國，從褒斜道出，君臣在漢中有一段依依不捨情？

九、漢中的地形交通

古往今來，進出漢中最大的難題是交通。

由漢中進入關中地區，必須通過山間的谷道，穿越秦嶺山脈。

秦嶺山脈，東西綿延八百里，平均海拔兩千公尺以上，山勢險峻難行。

漢中，地處秦嶺和大巴山之間，為一山間盆地。今天的漢水，發源於盆地西部的山地（嶓塚山），自西向東橫流，形成一狹長平原，東西長二百餘里，南北寬十到五十里，稱為漢中平原。漢中地區，氣候迥異於關中而同於巴蜀，屬於亞熱帶常綠闊葉林區域，溫暖濕潤，雨量充沛，盛產稻麥水果，號稱陝南糧倉。

漢中地區，古來有褒國。西周末年，周幽王寵愛褒姒，為求褒姒一笑，不惜烽火戲諸侯，失去了天下的信任，最終鬧得亡了國。那位千金難買一笑的冷面美人，就出身於漢中的褒國。到了春秋時代，漢中北有秦國，南有蜀國，成了秦蜀兩國反覆爭奪的地方。西元前三八七年，秦國再次從蜀國手中奪取了漢中，從此以後，漢中就一直是秦國的領土。

漢中地區，與東部的淮泗地區一樣，地處中國大陸南北分界的地理線上。漢中地區，也與淮泗地區一樣，在中國政局南北對立的時代，常常是反覆爭奪的焦點。秦亡以後，劉邦由漢中反攻關中，進而統一天下，漢中成了龍興之地。三國時期，曹操劉備爭奪漢中，諸葛亮以漢中為基地，五次北伐失敗，蜀漢之亡，也由漢中開始。南宋時期，漢中地區再次成為南北勢力推移的地帶，宋在此屯駐重兵。蒙古軍隊由大散關攻入漢中，東進滅金，繼而南下滅蜀，不久南宋亡國。

古往今來，進出漢中最大的難題是交通。由漢中進入關中地區，必須通過山間的谷道，穿越秦嶺山脈。秦嶺山脈，東西綿延八百里，平均海拔兩千公尺以上，山勢險峻難行。秦漢時代，自東而西，穿越秦嶺有四條道路，分別稱為子午道、儻駱道、褒斜道和陳倉道，都是蜿蜒穿行山谷間的險峻小道。中國交通史上著名的棧道，就集中在這些道路上。除此之外，還有一條沿西漢水迂迴去隴西，再翻六盤山東去的道路，稱作祁山道。

子午道，由咸陽南部的杜縣（今西安市長安區）出發，入子午谷（今長安區子午鎮附近），沿山間河谷前行穿越，進入漢中平原，經成固縣（今陝西城固），抵達漢中郡治南鄭縣（今陝西漢中）。子午道，全長六百餘里，是早早開通的官道，也是由漢中出秦嶺後，距離咸陽最近的通道。

儻駱道，北口在駱谷（今陝西周至縣），穿越入秦嶺，沿儻水河谷（今洋縣境內）進入漢中平原，西去抵達漢中。儻駱道，為連接咸陽和漢中的最短道路，也是最險峻的道路。不過，這條道路，在本書所敘述的秦末漢初時期，史書中沒有提到，或許只是民間小道，尚未作為官道開通？

褒斜道，北口在斜水谷口（今陝西眉縣），穿越入秦嶺，沿褒水河谷（今留壩縣和漢中市）通到南鄭。這條道路，長四百七十餘里，在秦嶺棧道中最負盛名，著名的石門遺址，就在這條道上。不過，褒斜道的大規模修建，是在漢武帝時期，秦末漢初，這條道路，應當也是一條小道。

陳倉道，又稱故道。由陳倉出發，進入故道縣，過大散關，沿嘉陵江上游河谷西南穿越，大體走今寶成鐵路的路線，經過今陝西鳳縣、甘肅徽縣、陝西略陽縣，然後，東去經過今勉縣抵達漢中。

祁山道，是古代連通關中地區和漢中地區的另一條通道。這條道路，也由陳倉出發，西去走六盤山南段的祁山抵達隴西上邽（今甘肅天水），然後沿西漢水順流而下，經過西縣（今甘肅天水西南）、下辨（今甘肅成縣西北）地區進入今陝西略陽，沿漢水一直抵達漢中。

古往今來，歲月流逝，山河變遷。漢中的地形和交通，特別是漢水上游水系所形成的空間，歷史上有重大的變遷。遠古以來，今天的漢水與西漢水是一條河道，發源於今甘肅天水西南，南下流經隴南地區的西縣，西南經由西和縣、成縣進入陝西略陽，一直向西流去，與今天的漢水一體連通，經過勉縣、漢中地區、安康地區進入湖北，再流經十堰、襄樊、荊門、孝感等地區，在武漢匯入長江。

當時，漢水上游略陽一帶，有巨大的山間水道型湖泊，被稱為天池大澤。由於天池大澤儲水抬高水道的原因，漢水上游的各個河道，大都通航，水路交通便利。從漢中出發，逆流而上，舟行可以抵達隴西，順流而下，行船可以一直抵達西楚，洋洋蕩蕩一條漢水，成為聯繫隴南、漢中、荊楚間的重要通道。西元前二八〇年，秦國將軍司馬錯統領秦軍進攻楚國，就是由隴西郡（今天水）出發，乘船順漢水東南下，經漢中一直抵達楚國的黔中郡（今湖北十堰市的竹山、竹溪）一帶。

漢水全程通航的這種情況，在西漢高后二年，也就是西元前一八六年後發生了巨大的變化。這一年的春天，今陝西略陽、寧強地區發生了一次大地震，史稱武都地震。由於武都地震引起的山崩地變，漢水被截斷成為西漢水和漢水兩條河，古來貫通的水路交通被切斷。爾後，隨著地形的變化，嘉陵江和漢水的分水嶺在略陽一帶形成，西漢水及其附近的河道南流進入四川，成為嘉陵江上游的水源。失去了西漢水的漢水，河道縮短，水量減少，舟楫之便也大不如從前。

因此之故，由於古今地形的變化，作為歷史舞台的漢中地區，對於該地上演的史劇，自然有古今不同的限制，由此引發的變數，常常出乎我們的意料之外。如果不瞭解這一點，本章所敘述的韓信反攻關中的重大歷史事件，必將難以得到通透的理解。

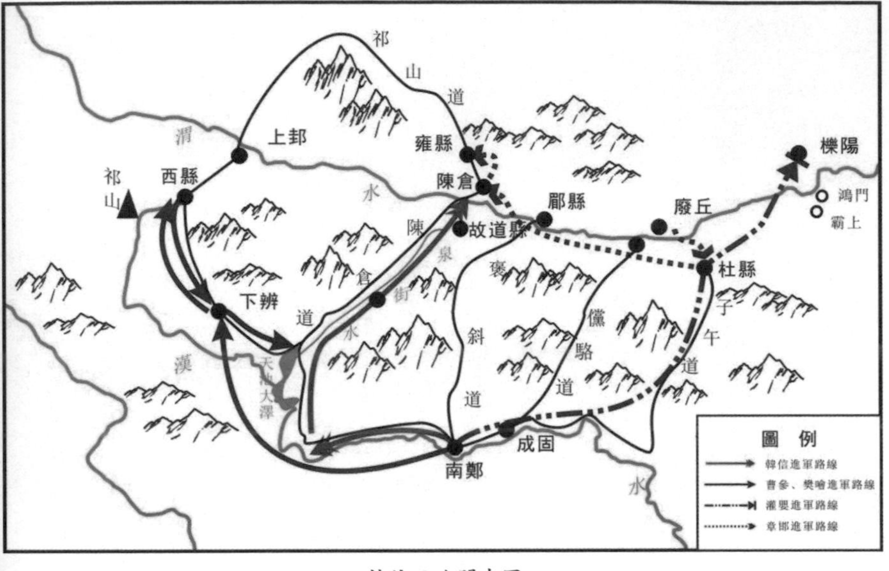
祁山道
上邽
雍縣
陳倉
郿縣
廢丘
櫟陽
鴻門
霸上
祁山
西縣
渭水
故道縣
陳倉道
泉街水
褒斜道
儻駱道
杜縣
子午道
下辨
漢水
天池大澤
成固
南鄭
水
圖例
韓信進軍路線
曹參、樊噲進軍路線
灌嬰進軍路線
章邯進軍路線

韓信反攻關中圖

十、章邯看走了眼

當章邯得到漢軍大出隴西的軍報時，他將信將疑。懷疑漢軍攻擊隴西的意圖，或許是聲西擊東的詭計？不久，從陳倉方面又傳來軍報，漢軍一部出陳倉道，開始攻擊道口的故道縣城。章邯並不覺得意外，他堅信自己的判斷，漢軍真正的攻擊目標，在子午道。

漢元年七月，關中已經進入夏天，綠蔭蔽野，驕陽似火，幾場驟雨下來，渭河水漲，漕運通商的行船，往來愈是快捷。不過，坐鎮渭水北岸廢丘城（今陝西興平）的雍王章邯，心情卻是一天天緊張起來。

彭城方面傳來消息，田榮反叛稱王，聯合彭越抗擊楚國，項王正統領楚軍北上討伐，使者帶來范增的告誡，務必警惕漢中的劉邦趁機返回關中。果不其然，從南面各個關口都傳來消息，韓信出任漢軍大將，整軍備戰，已經嚴密地封鎖了由漢中進出關中的所有通道，禁止人員出入，斷絕了與關中的往來。《孫子兵法》說：戰爭開始之前，就要封鎖關口，廢除通行證，停止與敵國的使者交往，在廟堂上策劃算計，決定軍事行動的方針。看來，漢軍攻擊關中的計畫已經啟動，章邯下令各地加強戒備。

七月底，隴西郡方面有軍報傳來，漢軍大舉沿漢水西行，水陸並進，正對下辨縣展開猛攻。不久，又有軍報傳來，漢軍曹參部隊已經攻佔了下辨縣城，另一支漢軍的樊噲部隊正沿西漢水突進，軍鋒直指西縣、上邽。漢軍大有一舉攻取隴西，翻越六盤山進入關中之勢，軍情緊急，請求增援云云。

章邯是舊秦軍大將，富有軍事經驗，為人堅韌，有城府謀略。項羽離開關中以前，特意將鎮守關中，防止劉邦北上的重任託付給他。章邯的雍國首都在廢丘，領有咸陽以西的關中地區和隴西、北地郡，是三秦中領土最大、兵力最強的大國，由漢中出入關中的五條要道，除了子午道在塞國境內外，餘下的儻駱道、褒斜道、陳倉道以及祁山道，都在雍國境內。毋庸置疑，將劉邦封鎖在漢中的重任，非章邯莫屬。

當章邯得到漢軍大出隴西的軍報時，他將信將疑。信的是漢軍攻擊隴西的行動，不過是攻擊關中的前奏，疑的是漢軍攻擊隴西的意圖，或許是聲西擊東的詭計？章邯是秦國人，熟悉關中地形，進出漢中的道路，他近來更是研究得仔細。章邯清楚地知道，大軍走西漢水出隴西，儘管有水運之便，道路相對平坦，但是路程迂迴繞遠，即使順利地攻佔了隴西出六盤山，也才抵達關中地區的西邊，三秦軍可以從容調遣集結，將其堵在雍城、陳倉一帶。這樣的戰略，不僅耗費時日且而難以直接威脅關中腹地，絕非自己所能認可的良策。

對於傳聞中的漢軍大將韓信，章邯完全不瞭解。只聽說曾經是項王部下的郎中，逃亡到漢中被破格提拔。無名無聞的小吏，突然竄升為漢軍總帥，這使章邯懷疑，或許又是劉邦故意放出來的煙幕？

章邯和劉邦沒有直接交過手，不過，他對劉邦是多有耳聞。在楚軍將領中，劉邦與項羽齊名，是獨當一面的大將。當自己在鉅鹿與項羽鏖戰之際，劉邦統領楚軍偏師降南陽，下武關，奇襲藍田，和平進入咸陽，拔了先入關中的頭功。劉邦其人，用兵不僅有勇有謀，而且敢冒險深入，不可不謂是出類拔萃的將領。

鴻門宴以來，劉邦隱忍能屈、善於偽裝、有心計手腕、能知人善任的種種特點，章邯也是有所眼見耳聞。劉邦做了漢王，項王將防備劉邦的重任託付自己以後，章邯對於劉邦的一舉一動，更是異常地關注，他也是熟讀《孫子兵法》的人，知己知彼，百戰不殆的道理，是無時不記在心中的。

劉邦軍由子午道進入漢中，接受張良的建議，將子午道蝕中一段棧道燒毀，表示沒有返回三秦的心意，章邯看在眼裡，計在心裡。章邯是沙場宿將，眼光老辣，他知道詭詐乃是用兵之道，能攻而裝作不能攻，要打而裝作不要打，要在近處行動而裝作從遠處行動，要在遠處行動而裝作要在近處行動，這些伎倆，都在攻其不備、出其不意的道理當中。詭詐的劉邦，愈是顯示他沒有東進的野心，愈是隱藏著他一定想要打回來的意圖。劉邦入漢中以來的一系列行動，都被章邯透視得清清楚楚，他堅定不移地相信，劉邦一定會打回來，而且不會久等。章邯進而懷疑，劉邦反攻關中，極有可能就是重出子午口。

章邯之所以這樣想，除了識破劉邦焚燒棧道的意圖外，另外有他的道理。

前面已經說過，秦漢之際，連接漢中和關中有五條道路，儻駱道和褒斜道尚未開闢為官道，狹窄險峻，小部隊出沒可能，不能作為大兵團移動的道路，所以，劉邦軍若要反攻關中，大軍只能由子午道、陳倉道和祁山道出來。三條道路中，祁山道最遠，陳倉道其次，子午道最近。出了子午道口，眼下是一馬平川的關中平原，杜縣城在前，不過數十里地，北去不遠是咸陽，東去近處是劉邦軍的舊駐地灞上，可以輕車熟路，一舉插入關中的心臟。另一方面，子午道在杜縣，屬於塞國。三秦之中，塞國最小，相對於章邯所統領的雍軍來說，司馬欣所統領的塞軍也弱小得多，正是圍堵劉邦軍出漢中的薄弱環節。

經過慎重考慮以後，章邯下達動員令，命令隴西郡軍向西縣、上邽一帶集結，務必堅守堵截漢軍的進攻，同時，抽調部分北地郡軍增援隴西，以防萬一。章邯又下令加強陳倉一帶的監視和防守，警惕漢軍從陳倉道出來。與此同時，章邯將軍情通報塞王司馬欣，要他迅速加強杜縣一帶的防守，務必防止漢軍出子午口。做了一系列的防守安排以後，章邯將雍軍主力集結在廢丘一帶，準備隨時機動地馳援陳倉和杜縣。

進入八月，西部戰事依然緊急，西縣雍軍被擊潰在白水一帶（今甘肅天水），章邯不為所動。緊接著，從塞國方面傳來軍報，漢軍正在秘密搶修道路，輕銳部隊已經出沒在子午道口一帶。此時的章邯，反而心中一塊石頭落地，他感到自己的判斷沒有錯，漢軍主力的真正攻擊方向，是在子午口，他命令雍軍整裝待命，做東去支援塞國的準備。不久，塞王司馬欣的軍使抵達廢丘，報告漢軍先鋒部隊在驍將灌嬰的統領下已經攻佔了子午口，大軍正源源不斷地行進于山道，杜縣告急云云。章邯不再觀望，他親自統領雍軍主力，往杜縣方向開拔過去。

正當章邯統領雍軍主力東去的時候，從陳倉方面又傳來軍報，漢軍一部出陳倉道，開始攻擊道口的故道縣城，請求增援。章邯並不覺得意外，他堅信自己的判斷，漢軍真正的攻擊目標，在子午道，出陳倉道的漢軍與出祁山道的漢軍一樣，也是佯攻，他下令雍城、陳倉一帶守軍增援故道，各地務必堅守。章邯繼續統領大軍東進。

不久，從隴西方面傳來軍報，漢軍停止了攻擊，退守西縣下辨一帶。緊接著，陳倉方面有緊急軍報，漢軍大出陳倉道，已經攻佔了故道縣城，北上渡過渭水，包圍了陳倉，軍中有大將韓信和漢王劉邦的旗號。而攻佔了子午口的漢軍，並未出山攻擊杜縣，而是據山固守觀望。這個時候，章邯方才醒悟，漢軍主力大出的方向，是陳倉道而不是子午道。忙亂之中，章邯命令大軍掉頭，由東而西往陳倉方向快速進軍。

當章邯軍匆匆抵達陳倉時，陳倉城已經陷落。乘勝的漢軍，在陳倉、雍城一線嚴陣以待。兩軍會戰的結果，章邯軍戰敗，被迫退回廢丘，章邯的弟弟章平統領一部分敗退的雍軍退守好時時

（今陝西乾縣東），兄弟二人分守兩城，成犄角之勢阻止漢軍東進，等待塞國和翟國軍隊的增援。

順利進軍的漢軍主力，在韓信的指揮之下，沿渭河東進，直逼廢丘。別部漢軍，在曹參與樊噲的統領之下，跟蹤追及章平，在好時再次擊敗章平軍後，圍困了好時。

退守廢丘的章邯，得到了塞國和翟國軍隊的增援，軍勢復振，舉兵西出廢丘，由壤鄉（今陝西武功東南）和高櫟（今陝西武功東南）出擊反攻。韓信在正面頂住章邯軍攻擊的同時，秘密調動圍困好時的曹參軍和樊噲軍南下，從側翼突襲章邯軍。在漢軍的兩面夾擊之下，章邯軍大敗，不得不再次退回廢丘。

廢丘之戰，是漢軍反攻關中的一次決定性大戰。經過這場大戰，三秦軍的主力被擊潰，喪失了主動攻擊漢軍的能力。廢丘之戰以後，章邯困守孤城，從此沒有再出廢丘一步。章平由好時棄城逃亡，糾結北地，隴西的雍軍殘部繼續做零星的抵抗，算是韓信平定關中之戰的餘音。

取得了廢丘之戰的勝利後，漢軍乘勝攻佔了好時和咸陽，一直在子午口虛張聲勢的灌嬰軍也大舉出動，一舉攻克塞國首都櫟陽。奪取了關中腹地的漢軍，趁勢以優厚的條件招撫三秦各地守軍，大勢所趨之下，塞王司馬欣和翟王董翳先後投降，關中大局，基本敲定。

十一、明出子午，暗渡陳倉

常常聽人說，歷史不能假設。其實，假設是歷史學常常使用的有效方法。如果諸葛亮接受魏延的建議，採用當年韓信反攻關中的戰略，是否就會成功？

韓信領軍由漢中反攻關中成功，是劉邦集團突破封鎖，由困頓走向發展、由沉淪走向光明的關鍵一步。沒有這一戰的成功，劉邦集團將被困死在蜀漢地區，在富饒而封閉的天府之國中被銷磨得安居樂業，從此以後，中國歷史上怕是不會有漢帝國，也不會有〈大風歌〉，而是多了一位蜀王劉邦，多了一首〈蜀中樂，不思歸〉。

在中國軍事史上，韓信由漢中還定關中，是唯一的一次成功先例。四百年後，諸葛亮五次由漢中北伐，試圖重演當年的歷史，無一不以失敗告終。這也從反面印證了韓信用兵的巧妙和這場戰事的不易，不可不謂是軍事史上的奇蹟。韓信在漢軍將士中巨大的威信，也由此建立起來。

不過，還定關中這場戰爭，具體是如何展開的，由於史書的簡略缺漏，我們基本上是不瞭解的。特別是對於奪取這場戰爭勝利的關鍵，也就是韓信是如何指揮漢軍跨越秦嶺天險，突破章邯的封鎖堵截，大舉進入關中的這件事情，更完全是歷史之謎。《史記・高祖本紀》記載平定關中的整個戰事，只用了六十七個字，「八月，漢王用韓信之計，從故道還，襲雍王章邯。邯迎擊漢陳倉，雍兵敗，還走，止戰好畤，又復敗，走廢丘。漢王遂定雍地。東至咸陽，引兵圍雍王廢丘，而遣諸將略定隴西、北地、上郡。」其中，由漢中越秦嶺進入關中的緊要大事，竟然只有四個字，「從故道還」。惜墨如金的表象後面，盡是無可奈何的歷史缺環。

當真相沉默不語的時候，流言蜚語應運而生。當歷史學家畏縮不前的時候，說書人挺胸而出。元代無名氏在戲曲《暗渡陳倉》中讓韓信唱道：「著樊噲明修棧道，俺可暗渡陳倉古道。這楚兵不知是智，必然排兵在棧道守把。俺往陳倉古道抄截，殺他個措手不及也。」這一曲唱詞下來，歷史為之改觀變色。從此以後，韓信「出故道還」的歷史，被唱成了「明修棧道，暗渡陳倉」的歷史，爾後更被總結成了三十六計的第八計，成了漢語中耳熟能詳的成語典故。

謊言重複百遍，就被當成真話。明修棧道，主事者是樊噲，地點在褒斜道。如今去漢中，留壩褒斜道旁有樊河，河上有樊河鐵索橋，相傳為樊噲明修棧道時所建，橋旁有「新建樊河鐵索橋碑」，清道光十五年（一八三五年）所立。真是人證物證俱在，不過都是明清以來，附會流言修建的觀光建築。

有關韓信「從故道還」的解釋，除了《史記》的不詳記載以外，最早的史料是東漢桓帝建和二年（一四八年）的石碑「漢司隸校尉犍為楊君頌」，碑文為當時的漢中太守王升所撰，現藏漢中博物館。碑文說：「高祖受命，興於漢中，道由子午，出散入秦。」意思是說，漢高祖劉邦接受了天命，興起於漢中，道路經由子午，由大散關進入秦中。

大散關，是陳倉道上的關口，在今天的陝西寶雞西南，至今遺址尚存。韓信大軍由此進入關中，當是確鑿無疑。子午，就是子午道。「道由」，道路經由，不過，究竟是指劉邦軍入漢中還是出漢中的道路經由，沒有明言。有歷史學家懷疑，這句曖昧的表述，有可能暗示了韓信軍同時也出子午道的事情。

俗話說，前事不忘，得書之鑑。講的是翻閱過去的記載，可以鑑別當今的得失。不過，歷史學使用的是一種由現在到過去的逆向時間觀，查後事之詳，也可以知前事之略。《三國志・蜀志・魏延傳》記載說，魏延隨同諸葛亮由漢中進攻關中時，多次建議「如韓信故事」進軍，也就是採用當年韓信反攻關中的戰略，兵分兩路，自己統領精兵萬人，出子午道奇襲長安，震動關中，吸引魏軍的注意，與此相呼應，諸葛亮統領大軍由西方的褒斜道方面出來，兩軍夾擊會師，可以一舉攻克關中。諸葛亮用兵謹慎，出奇制勝非其所長，他拒絕了魏延的建議，用正兵堂堂正正地推進，五次北伐都沒有成功，王業途中隕落五丈原，留下千古遺恨。

常常聽人說，歷史不能假設。其實，假設是歷史學常常使用的有效方法。如果諸葛亮接受魏延的建議，採用當年韓信反攻關中的戰略，是否就會成功？物換星移，難以評說。不過，韓信反攻關中，別遣奇兵出子午道，卻可以由魏延的建議得到證明。灌嬰是劉邦軍著名的驍將，多次統領漢軍精銳部隊做奇兵突襲，反攻關中的戰爭中，他沒有隨同大軍在關中西部作戰，而是徑直進入關中東部攻取櫟陽，迫使塞王司馬欣投降。由此推想，子午道的奇兵，或許正是由他統領？

二〇一〇年八月，我隨歷史再次前往關中考察，我先去咸陽尋找始皇帝的宮城，又登長陵西望寶雞，東眺臨潼，遙想當年章邯在廢丘左右環顧的不安情景。我渡渭河，穿越長安，由子午口入谷，沿廢棄之舊道蜿蜒深入，高山夾道，樹蔭蔽日，潺潺山澗流過，崎嶇土路蔓延，斷垣殘壁光影間，盡是濃濃的歷史滄桑。回程在子午口流連長久，眼前腳下，八百里秦川盡收眼底，與同行的陝西考古學者李舉剛攝影談笑，「假使我等如灌嬰領軍出此，三秦當是無險可守，關中豈能不恐慌震動……」此地此時，我對明出子午的韓信戰略深信不疑。

考察歸來，讀周宏偉先生的宏篇大論〈漢初武都大地震與漢水上游的水系變遷〉，快哉樂哉！感銘之下，我對韓信「從故道還」反攻關中的戰略和路線，竟然獲得了貫通古往今來的明解。

韓信統領漢軍反攻關中，在西元前一八六年的武都大地震之前，那時候，漢水不但是連通隴西和鄂西的暢通水道，漢水上游地區，舟楫便利。船運由漢中出發，逆水西行，可以一直抵達隴西，由天池大澤北上，可以沿故道一路靠近陳倉。如此交通條件下，韓信暗出陳倉的戰略，在糧草和兵員的輸送上當不會有重大障礙。如此交通條件下，韓信大軍出陳倉以前，必定首先沿西漢水攻擊雍軍控制的下辨和西縣，其軍事意圖，表面上是作佯攻隴西的聲張，實質上是為了封鎖漢水航道，防止隴西的雍軍順流而下，在漢軍大出陳倉後襲擊漢中，從背後攻擊劉邦軍。

有人說，《老子》是兵書。老子說，上善若水。水無常形，因地而變，幾近於道，最受哲人推崇。韓信生於水鄉淮陰，一生用兵，最善於依托水勢。在韓信的軍事生涯中，佯攻隴西，明出子午，暗渡陳倉，是他所指揮的第一場大仗，也是中國歷史上唯一一次由漢中反攻關中的成功戰例。事後想來，種種策劃計量之外，暢通的古漢水水系的利用，不可不謂是天助。二百年後，諸葛亮五次出漢中北伐，無一不以失敗告終，種種不利之外，古漢水水系的交通斷絕，豈非也是天不助我，命哉命哉！

第二章 彭城大戰

一、韓王鄭昌

鄭昌出身舊屬韓國的新鄭，他的祖先，可能是鄭國王族的後裔？項羽分封鄭昌為韓王，正是想利用他韓國出身的身分懷柔韓人。

漢元年八月，韓信指揮漢軍由漢中反攻關中，迅速攻佔了關中大部分地區。塞王司馬欣和翟王董翳投降，塞國被改置為渭南郡和河上郡，翟國被改置為上郡，都成了漢王國的直轄政區。不過，一路高歌猛進，節節順利進軍的漢軍，在雍國地區卻遭遇到了意料之外的頑強抵抗。

廢丘之戰，雍塞翟三國聯軍被漢軍擊潰，章邯退入廢丘城，堅守不戰。章邯的弟弟，駐守好畤（今陝西乾縣）的章平，在漢軍乘勝攻擊的威脅下，棄城撤退，先到隴西，後到北地，呼應廢丘城中的章邯，繼續抵抗。劉邦曾經派遣使節，以萬戶侯的地位勸降章邯和章平，都被拒絕。

韓信指揮漢軍主力包圍廢丘，他曾經做過幾次攻擊，都損失重大而沒有成功。韓信是智將，善於運動戰和野戰，堅城固守，死打硬拚，並非他所看重擅長，他下令停止攻城，命令在廢丘城外修築城濠壁壘，做長期圍困的準備。部署妥當後，韓信謁見劉邦，呈說合於利而動，不合於利而止，順應形勢修正戰略的理由。

劉邦自有他的算計。他收回了韓信的兵權，重新遣兵部將，做了西圍東進的新的戰略部署。他分兵一部與韓信，命令韓信繼續圍困廢丘，同時負責清除隴西郡和北地郡的殘餘抵抗。他將大部漢軍置於自己的親自指揮之下，一方面鞏固新佔領的關中地區，一方面開始做東進的準備。

劉邦自沛縣起兵以來，除了四弟劉交跟隨在身邊之外，家眷們都留在老家豐邑。二哥劉仲帶著妻子和兒子劉濞，服侍著父親劉太公，妻子呂雉帶著女兒魯元和兒子劉盈，委託同鄉審食其負責關照。與劉邦的情況類似，部下們的家屬，也都留在了關東，主要是在屬於西楚的沛縣和碭郡地區。項羽回到彭城就國以後，劉邦及其部下們的家眷，都成了控制在項羽手中的人質。劉邦攻佔關中，並沒有公開舉起反楚的大旗，宣稱進軍的目的只是在於恢復懷王之約，名副其實地做秦王統治關中，種種考慮之外，自己以及將士們的家眷都留在西楚境內，也是一個重要的原因。

九月，劉邦派遣部將薛歐與王吸，統領一支機動的騎兵部隊秘密出武關，前往西楚境內的南陽地區，與在這裡活動的王陵取得聯繫，準備潛入到沛縣，將劉邦等人的家眷接出來送到關中。部隊進入到陳郡境內時，被項羽方面察覺。項羽派遣軍隊，將其阻止在陽夏縣（現河南太康）一帶。

劉邦攻取關中的時候，項羽正率領楚軍主力在齊國境內作戰，征討第一個豎起反楚大旗，擅自稱齊王的田榮。與此同時，陳餘接受田榮的軍事援助，對張耳統治的常山國展開進攻，受田榮指使，彭越也進入到楚國的東郡和碭郡地區攻擊騷擾。遠在北方的舊燕國地區，燕王臧荼攻滅了遼東王韓廣，將遼東國併入了燕國。這些動搖西楚霸國體制的變亂，使項羽窮於應付，分散了他對三秦地區的注意力。

也就在這個時候，項羽收到了經由張良轉來的兩封信件，一封是齊王田榮寫給代王趙歇的，信中痛斥項羽分封天下不公，無理將趙王趙歇遷徙到偏僻的代北，改封為代王，他約請趙歇起兵聯合作戰，共同滅楚云云。一封是漢王劉邦呈送西楚霸王項羽的，信中為自己攻佔三秦地區的行動辯白，聲明自己的行動只是為了信守懷王之約，取得自己應當得到的舊秦國地區，信中還信誓旦旦地宣稱，自己的行動以懷王之約所規定的關中地區為限，絕不違約走出關中云云。

破壞西楚霸國體制的動亂，由田榮引發。齊國緊鄰西楚，影響到燕趙各國，不平定齊國的叛亂，黃河以北地區的政治秩序無法安定。儘管項羽並不相信劉邦的旦旦誓言，張良轉來的兩封信件，還是促使他下定決心，首先剿滅田榮，然後再來對付劉邦。於是，項羽繼續統領楚軍主力留在齊國境內作戰，對於攻佔了關中的劉邦，他暫時採取守勢，分別在黃河南北兩岸布下兩道防線，預防劉邦軍可能的東進。在黃河北岸，命令領有河東地區的魏王魏豹加強防務，構築起第一道防線，命令領有河內地區的殷王司馬卬，整軍備戰，構築起第二道防線。在黃河南岸，命令領有三川郡的河南王申陽，密切監視關中的劉邦，隨時警惕劉邦軍出函谷關的企圖，構築起第一道防線。同時，他又做出一項重要決定，恢復韓國，分封鄭昌為韓王，都陽翟（現河南禹縣），領潁川郡，在申陽的身後，構築起防備劉邦東進的第二道防線。

項羽分封天下時，將舊韓國分割為韓和河南兩國。韓王韓成的國號不變，仍然以舊都陽翟為首都，領有潁川郡。封趙國將領申陽為河南王，以洛陽（今河南洛陽東）為首都，領有三川郡。申陽被封為河南王，是項羽論功行賞的結果，酬謝他在迫使章邯投降的作戰中所建立的功勳。

韓王韓成，本是韓國公子，為項梁所立，項梁敗死定陶時，逃到彭城投靠楚懷王，後受懷王之命，與司徒張良一道，前往舊韓國的潁川地區，組建軍隊，攻城略地，結果是敗多勝少，了無功績可言。劉邦軍西進進入潁川後，幫助韓成攻佔了一些城池，劉邦軍繼續南下西進，往南陽武關方向開拔後，張良隨同劉邦去了，韓成則留在潁川，繼續做復興韓國的努力，仍然是打不開局面，沒有可以稱道的結果。項羽分封天下，基本原則是論軍功行賞，特別是北上救趙和入關滅秦，更是兩大硬指標，韓成沒有拿得上檯面的軍功，雖然因襲舊封保留了韓王的稱號，卻完全不被項羽所尊重，領地也為項羽所覬覦。漢元年四月，項羽與各諸侯王離開關中回到封地就國，韓成被項羽帶到彭城，剝奪了王號，更封為穰侯，不久被殺害。

韓王韓成被廢殺以後，潁川郡被項羽吞併，成為西楚九郡之一，韓國失國。劉邦攻佔關中，虎視眈眈，意在吞併關東，形勢與戰國後期秦國東進擴張的局面類似，舊屬韓國的三川和潁川地區首當其衝，成了漢必攻、楚必守的戰略要地。三川地區，楚國方面已經有了河南王申陽的第一道防線。對於成為第二道防線的潁川地區，楚國方面為了爭取民心，做了恢復韓國的決定，項羽任命鄭昌為韓王，也是君臣間經過一番深思熟慮的。

鄭昌其人，本是秦會稽郡府所在地吳縣（今江蘇蘇州）的縣令。秦朝末年，項梁因為殺人犯罪，帶著姪子項羽從故鄉下相（今江蘇宿遷）逃往會稽，居住在吳縣，與鄭昌有了交往。二世元年九月，項梁與項羽殺秦會稽郡守，起兵響應陳勝起義，得到鄭昌的支持。從此以後，鄭昌帶領吳縣軍吏一直跟隨項梁，項梁死後，鄭昌又歸屬項羽，始終是項氏楚軍的重要部將，深得項羽的信任。

封鄭昌為韓王，除了項羽信任鄭昌，以王位酬謝他的從起之功外，或許還有另外一個因素，鄭昌可能是出身於鄭的韓國人？我們知道，秦漢地方官員的任命有籍貫限制，一概不用本地人。鄭昌不是吳中地區的人，關於他的出身，史書上沒有記載。不過，鄭昌姓鄭，鄭是韓國的地名，故地在今河南新鄭，古來是鄭國的首都，西元前三七六年被韓國滅亡，又長期成為韓國的首都，直到秦始皇統一六國，方才改鄭為新鄭縣。考慮到古人以地名國名為姓的習俗，再結合項羽選取他為韓王的事情來看，我們不妨做出一個大膽的推測，鄭昌出身舊屬韓國的新鄭，他的祖先，可能是鄭國王族的後裔？項羽分封鄭昌為韓王，正是想利用他韓國出身的身分懷柔韓人。

受封赴任韓國的鄭昌，馬上著手恢復故國，整軍備戰，作為河南王申陽的後盾，共同防止劉邦軍可能的東進。

二、張耳來歸

張耳出任趙國丞相多年，是項羽所統領的聯軍中趙軍的主帥，申陽是他的舊部，張耳的到來，使劉邦獲得了奪取河南國的新籌碼。

漢二年十月，身在廢丘的劉邦，隆重迎接兩位舊友的到來，一位是常山王張耳，另一位是韓申徒張良。張耳是項羽所封的十九王之一，自田榮起兵反楚以來，一直遭受陳餘和齊國聯軍的攻擊，如今兵敗，前來投靠舊友。

張耳與劉邦的交情，可以一直追溯到戰國末年，那時候，張耳是名滿天下的國俠，魏國的外黃縣令、黑白兩道通吃的名流。而劉邦呢，他是浪蕩豐邑故里的鄉俠，視張耳為偶像，曾經多次前往外黃張府請謁追隨，奉張耳為大哥。

劉邦和張耳間的遊俠交誼，因為秦始皇統一天下而中斷。張耳被秦政府通緝，逃亡到陳縣潛伏，劉邦浪子回頭，歸順體制做了秦王朝的泗水亭長。秦末亂起，張耳投身陳勝義軍，活躍於趙國地區，先後出任趙王武臣和趙王趙歇的丞相。鉅鹿之戰後，統領趙軍主力隨同項羽征戰入關，與先前進入關中的劉邦久別重逢。

秦統一天下，在秦始皇三十六年（前二一一年），項羽軍進入關中，在漢元年（前二〇六年），十五年後再相見時，劉邦已經年過半百，五十有一，張耳比劉邦年長，怕是已經年近六十了。關於二人在關中的這次久別重逢，史書沒有隻言片語提及，我們只能根據二人終生關係親密，進而結成兒女親家的事情合理推想，當是何等一種感動的場面。

張耳兵敗，不得不棄國逃亡時，面臨兩種選擇，一是東去投奔項羽，因為自己是項羽所封，求助於西楚霸王體制是理所當然。另一條路是西去投奔劉邦，看重的是個人之間的生死交情。張耳曾經猶豫不決，部下甘公善觀天象預測未來，他勸諫說：「漢王進入關中時，五星聚集於東井。東井是秦的分野，應了先入關中王秦的約定。眼下西楚雖然強大，未來的天下必定歸屬於漢。」張耳聽從了甘公的意見，決定帶領殘部西入關中投靠劉邦。

張耳來到劉邦身邊時，正是韓信圍攻廢丘不下，劉邦正在考慮新的戰略部署的時候。張耳的到來，使劉邦大為高興，喜上加喜的是，就在這個時候，張良也從楚國脫逃，抄小道來到了廢丘。此時此地的劉邦，久久地沉浸在喜悅當中，這種喜悅，不僅有舊友再次重逢的歡情，也有人望所歸的滿足，更有因為二人的加入而推動局勢大步發展的期待。

攻佔關中後，劉邦急於東進與項羽爭奪天下。漢軍出關中，首當其衝的是河南王申陽，東進的大道——山川道幾乎都在河南國境內。申陽本是趙國將領，鉅鹿之戰後，項羽統領諸國聯軍與章邯所統領的秦軍在安陽一帶拉鋸對峙，申陽統領趙軍別部由孟津強行渡過黃河，攻佔了洛陽和新安之間的河南縣（現洛陽西），切斷了章邯軍走山川道與關中地區聯繫的唯一通道，完成了對於章邯軍的戰略包圍，迫使章邯投降。項羽論功行賞分封天下，用河南所在的三川郡酬勞申陽，封他為河南王。

張耳出任趙國丞相多年，是項羽所統領的聯軍中趙軍的主帥，申陽是他的舊部，張耳的到來，使劉邦獲得了奪取河南國的新籌碼。劉邦隆重迎接張耳，以王者之禮相待，承諾一定幫助張耳回歸故國，重整山河。與此相應，劉邦得到張耳的協力，統領漢軍大出函谷關抵達陝縣（現河南三門峽市），軍事壓力和外交勸降雙管齊下，迫使申陽歸服，順利地打破了項羽在黃河南岸的第一道防線。

打通河南以後，漢軍逼近項羽在黃河南岸的第二道防線，攻擊目標指向了領有潁川地區的韓國，項羽新封的韓王鄭昌正坐鎮陽城（現河南登封東南），舉國阻止漢軍東進。

張良出身韓國貴族，出任韓王成的中徒多年，他的到來，不僅使劉邦重新得到了須臾缺少不得的軍師，而且為解決鄭昌韓國提供了極為有利的條件。經過張良的策劃，劉邦任命韓襄王的庶孫韓信為前部，對鄭昌韓國展開軍事進攻。這位韓信，後來被劉邦封為韓王，因為名字與漢軍大將韓信相同，史書上為區別起見，往往稱他為韓王信。

韓王信是張良輔佐韓王成攻略韓國時找到的，身材高大，武勇有力，被任命為韓軍將領，後來同張良一道統領韓軍隨同劉邦攻入關中。劉邦被封為漢王之漢中就國時，韓王信沒有隨同韓王成東去，而是繼續跟隨劉邦去了漢中，成了漢軍的一員將領。為了有利於擊敗鄭昌，張良建議劉邦任命韓王信為將，重新組織韓軍，用恢復故國的大義名分展開軍事行動。果然，韓王信進軍順利，迅速攻下十幾座城池。河南王申陽歸順後，劉邦親自統領漢軍主力抵達河南，支援韓王信對陽城展開猛攻，鄭昌被迫投降。

漢二年十一月，劉邦廢除了河南國，改為河南郡，直屬於漢。他又封韓信為韓王，領有潁川地區，繼續統領韓軍隨同作戰。圓滿地解決了河南國和韓國的問題，突破了項羽在黃河南岸所設置的兩道防線後，劉邦回到了關中，開始致力於關中根據地的鞏固和建設。

劉邦被項羽封為漢王，首都定在南鄭（今陝西漢中），如今擴張領有關中和河南以後，他下令將首都遷徙到櫟陽（今西安臨潼北）。櫟陽曾經做過秦國的首都，司馬欣受封塞王，他的首都也在這裡。遷都櫟陽以後，漢政府下令開放舊秦王朝專屬於皇家的園林池苑，允許百姓耕種採伐，擴大生產，增加收入，又下令大赦，赦免罪人，懷柔民心。

到了二月，局勢和新都安定以後，漢政府開始著手社會民生重建。首先，下令撤銷秦國的社稷，建立漢的社稷。我們知道，社是土地神，稷是穀神，在農業社會的古代，對於社神和稷神的崇拜，是上至王侯國家、下至庶民鄉里的普遍信仰。古代國家，政府有祭祀土神和穀神的專用建築，也稱社稷，由君主定期主持祭祀，代表國家向上天祈求五穀豐登。因此之故，社稷往往成了國家的象徵和代稱。漢政府將秦社稷改為漢社稷，是宣布新的國家信仰，從此以後，舊秦國吏民的歸屬心，由滅亡了的秦轉移到新興的漢，秦漢一體，漢繼承秦的平穩過渡，由政治軍事深入到宗教信仰，由國家廟堂滲透到民間鄉里，意義非同尋常。

蜀漢地區，是劉邦最早的封地，漢王國的隆興之地，遷都以後，漢政府下令免除該地區兩年的租稅徭役，以不忘本的恩惠酬謝蜀漢人民。對於關中地區的從軍家庭，也免除一年的租稅徭役。我們知道，漢政府的核心和上層，都是跟隨劉邦從關東進入關中的楚國人，而漢王國的建立，完全以舊秦國的土地和人民為根基，為了融合新舊，溝通上下，加強對於基層社會的控制，漢政府還在縣和鄉級政府中設立三老，選取地方上德高望重的老者出任，免除他們的租稅徭役，讓他們輔佐官員，引導民風，做連接官民的仲介，一步一步建立起認同新政府的民間社會。

漢政府鞏固關中國本的工作，是在丞相蕭何的主持下穩步推行的。與此相輔相成，韓信主持著關中地區的軍事局勢。他一方面繼續圍困章邯於廢丘，同時派遣酈商跟蹤攻擊先後逃竄到隴西和北地繼續頑抗的章平，將兩地一一平定，章平也被擒獲俘虜。清除了北地的殘敵以後，漢王國的北部邊境抵達河套地區的黃河南岸，漢軍沿河重新修繕秦帝國時期的邊關要塞，防堵趁秦末之亂再次南下進入河套地區的匈奴騎兵。

蜀漢關中地區，是新興的漢王國的國本和根據地，由蕭何主政，韓信主軍，珠聯璧合，可謂是文武合作的楷模。得到蕭韓之助，無後顧之憂的劉邦，決定再次親征，打通由黃河北岸進軍楚國的道路。

三、吃軟飯的陳平

重實利的古羅馬賢哲說，「天理人情不必細訴，婚姻在於有利可圖。」古往今來的成功婚姻，多是因緣的互補。貧困孤立的男才，得到富裕有力的女家援引，最是近便的成功之途。

漢二年三月，劉邦統領漢軍在臨晉關（今陝西大荔）集結，兵鋒指向黃河西岸的魏國。乘勝東進的劉邦，利用魏豹在領土分割上對於項羽的不滿，以軍事威脅和外交勸誘雙管齊下的方法，迫使魏豹屈服，加入劉邦陣營反楚，順利突破了項羽設在黃河北岸的第一道防線。

得到了魏豹的協助後，劉邦軍渡過黃河，借道河東郡東進，逼近領有河內郡的殷王司馬卬，開始著手打破項羽設在黃河北岸的第二道防線。

殷王司馬卬，本是趙國將領，鉅鹿之戰後，統領趙軍一部參加聯軍，隨同項羽作戰。在圍困章邯軍的戰事中，司馬卬統領本部趙軍由上黨郡南下進入河內郡西部，切斷了固守河內的章邯軍與河東郡秦軍的聯繫，在迫使章邯投降的戰鬥中立了大功。項羽分封天下時，以河內郡封司馬卬為殷王，酬謝他的功勞。

前面已經說到，張耳本是趙王武臣和趙歇的丞相，是統領趙軍主力跟隨項羽作戰的主將，河南王申陽和殷王司馬卬都是他的舊部。不久前，他協助劉邦勸降申陽背楚歸漢成功。這一次，張耳故技重演，大軍壓境之下，勸誘司馬卬歸附劉邦，加入擁漢反楚陣營，項羽設在黃河北岸的第二道防線宣告崩潰。

簡單概括說來，漢軍於漢元年八月從漢中出發反攻，一個月內攻佔了關中，消滅了塞翟兩國，雍國只剩下了廢丘一座孤城。漢二年十月，降下河南王申陽，攻滅鄭昌韓國，三月，西魏王魏豹歸服，策反殷王司馬卬成功。短短八個月時間，項羽為圍堵劉邦而設置的關中防線、黃河南北防線逐一被打破，乘勝東進的漢軍，兵鋒已經直接威脅到楚國本土，楚漢相爭的局勢，呈現出巨大的變局。深陷齊國戰事泥淖中的項羽，在堅持先齊後漢戰略方針的同時，接受范增的建議，做出了另一項重要的軍事決定，集結楚軍陣營中舊魏國出身的將士，渡河攻擊倒戈的殷王司馬卬，牽制劉邦。楚漢相爭中又一位大名鼎鼎的英雄人物，陰謀家陳平由此高調登上了歷史舞台。

陳平其人，出生於戰國末年的魏國，他的出生地，在陽武縣戶牖鄉，也就是今天河南省蘭考縣東北。秦統一天下後，這個地方屬於秦帝國的碭郡地區。

陳平的父母，大概是早亡，他從小跟隨哥哥生活，由哥哥撫養長大。少年時代的陳平，家境貧困，靠哥哥耕種三十畝土地，維持一家人的生活。陳平從小愛讀書，好交遊，不喜歡幹活勞動。哥哥是厚道孝悌的人，總想到父不在，長兄為父，母親走得早，弟弟的一切，當由自己擔當。他寧願自己多吃苦，也不願弟弟受累，他放縱陳平，任其天性，隨其自然。

陳平雖然是生長在貧窮人家，卻長得高大而英俊，曾經有人打趣陳平說：「你陳平說是家貧，卻長得肥美滋潤，究竟是吃了些啥好東西？」陳平的嫂子從來看不慣遊手好閒的小叔子。這一次，嫂子接過了話頭，恨恨說道：「啥好東西，還不是吃的米糠。有這樣的小叔子，不如沒有。」嫂子公開怨恨陳平的事情，被陳平的哥哥知道了，他於是將妻子趕出了家門。

待到陳平長大，到了應當娶妻的年紀，有錢人家看不上，嫌他窮而遊手好閒。陳平自己呢，又看不上窮人家，自負有才想依附高攀，所以久久定不下來。戶牖鄉有位富人，姓張名負，他的孫女先後嫁過五個男人，五個男人都一一死去，被認為是剋夫星，再也沒有人敢娶她。陳平不信邪，看中女方的家境和相貌，很想娶張負的孫女做自己的老婆，因為拿不出聘禮，無法開口。

鄉里中有喪事，陳平去幫忙，因為窮，早去晚歸，盡心盡力，希望多得些報酬。張負也去喪家致哀，被陳平的魁梧美貌所吸引，經久注視而逗留不去。陳平是機靈人，當天格外上勁賣力，一直用心伺候陪同。末了，張負喚陳平出來，說是有事順道，要過陳平家去，讓陳平引路嚮導。陳平心中明白，也不推辭，引領張負沿外城牆邊的土路，踅入小巷，抵達家門口。陳平家簡陋破舊，土牆茅屋，爛草席一張當作門戶。有心的張負似乎視而不見，只是仔細留心地面，格外在意陳平家門外的車轍痕跡。

張負回到家中，當即喚二兒子張仲說：「我想將孫女兒許給陳平，如何？」張仲不解地說：

「陳平窮困而遊手好閒，盡被一縣人嘲笑，為什麼要把女兒許給這種人？」

張負說：「我看人自有眼法。陳平家門前，多有豪俠長者的車轍。富貴有相貌，相貌美好如同陳平這樣的人，豈有長久貧困的道理？」張仲也為女兒的婚事煩惱，儘管不大情願，最終還是順從了父親的意見。

婚事由張負一手策劃。張負首先借錢給陳平，讓他當作聘禮到張家下聘，他又資助陳平酒水魚肉費用，讓陳平能夠風風光光地舉辦婚宴。出嫁臨行之前，張負告誡孫女說：「不要因為夫家貧窮而不謹怠慢，奉侍夫家的兄長要像在家奉侍父親一樣，奉侍夫家的兄嫂要像在家奉侍母親一樣。」

陳平娶了張負的孫女以後，得到張家的財政支援，資用不乏，手面開闊，不但交遊之道日漸寬廣，他在戶牖鄉里的地位，也日漸看漲。

秦末劉邦陣營的英雄人物，多出身於下層社會，堪稱草根的平民豪傑。史書中記載這些草根豪傑的崛起時，常常提及他們的婚姻帶來的幸運。張耳發跡，緣於在外黃娶了離婚的美人，得助於富裕妻家的資助。劉邦得到呂公的賞識，娶呂雉為妻，得到呂氏家族的鼎力相助，是他出頭的因緣之一。如今到了陳平，也是得到妻家的資助而脫貧，奠定了出頭的基礎。

重實利的古羅馬賢哲說，「天理人情不必細訴，婚姻在於有利可圖。」古往今來的成功婚姻，多是因緣的互補。貧困孤立的男才，得到富裕有力的女家援引，最是近便的成功之途。俗話說得好，成功的男人身後，往往有襄助成功的女人。我接著俗話繼續說，在襄助成功的女人身後，常常有慧眼識人的老丈人。

人性不分古今中外，女人是男人的肋骨，只有彼此找到元配，才能一體同舟共濟。人生多難，成功不易，近在身邊，能得女人之助，最是合於一加一大於二的基本道理，何樂而不為，樂而為之，自是當然的福。

四、秦漢的鄉里社祭

陳平分肉的事情，是司馬遷寫進《史記·陳丞相世家》中的傳聞故事，由這件小小的軼事，我們不但可以感受到陳平年少時的志向風采，更可以體察到秦漢時代鄉里社會的風土人情。

幸運的陳平，得到妻家的幫助脫貧後，開始在鄉里社會中嶄露頭角。

前面已經說過，陳平是陽武戶牖人。陽武是縣名，戶牖是鄉名，陳平帶張負去外城牆邊的家門口，一直深入到了街巷中。當時的街巷，稱作里，陳平所居住的里，叫作庫上里，大概是因為靠近倉庫而得名？

秦漢時代，郡縣鄉是國家的基本行政區，里是鄉之下的居住區，也是居民組織。郡縣鄉三級政區中，郡由軍區演化而來，組合變化較大，縣本是君王的直轄地，作為政區相對穩定，至於鄉里，都是基於自然聚落所做的行政編制，最是保留了遠古以來基層社會的生活原型。

秦漢時代的鄉，上承縣，下治里，從戶籍、稅收、徭役、治安、教化、選舉等各個方面直接管理鄉內民戶，是政權的末端組織，相當於現代中國農村的鄉鎮和城市的街道辦事處。每鄉的戶數，由數百到數千戶不等，全國平均下來，一鄉大概不到兩千戶人家。鄉一級政府機構，設有鄉嗇夫，相當於鄉長，負責一鄉的行政事務，鄉嗇夫下有游徼，負責治安，有鄉佐，負責徭役稅收等，都是從國家領取俸祿的基層幹部。秦漢的鄉，還設有三老，選取地方上德高望重的長老類人物出任，免除他們的租稅徭役，讓他們引導民風，掌管教化，做連接官民的仲介。

里是政府指導下的居民自治組織，戶數從十餘戶到百戶以上不等，根據自然聚落的實際情況設置。一般說來，秦漢時代的里，特別是在平原地區，往往自成一個封閉的社區。里有門，白天打開，夜晚關閉，里中有街巷，居民的住宅沿街巷修建，各家自有門戶，大致相當於現代中國舊城區中加了門的胡同巷子，農村地區圈上土牆的村莊。

里有里正，為一里之長，下有十長伍長，主管十戶五戶人家，還有里監門，負責里門的開閉看管。不過，這些里中的管事人都不是政府官吏，而是居民中推舉出來的協管，相當於城鎮的街道居委會主任和農村的村長，以及下面的小組長一類角色。至於里監門，最是寒磣，不過是社區守大門的保安，由居民共同出錢，往往雇用窮愁無業，生活沒有著落的人來擔當。活躍於秦末的多位英雄人物，如張耳、陳餘、酈食其等，他們落難潦倒時，都曾做過里監門。

在古代社會，里既是社會的基層組織，也是居民的共同生活場所。在里民的共同生活中，社和社祭具有非同尋常的意義。社是土地神，來源於原始的土地崇拜。對於安土重居的古人來說，社神是民間信仰的主神，社祭是鄉里社會年中的大事，春三月有春祭，祈求豐年，秋九月有秋祭，報告收成。祭祀社神，有固定的場所，也稱為社，往往選取有枝葉茂盛的大樹或者叢林處，有的還建有土牆或者祠堂，築有祭壇，稱之為社壇。

里中祭祀社神，一里之人，共同參加，共同出資，預備酒肉食物，作為祭品獻供，祭祀完畢以後，分享眾人，於是一里之人，宴會飲酒，神人同樂。遠古以來，神人同樂的社祭，不但是鄉里社會莊嚴的祭日，也是盛大的節慶宴樂，質樸的先民們，或者是殺雞屠狗，扣甕敲瓶相和而歌，或者是宰羊椎牛，擊鼓撞鐘投足而舞，至於富商大賈們襄助的大社，鼓瑟吹笙，倡優百戲，更是盛況空前。有詩說得好，「田翁逼社日，邀我嘗春酒，」「桑柘影斜春社散，家家扶得醉人歸」，古風猶存的唐代詩文，依然傳遞出秦漢社祭宴樂的歡樂陶醉。

因為社祭是里中大事，主持社祭的人，往往是里正，或者是里中德高望重的長老。社祭是共同出資的公眾活動，祭祀後祭品的分發分享，既婆婆媽媽，又零細瑣碎，如何能夠公平合理，收服一里人之心，最是操心費神，格外需要精明的人來周到處理。史書上說，庫上里中舉行社祭，祭祀後分發祭肉時，陳

陳平分肉—明・陳洪綬（又名陳老蓮），《博古葉子》

平被推舉出來主刀。陳平分肉，公平得體，切合上上下下利益，得到眾人的歡喜，里中父老，對陳平評價甚高，稱讚他「善為一里之宰」。有心的陳平聽到後感嘆地說：「呵呵，如果讓我來宰割天下，也將如同分肉一樣。」

陳平分肉的事情，是司馬遷寫進《史記・陳丞相世家》中的傳聞故事，由這件小小的軼事，我們不但可以感受到陳平年少時的志向風采，更可以體察到秦漢時代鄉里社會的風土人情。戶牖鄉距離陳留縣（今河南開封東南）不遠，東漢以來，編入東昏縣，劃歸陳留郡。東漢末年著名的文人，女詩人蔡文姬的父親蔡邕，曾經為陳平主持分肉的庫上里神社樹碑，留下有〈陳留東昏庫上里社銘〉。其文曰：

> 惟斯庫里，古陽武之戶牖鄉也。春秋時有子華為秦相。漢與，陳平由此社宰，遂佐高祖，克定天下為右丞相，封曲逆侯。永平之世，虞延為太尉、司徒、封公。至延熹，延弟曾孫放，字子仲，為尚書……詔封都亭侯，太常、太僕、司空……僉以為宰相繼踵，咸出斯里。秦一漢三，而虞氏世焉。雖有積德餘慶終身之致，亦斯社之所相也。乃與樹碑作頌，以示後昆。

碑文是說，如今的庫上里，就是從前的陽武戶牖鄉。春秋的時候，子華作過秦國的丞相。漢王朝興起，陳平在該神社主宰分肉，後來輔佐漢高祖劉邦克定天下，出任右丞相，封為曲逆侯。

東漢明帝永平年間，虞延出任太尉、司徒，位列三公。桓帝延熹年間，虞延的從曾孫虞放出任尚書……封都亭侯，先後為太常、太僕、司空。這些先後繼任的宰相們，都出身於庫上里。秦代一位、漢代三位，其中兩位虞氏世代相繼。他們的湧現，雖說是積德的餘慶惠及終身的結果，也離不開庫上里神社的福佑之助。於是樹碑頌記，以示後輩。

秦國丞相子華，不見於史書記載，陳平、虞延、虞放，都源出於庫上里。這種情況，用今天的話來說，縣城一條街上，兩王朝數百年間，湧現了四位總理，當是何等的榮光和神奇。俗話說，一方水土養一方人，陳留一帶，古來是經濟發達、人文薈萃、人才輩出的地方。二〇〇八年八月，我為尋訪酈商兄弟的蹤跡走訪陳留，在田間的玉米叢中尋得蔡邕的墳墓。蔡邕是陳留人，算是陳平的同鄉，他為庫上里社碑撰寫銘文時，陳留人傑地靈有風俗，庫上里林深社福有傳承的古風舊貌，依然歷歷若在眼前。

五、古代的情報頭子

漢初的護軍中尉府，是軍情機構。長期擔任護軍中尉的陳平，他的真實面貌，是情報長官，間諜頭目，類似於史達林身邊的貝利亞，蔣介石身邊的戴笠，毛澤東身邊的康生，只不過他的智慧更高深，視野更廣闊，命運也更幸運而已。

兩千年來，陳平是一個若明若暗、不清不白的人物，宛若氾濫渾水中的一條泥鰍，抓不住，琢磨不透。

司馬遷在記敘了陳平一生的事蹟以後評說道，陳平年少的時候，喜好黃老之學，當他在砧板上分祭肉的時候，志向就已經相當遠大了。天下大亂，他先是彷徨徘徊於魏國和楚國之間，最終是歸屬了劉邦，常出奇計，解救危機，消除國難。善始善終，可謂是智慧超群。

清代著名歷史學家王鳴盛先生則認為陳平是邪鄙小人，指責他借助流言蜚語，慫恿劉邦偽遊雲夢捕捉韓信，使韓信無辜被黜，最終被呂后殺害。又指責他在劉邦病重時，承旨到前線去捕殺樊噲，因為樊噲是呂后的妹夫，他逮捕樊噲後留了一手，將樊噲用檻車送回。途中聽到劉邦撒手人寰的消息，他馬不停蹄，急馳到呂后面前痛哭效忠，從此成為呂后的心腹，可謂是揣時附勢之尤。如果再加上呂后生前陳平阿諛逢迎，公開贊成大封諸呂為王，呂后死後屍骨未寒，他又高唱非劉氏不王，主謀誅滅呂氏一族的事情來看，陳平的種種跡行，常常是先放火後救火，先投毒後治病，兩面三刀，不知是功還是罪，不知是人還是鬼？

我治秦漢史多年，對司馬遷以來歷代對於陳平的評論解讀，始終有隔靴搔癢，不甚了然之感。如今我重新整理陳平的歷史，感到陳平的智慧，多用在不便公開的地方，用他自己的話來說，他的智謀，多是陰謀，損陰德的事情做得多，連自己都擔心會得陰禍。陳平是陰謀家，這是對他準確的人格定位，不過，正因為他是陰謀家，他的事蹟，有些沒有公開，即使是已經公開了的一些事蹟，後人至今仍然看不明白。之所以看不明白，除了陰謀策劃的詭秘外，還有一個重要的原因，就是對於陳平所從事的工作和所擔當的職務不瞭解。

陳平歸屬劉邦以後，先任護軍都尉，後任護軍中尉，長期負責漢軍的護軍工作。當時，護軍都尉是軍情機構的副職，而護軍中尉呢，則是軍情機構的最高負責人，對內的職務是代表君王監督臣下將領，對外的職務是開展間諜活動，因為掌握著內外情報，自然也參與最高層的重大決策，成為君王的參謀。用現在的話來說，護軍中尉的機構職能，身兼美國聯邦調查局和中央情報局的雙重職務，又因為護軍中尉直接受君王的領導，只對君王個人負責，所以說，更像是古代的KGB。在這個職位上活動多年的陳平，他的真實面貌，就是情報長官，間諜頭目，類似於史達林身邊的貝利亞，蔣介石身邊的戴笠，毛澤東身邊的康生，只不過他的智慧更高深，視野更開闊，命運也更幸運而已。

有了上述的認識以後，我們再來審視陳平的一生，種種若明若暗、不清不楚的地方，就大體可以獲得一種通透的理解了。

秦末陳勝吳廣起兵，六國紛紛復國，後戰國時代來臨。陳平本是魏國人，自然是應當歸屬於魏國。陳勝部將周市領兵攻略魏國舊地，擁立魏公子魏咎為魏王，定都臨濟（今河南封丘東）。陳平告別了兄長妻子，與鄉里的少年一道前往投奔。魏咎任命陳平為太僕，負責管理車馬出行。以謀略見長的陳平多次獻策進言，不為魏咎所用，反而招來了讒言攻擊，陳平選擇了離開。

不久，項羽統領楚軍攻城略地，抵達黃河，陳平前去投奔，從此跟隨項羽，經歷彭城整編，北上救趙，鉅鹿大戰，受降章邯，得到項羽的信任，一直在項羽身邊供職，地位遠在郎中的韓信之上。鴻門宴上，樊噲突然闖入軍帳，化解危機，劉邦藉口小解，離席外出，脫逃不歸。陳平受項羽之命，去尋喚劉邦，與張良相遇。二人惺惺惜惺惺，心有默契，磨磨蹭蹭耗費時間，回來敷衍了項羽，化解了一場反秦軍內部火併的危機。鴻門宴上的這點花絮，不僅可以窺探到陳平作為軍情人員的痕跡，也為陳平後來投奔劉邦埋下了伏筆。

項羽分封天下，陳平受爵稱卿，繼續在項羽身邊供職，參謀軍情，計畫獻策。

漢二年三月，魏王魏豹加入劉邦陣營反楚，劉邦在張耳的協助之下，策反殷王司馬卬成功，楚國為防止劉邦東進在黃河北岸所設的兩道防線逐一瓦解。北征齊國的項羽得到消息後，封陳平為信武君，統領楚軍中的舊魏軍部隊，全權處理殷國離反的問題。

殷國所在的河內地區，本來是魏國的領土，殷王司馬卬是趙國的將軍，因功被項羽封為殷王，立國的根基並不牢固。陳平是魏國人，他所統領的楚軍中的舊魏軍部隊，是從東郡和碭郡徵召的軍隊。東郡和碭郡，本來是魏國的領土，大分封時被項羽劃歸了西楚，由這兩個地區徵集的軍隊，不但與舊魏國有千絲萬縷的聯繫，更有文化上的認同感。項羽任命陳平，出於范增的建議。范增一直看好陳平的智謀才幹，他建議項羽說，用陳平統領東郡和碭郡的部隊攻擊殷國，乃是以魏將統領魏軍攻擊趙人所佔領的魏土，最合適不過，項羽同意了。

陳平不負范增的期待，他以其人之道還治其人之身，也以軍事威脅和外交勸誘雙管齊下的方式，誘使司馬卬再一次倒戈，回歸西楚陣營。平定了殷國的叛亂以後，陳平回到了楚國，項羽大為高興，派遣項悍為使臣頒賜封賞，委任陳平為都尉，賜予黃金四百兩。

然而，形勢風雲突變。陳平剛剛離開殷國，司馬卬又一次易幟倒戈，宣布助漢反楚。剛剛封賞了陳平的項羽大為憤怒，下令嚴厲追究負責處理殷國問題的部將，陳平非常恐慌，擔心被誅殺，於是將受封的印信和黃金封存，派人送還項羽，決意從此離開，單身一人，西去投奔劉邦。

史書上說，陳平前去投奔劉邦時，走小道仗劍急行。到了黃河邊找到一條渡船坐上，渡船行使到河中，船伕見陳平長得高大美貌，又是一個人，懷疑他是逃亡的將領，身上藏有珠寶金玉，眼中透露出殺氣。陳平是機敏之人，察覺到了，於是解開自己的衣服，赤裸著上身幫助船伕划船，船伕由此知道陳平身上沒有任何夾帶，方才打消了殺人劫財的念頭。

陳平渡過黃河，來到河內郡的修武縣（今河南獲嘉），當時，劉邦領軍東進，大本營就設在這裡，正廣告天下，招收各國各路人才共同反楚。劉邦的謀士魏無知是信陵君的孫子，深得劉邦的信任，陳平與魏無知都是魏國人，往來相知，他透過魏無知求見劉邦，得到了召見。當時，一同接受召見的約有十餘人，由中涓石奮接受諸人的名謁，引領入內與劉邦見面，賜食共餐。共餐完畢，劉邦對被召見者們說：「諸位辛苦了，今天到此為止，請各歸館舍休息。」這個時候，陳平站起身來，施禮說道：「臣下有事而來，所要呈述的事情不可以過了今天。」

劉邦有些驚奇，於是延請陳平單獨留下來談。一席話下來，很中劉邦的意。劉邦高興，問陳平說：「你在楚國，擔任什麼官職？」

陳平回答道：「擔任都尉。」

於是，劉邦當天就正式任命陳平為都尉，同乘馬車巡視軍營，將掌管護軍機構，負責監督各部將領的要務委託予他。一時間，漢軍諸將譁然，不滿的議論，紛紛傳到劉邦耳中來：「大王剛剛得到一名楚國的降卒，還不到一天時間，也不知道有無本事，就同坐一輛馬車，讓他來監督我等老兵宿將！」

據說，劉邦聽了這些話以後，愈發寵信陳平，東進攻楚的大事，也讓陳平出謀參與。

六、義帝之死

義帝之死，不僅是項羽與義帝之間個人恩怨的了結、二人之間爭奪楚國政權鬥爭的結束，也是秦末之亂以來，短暫的七國復活、王政復興時代的終結，從此以後，中國歷史進入楚漢兩雄主導下的列國紛爭時代。

漢元年四月，劉邦離開修武，由平陰津（今河南孟津）渡過黃河，來到洛陽，在張良和陳平等人的協助下，開始策劃東進攻楚的大事。

就在這個時候，洛陽地區的一位智慧的長者，新城縣（今河南伊川）的鄉官，三老董公求見劉邦，向劉邦訴說了項羽秘密殺害義帝的情況，進而建議說：「臣下聽說『順德者昌，逆德者亡』，出師無名，舉事無成。所以說，只有明確敵人是逆賊，才能扶義征服。如今項羽悖逆無道，弒君害主，乃是天下共誅共討的逆賊。我有仁，天下歸心，可以不用勇武而使天下自服；我有義，天下跟隨，可以不用強力而使天下自定。請漢王為義帝發喪，統領三軍為義帝素服致哀，遍告各地諸侯，申明東伐項羽的大義。如此一來，海內莫不仰慕大王的德行，大王的行動，也可由此以與三代的聖王相比況了。」

劉邦接受了董公的意見，稱善道好，感慨地說：「如果沒有先生的到來，我是聽不到這樣好的進言啊。」於是劉邦正式為義帝發喪，著喪服裸露半肩大哭，聚集軍民，舉哀三天。又派遣使者，攜帶漢王號召討伐項羽的檄文送到諸侯各國，檄文中稱道：「天下共同擁立義帝，北面稱臣奉事。如今項羽弒殺義帝於江南，大逆無道。寡人親自為義帝發喪，全軍將士素服舉哀，聲討逆賊。將悉數徵發關中兵吏，收納三河將士東進，調動船隻，順長江漢水南下迂迴，寡人願意隨同各位諸侯王，共同討伐殺害義帝的元兇。」

項羽殺義帝，在漢二年十月，項羽與義帝之間的糾葛嫌隙，卻一直可以追溯到鉅鹿救趙。鉅鹿救趙前，懷王主持制定天下公約，首先攻入關中者為秦王。項羽主動請纓，願領本部兵馬進攻關中，被懷王拒絕，委派劉邦擔當西進攻秦的重任，由此種下了裂隙。

鉅鹿救趙途中，項羽斬殺懷王所信任的大將宋義，奪軍自任楚軍統帥，迫使懷王追認既成事實，將自己置於抗拒君王命令、竊取君王權力以解救國家危難的拂臣境地，從此失去了與懷王在同一體制下共生的天地。

項羽救趙成功，殲滅秦軍主力，統領諸侯國聯軍進入關中以後，自封西楚霸王，分割天下論功行賞，建十九國封十九王，在中國歷史上首次實行了霸王主持下的封王建國。項羽封王建國，不但無視懷王之約，而且從根本上否定了戰國七國復活、各國王政復興的既存天下秩序。在項羽所實行的這種變革舊體制舊秩序的重大行動面前，首當其衝，遭受最大打擊的就是楚懷王。

楚懷王本是六國聯合滅秦的盟主，楚將項羽的主君。如今項羽自己做了天下的盟主，西楚的霸王，如何處置楚懷王，自然就成了重建天下新秩序的首要問題。經過激烈的爭論和精心的策劃，項羽對楚懷王採取了架空、遷徙、暗殺的三步驟。

架空楚懷王是第一步。架空的方法是將楚懷王的稱號拔高一步，尊稱為義帝。義，名分、名義；帝，德行比王高出一等的君主。義帝義帝，就是名義上君臨天下的主君，用徒有虛名的稱號，將楚懷王高供起來，名義上成為諸侯各國王之上的共主，實際上剝奪了他對楚國的統治權。

項羽自封為西楚霸王，將原來屬於魏國和楚國的九個郡劃歸自己領有，他將未來西楚的首都，定在彭城。項羽決定以彭城為西楚的首都，身在彭城的楚懷王及其宮廷自然就成了多餘的障礙。分封天下結束，項羽尚在由關中返回楚國的途中，使者偕書信已經抵達彭城送到懷王手上，信中寫道：古來的帝者，不但統治千里的土地，而且一定居住在江河的上游。今長沙郡郴縣地處長江水源的上游，正適合於帝者，請遷往為便。

自從項羽殺宋義奪取了楚軍的指揮權以後，楚懷王再次成了光桿司令、誰也指揮不動的門面朝廷，此時更是連楚王的名義都被剝奪，如何能夠抗拒項羽的指令。胳膊擰不過大腿，義帝不得不收拾行李，被迫離開彭城，往南遷徙。樹倒猢猻散，義帝宮廷的臣下們，紛紛離開，自謀出路。

項羽所指定的義帝居所郴縣，在今天的湖南省郴州市。以自然地理而論，郴縣地處五嶺山脈之騎田嶺的北麓，在湘江的支流耒水的上游，可謂是水盡山窮的荒僻之地。不過，因為湘江在古雲夢澤（今洞庭湖）匯入長江，所以項羽強詞奪理，稱郴縣為適合於帝者居住的江河上游。以政區地理而論，郴縣在秦長沙郡的東南，翻越騎田嶺就進入秦的南海郡。不過，我們知道，此時的嶺南地區，包括秦的南海郡、桂林郡、象郡，已經在秦帝國南部軍統帥趙佗的統領下獨立稱王，建立了南越國，嶺南地區與華中地區的交通完全斷絕。此時的郴縣，不但是項羽所封的長沙國與南越國之間的邊縣，而且成了中國文明所及的南端，夷夏混處的天涯。義帝被遷徙到這裡，相當於數千里流放。

義帝由彭城南下郴縣，必須要經過項羽所封的九江國，或者是衡山國和臨江國地區。項羽密令九江王英布、衡山王吳芮、臨江王共敖，當義帝經過時，務必擊殺，且嚴加保密。漢元年十月，義帝一行經由九江國前往郴縣，英布派遣部將尾隨跟蹤，在郴縣將義帝秘密殺害。

義帝之死，不僅是項羽與義帝之間個人恩怨的了結、二人之間爭奪楚國政權鬥爭的結束，也是秦末之亂以來，短暫的七國復活、王政復興時代的終結，從此以後，中國歷史進入楚漢兩雄主導下的列國紛爭時代，起伏興滅的諸侯各國，或者依附於楚，或者依附於漢，身不由己地捲入到東西兩大陣營爭奪天下霸權的戰亂中，宛若戰國末年合縱連橫的再現。

在新的楚漢相爭的歷史中，項羽承繼楚國，成了合縱的霸王，劉邦承繼秦國，成了連橫的盟主，不過，項羽和劉邦都出於楚，他們本來都是楚懷王的部將，故國舊君楚懷王的正統，對於他們爭奪天下霸權的行動來說，都是一道必須跨越的門檻，一樁必須處理的棘手難題。從事後的結果來看，項羽殺懷王一事，從此成為一道弒君的道德把柄，一直被劉邦用來作為聲討項羽、號召天下的大義名分，處處陷項羽於被動境地。

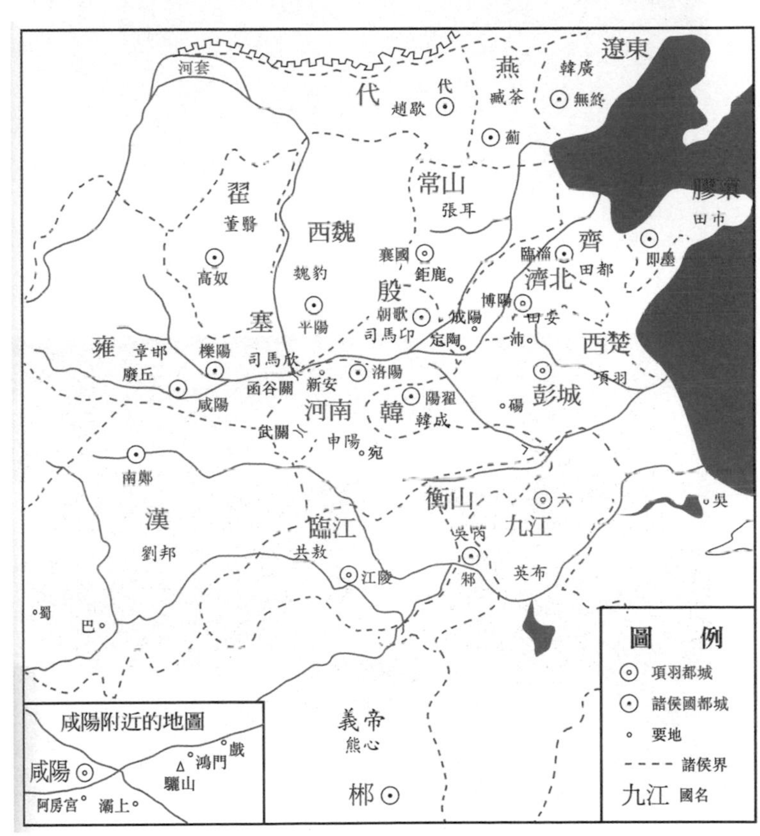

楚漢之際群雄割據圖

據黃啟方、洪國樑繪編《史記地圖匯編》重繪

徐州楚宮一

彭城故地在徐州，我曾經多次往來停留。徐州環城多山，淺峰間斷環繞，道路四通八達，古往今來，都是反覆爭奪，頻繁易手的軍事據點。戲馬台在城中，傳說為項羽檢閱士兵的地方。

徐州楚宮二

戲馬台的項羽石雕，凜凜一代霸王雄風。想當年彭城之戰，項王以三萬精兵大破五十六萬漢與諸侯國聯軍。

莒國一

2012年9月，我隨歷史到城陽地區訪古，先到莒縣。莒縣是西周以來莒國的國都，戰國時為楚國所滅，後來歸了齊國。古來的大國宏都，內外兩重的古城，城牆城壕至今殘存。

莒國二

莒縣所在的城陽地區，歷來是齊國遭受外敵入侵時的退守之地，堪稱齊國的後院。國難時齊王們避難的城陽山中，應當就是沂蒙山區，古往今來都是易守難攻的避難地。

臨沂銀雀山

由莒縣沿沂水、沭水間河谷南下，進入臨沂，古來為東西南北的交通樞紐。臨沂漢代稱啟陽，銀雀山漢墓在城中，以《孫臏兵法》出土而聞名天下。

費城

重走項羽當年行軍路，由臨沂西去進入浚河河谷，沿祊河去費縣，尋得秦漢費縣古城，在河北上冶鎮西畢城村，有殘存城基。

南武城

又去平邑縣南，有南武城故址，一面依蒼山為屏障，三面夯築環形城牆，珍奇而壯觀。南武城始建於東周，先後屬於魯國和齊國，戰國末年，成為楚國的領土。入秦以來，劃歸城陽郡，歷史一直延續至北齊，是孔子高足曾子和澹台滅明的故里。

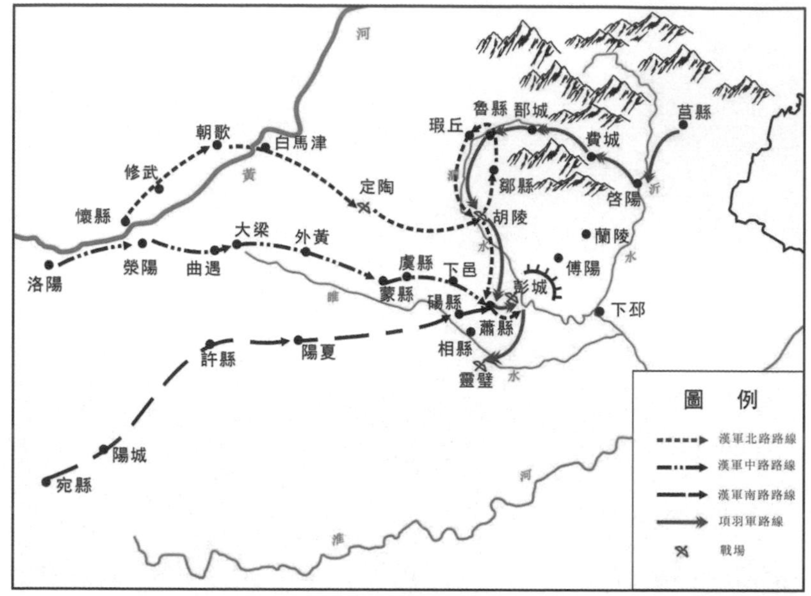

彭城大戰圖

浚河

浚河發源於平邑北部山中，往東南流向費縣。下游一段，今稱祊河，在臨沂匯入沂水。由平邑西去到泗水縣，是泗水的源頭所在。蒙山、沂山之間的浚河、泗水河谷，古來不僅是交通要道，也是人文薈萃之地，孔子、曾子、鄭玄、王羲之、劉勰等人，宛若群星燦爛。當年項羽奇襲彭城，正是走這條道路。

七、聯軍攻佔彭城

大獲全勝的聯軍將士，上自最高統帥，下至士伍兵卒，無不沉浸在前所未有的歡慶中。甚至連寡欲冷靜的張良，多謀善變的陳平，也都被這場偉大的勝利所帶來的歡悅吞沒，失聲無語。

從漢元年八月以來，項羽統領楚軍主力，一直深陷於齊國的戰事中。田榮反楚，在漢元年五月，不到三個月時間，顛覆了項羽所封的齊、膠東、濟北三國，點燃了天下反楚的亂局。田榮吞併了齊國自稱齊王後，支援陳餘驅逐常山王張耳，支持代王趙歇重新作趙王，承認陳餘接受代王的封號，將項羽精心建立起來的霸王分封體制打亂攪黃，更令項羽不可容忍的是，田榮還指使彭越攻入楚國境內，大敗楚將蕭公角，一直深入到東郡南部，攻佔了濟陰縣（今山東定陶東南），在肘腋之下直接威脅到楚國的安全。

在項羽看來，齊國是動亂的根源，田榮是害群之馬，田榮不滅，天下不得安寧。項羽決定徵調各國兵馬，親征齊國。

八月，楚軍及其盟國軍隊集結完畢，在項羽的指揮下，首先對深入楚國東郡、攻佔了成陽

（今山東菏澤東北）的彭越展開攻擊。彭越敗退，項羽軍乘勝追擊，大舉進入齊國。然而，進入齊國的楚軍，遭到了意想不到的頑強抵抗，陷入曠日持久的艱苦作戰。漢二年春，齊王田榮調集齊軍主力集結於城陽地區（今山東莒縣臨沂一帶），與項羽軍展開決戰，齊軍戰敗，田榮被潰退到平原縣（今山東平原），準備渡過黃河撤退到趙國境內。平原縣軍民殺死了田榮，開城投降了項羽。

田榮死後，項羽再一次立田假為齊王，統治齊國。田假是戰國末年最後一任齊王田建的弟弟，是田榮多年來的對頭。秦二世二年四月，田榮的哥哥齊王田儋戰死，田榮被章邯圍困在東阿。就在這個時候，齊國國內發生了政變，留在國內的部分大臣們擁立田假為齊王，建立了新的齊國政權。這件事情，使田榮極為憤怒。東阿之圍解除後，田榮領軍返回齊國，擊敗田假，擁立田儋的兒子田市為齊王，自己出任丞相，弟弟田橫出任大將，再次建立起新的齊國政權。兵敗的田假，南下逃到楚國，先是跟隨楚懷王，後來又跟隨了項羽。

田榮死後，弟弟大將田橫還在，他統領齊國軍民，在齊國東部地區繼續抗擊項羽。齊國軍民的抵抗，引來了項羽的憤怒和報復，他深入齊國東部討伐，夷平抵抗的城郭，坑殺被虜的戰俘，捕捉老弱婦女做人質，結果是引起了齊國軍民更大的反抗，楚軍深陷於遍布齊國各地的抗戰泥淖中。與此相對，田橫的勢力，愈來愈大，他在城陽地區，再次聚集起了數萬軍隊。

齊國的反叛，引動了天下大亂，一時間，除了舊楚國境內的九江、臨江、衡山諸國而外，各地都陷入不安定中。力圖衝出漢中的劉邦的動向，也成了楚國的重大憂患。面對頭緒紛繁的動亂局面，楚國君臣經過協商，確定了先齊後漢、北攻西守的戰略方針。根據這個方針，楚國的主要敵人是北方的齊國和西方的漢國。對於齊國，楚軍做大規模的戰略進攻，首先將以齊國為首的叛亂平定，安定北方。與此同時，對西方的劉邦做戰略防禦，待到齊國平定後再做主動的進攻。對於劉邦的防範，楚國方面設置了四道防線。第一道是三秦的雍王章邯、塞王司馬欣和翟王董翳。第二道是河南王申陽和魏王魏豹，第三道是韓王鄭昌和殷王司馬卬，第四道在楚國境內，以定陶（今山東定陶）、曲遇（今河南中牟東）和陽夏（今河南太康）為據點的防線。可以說，這四道防線是相當嚴密和完善，楚國先齊後漢、北守西攻的戰略也是穩妥的正確決策。

然而，形勢的發展，出乎預計之外。劉邦軍一舉突破秦嶺天險，迅速攻佔關中，僅僅一個月時間，楚國的第一道防線崩潰。緊接著，劉邦軍事攻擊和外交勸誘雙管齊下，逼降魏王魏豹、河南王申陽、殷王司馬卬，攻滅韓王鄭昌，打破楚國的第二和第三道防線，短短八個月時間內，西方的形勢惡化到這種程度，遠遠超出了楚國方面的預想。另一方面，齊國戰事之艱難持久，根深柢固的田氏兄弟所領導的抵抗之英勇頑強，也完全出乎楚國君臣的意料之外。雙重失算的交錯之下，項羽只能眼睜睜看著劉邦聯合諸侯各國，一步一步逼近過來，楚漢的決戰，將在楚國境內進行的前景，也隨之一步一步地清晰起來。項羽不動聲色，繼續觀望局勢的發展。

漢二年四月，劉邦完成了攻楚的內政、外交和軍事準備。他命令韓信統領漢軍一部留在廢丘，繼續圍困章邯，蕭何坐鎮首都櫟陽，主持留守政務。劉邦親自披掛上馬，出任統帥，以漢軍為核心，聯合常山王張耳、魏王魏豹、韓王韓信，裹挾故河南王申陽，故殷王司馬卬、故塞王司馬欣、故翟王董翳，結成多國聯軍，大舉進攻楚國。劉邦的這次軍事行動，也得到了代王陳餘、趙王趙歇、齊王田榮和游擊將軍彭越的響應和配合，聲勢浩大，將近六十萬大軍，分南北中三路席捲而來，目的在於奪取楚國的首都彭城，一舉滅楚。

北路軍以曹參、樊噲、灌嬰和酈商等將領所統率的漢軍部隊為主力，聯合魏王豹，故殷王申陽的軍隊，並且得到陳餘統一調遣的代軍和趙軍的配合，由黃河北岸走河東——河內一線，在圍津（今河南滑縣東北）渡過黃河，目的在首先奪取東郡和薛郡等楚國北部地區，截斷正在齊國作戰的項羽的歸路，再南下配合中路軍攻取彭城。

中路軍由劉邦親自指揮，以張良為軍師，陳平為監軍，統領周勃、靳歙、盧綰等將領所部的漢軍主力，聯合常山王張耳、韓王韓信、故河南王申陽的軍隊，由洛陽誓師出發，過成皋，經滎陽，走三川東海大道一路東下，直接攻取彭城。

南路軍由漢軍將領王陵、王吸和薛歐統領，由南陽郡北上，目標鎖定在攻取陽夏，然後再與中路軍會合，進攻彭城。

北路軍順利渡過黃河以後，擊敗楚將龍且和項它，攻克了楚國的軍事重鎮東郡定陶，乘勝追擊，進入薛郡，在胡陵（今山東魚台東南）再次擊敗龍且和項它，攻佔了胡陵，然後繼續北上推進，攻佔了鄒縣（今山東鄒縣東南）、魯縣（今山東曲阜）、瑕丘（今山東兗州北），幾乎一直打到齊國。順利實現了將楚軍主力堵截在齊國境內的目標後，北路軍主力南下向彭城方面靠近。

此時的中路軍，在曲遇突破了楚軍的固守堵截，一路東進，在外黃（今河南蘭考東南）會合了彭越的軍隊，順利推進到彭城東面。南路軍也在陽夏突破了楚軍的堵截，向彭城方面靠攏過來。

四月底，三路聯軍在彭城東面的碭縣（今安徽碭山縣南）和蕭縣（今江蘇蕭縣東南）一帶順利會師，在漢王劉邦的號令之下，一舉攻佔了楚國首都彭城。

攻佔彭城，對於劉邦來說，是沛縣起兵以來的第二次偉大勝利。第一次是以楚國碭郡長的身分，領軍數萬，攻佔關中，降下咸陽，奠定了劉邦做關中王的基礎。這一次是以漢王的名義號令天下，領軍數十萬，深入楚國，攻佔彭城，毫無疑問，這將成為劉邦做天下霸主的本錢。

勝利接著勝利，一路好運順風的劉邦，凱旋進入彭城以後，陶醉在勝利的喜悅當中，幾乎是得意忘形。史書上寫道：「漢王遂入彭城，收羽美人貨賂，置酒高會。」說劉邦進入彭城以後，忙於沒收項羽宮中的美人和財寶，大開慶功賞賜的酒宴。簡短的文字，透視出大獲全勝的聯軍將士，上自最高統帥，下至士伍兵卒，無不沉浸在前所未有的歡慶中。甚至連寡欲冷靜的張良，多謀善變的陳平，也都被這場偉大的勝利所帶來的歡悅吞沒，失聲無語。

八、項羽的反撲

戰事進行到中午，聯軍大敗，旗幟金鼓混亂，軍陣癱瘓潰滅，失去指揮的數十萬大軍，被乘勝追擊的楚軍壓迫在彭城南面的谷水和泗水北岸，被斬殺及落水而死者，將近十萬人。

正當劉邦君臣和聯軍將士沉浸在勝利的喜悅中歡歌痛飲時，項羽靜悄悄地開始了行動。彭城陷落的消息，傳到了齊國。震怒的項羽，馬上行動起來，如同猛虎出山。項羽下令封鎖一切消息，傳達兩項決定。公開的決定是，部署諸將，繼續攻擊田橫，平定齊國，一切如同原定計畫一樣。秘密的決定是，悉數集結軍中的騎兵車兵，組成一支三萬人的機動部隊，由自己親自統領，隱秘火速開拔。

齊國的城陽郡大致在今天的山東日照地區和臨沂地區一帶，郡治在莒縣（今山東莒縣），沂水自南而北流經城陽，在彭城東面的下邳西邊匯入泗水。項羽軍由城陽奔襲彭城，最近便的道路就是沿沂水河谷南下，走陽都（今山東沂南縣南部）——啟陽（今山東臨沂北）——蘭陵（今山東蒼山縣西南）——傅陽（今山東棗莊市東南）一線直撲彭城。然而，項羽軍進入陽都南部的啟陽城後，突然改變方向，西去進入今浚河河谷，走費城（今山東費縣北）、郚城（今山東泗水縣南），由泗水河谷抵達楚國的薛郡魯縣（今山東曲阜）。

快速隱秘地進入薛郡的三萬楚軍車騎，在項羽的親自指揮下，晝伏夜出，避開城池戰鬥，利用本土作戰地形熟悉的優勢，穿行於聯軍各部的接合部，閃電般由魯縣——胡陵（今山東魚台縣東南）一線插入彭城地區。項羽插入彭城地區後，並沒有直接撲向彭城，而是迂迴到彭城的西部，乘夜攻佔了蕭縣，切斷了聯軍由彭城西去回國的退路。

聯軍自西而東攻佔彭城以後，軍鋒分別向北（楚薛郡）東（楚東海郡）南（楚泗水郡）三個方向展開，擴大戰果，而大軍主力，則集中部署在彭城東北方向，準備迎頭痛擊將從啟陽——蘭陵——傅陽一線回師彭城的楚軍。對於楚軍繞道插入背後，突然從徐州西部出現的情況，劉邦完全沒有預料到。因此，當項羽親自統領楚軍精銳部隊攻佔了蕭縣，大軍的退路和補給線被截斷的消息傳來以後，劉邦猝不及防，倉促指揮聯軍掉頭回軍迎戰。

次日清晨，紅日從雲層縫間透出，幸運之光，再一次映照在楚軍的鐵甲之上。誓師出擊的楚軍將士，對倉促迎戰於彭城西部的聯軍展開進攻。楚軍鐵騎從兩翼展開，迂迴聯軍縱深，車兵從正面衝擊聯軍軍陣，迫使聯軍向彭城方面後退。楚軍步步跟進，在彭城外緊逼聯軍，展開決戰。三萬楚軍車騎，遙望祖國都城，上下同仇敵愾，人人欲決一死戰。項羽重甲強弓，身先士卒，統領楚軍突入聯軍軍陣，將聯軍分割開來，使其陷入各部人自為戰的苦境。

戰事進行到中午，聯軍大敗，旗幟金鼓混亂，軍陣癱瘓潰滅，失去指揮的數十萬大軍，被乘勝追擊的楚軍壓迫在彭城南面的谷水和泗水北岸，被斬殺及落水而死者，將近十萬人。有幸渡過谷水和泗水的聯軍，往彭城西南方向的山區潰退，在靈璧（今安徽濉溪西）東面的睢水北岸，再一次被楚軍追及，走投無路的大混亂中，又有將十萬聯軍將士陣亡，不計其數的死者，皆落入睢水慘遭溺斃。史書記載當時的慘況說，睢水中滿是落水的聯軍將士，睢水幾乎因此不能流動。

彭城大敗中，倉皇脫逃的劉邦被楚軍鐵騎包圍。賴天之靈，彭城郊外突然颳起猛烈的沙塵暴，風從西北來，飛沙走石，折斷樹幹，掀起房頂，一時天昏地暗，楚軍戰馬驚悸，隊形大亂，在混沌之中，劉邦由數十名警衛騎士掩護，得以突圍脫逃，直奔沛縣方向而去。沛縣豐邑是劉邦的故鄉，自起兵以來，他的父親兄弟、妻子兒女都留在老家，逃亡中的劉邦，想將家人救出帶走。

待到劉邦趕到豐邑時，楚軍的騎兵分隊已經先一步抵達這裡，搜捕劉邦的家屬。父親劉太公和妻子呂雉、哥哥劉仲一家不知去向。女兒魯元帶著年幼的弟弟劉盈趁亂逃出豐邑，在路上碰到劉邦一行，得救被帶上馬車。逃亡途中，劉邦一行又多次被楚軍的騎兵追及。在最緊急的時候，馬力疲乏，追兵在後，劉邦幾次急得用腳踹蹬魯元和劉盈，要將他們從馬車上推下去，都被車駕夏侯嬰阻攔解救。為了保護兩個孩子，夏侯嬰將魯元和劉盈抱在懷中，負重驅趕馬車，氣得劉邦多次恨不得拔劍斬了夏侯嬰。種種險情故事，都可見當時形勢之緊迫和敗象之狼狽。

彭城大敗時，呂后的哥哥呂澤統領一支漢軍部隊駐守在下邑（今安徽碭山），堅守待命，沒有捲入混亂的戰事之中。狼狽不堪的劉邦一行，逃亡到下邑，方才鎮定下來，開始著手還擊，匯集殘兵敗將，有組織地向西方撤退，終於在滎陽地區穩住陣腳。

彭城之戰後，以漢為核心的反楚聯盟瓦解，與盟諸侯中，塞王司馬欣和翟王董翳臨陣反戈，投降項羽，殷王司馬卬戰死，河南王申陽下落不明，魏王魏豹敗退回到西魏，叛漢歸楚。代王陳餘和趙王趙歇，倒戈加入項羽陣營。齊國的田橫，也選擇了與項羽和解的方針。彭越軍敗，失去了所有地盤，流竄到河上（今河南滑縣北）一帶，重開游擊割據。與盟諸侯中，只有常山王張耳和韓王韓信，隨同漢軍一道敗退到滎陽，繼續留在劉邦陣營中。

據《史記・高祖功臣侯者年表》記載，漢軍連敖繒賀，出身山西，是剛剛加入劉邦軍的新人，他在混亂中保持隊形不亂，統領部下攔擊追殺劉邦的楚軍騎兵，使劉邦得以擺脫追兵。繼續逃亡前，劉邦回過頭來命令繒賀道：「你留在彭城，堅守壁壘，狙擊項羽。」繒賀臨危受命，始終堅守不退，成為彭城之戰中漢軍唯一可圈可點的亮點。楚漢戰爭結束後，劉邦沒有忘記這件事，分封功臣時，繒賀以彭城之戰的卓越表現，被封為祁侯，領地在今山西祁縣東南，一千四百戶，在一百四十多位開國功臣侯中排名第五十一，光彩榮耀，也是一段值得提起的軼事。

九、劉邦的極限

古代戰爭，通訊靠旗幟金鼓，補給靠人畜車船，交通靠土路步行，在這種條件下，指揮數十萬人的大兵團作戰，可以說是非常困難，非不世出的軍事天才是難以勝任的。彭城會師以後，如何協調和調動六十萬大軍作戰布防，已經遠遠超出劉邦的指揮能力，結果是群龍無首，各部之間相互阻隔，大局混亂中成了烏合之眾。

彭城戰敗，是劉邦一生中最為慘痛的敗仗。關於這次敗戰的原因，歷代的史家是仁者見仁，智者見智，紛紛議論中，最為一致的當數劉邦進入彭城之後，被勝利衝昏了頭腦，忙於收取項羽宮中的美人珍寶，日日飲酒高會，導致鬆懈防備，被項羽奇襲擊潰。驕兵必敗，自不待言。不過，仔細想來，六十萬連戰連勝的強勁之師，一日間被三萬長途奔襲的楚軍擊潰，陣亡近二十萬人，總是過於神奇而不可思議。

我整理彭城之戰的歷史，一直關注一個重大史實：彭城之戰時，韓信不在軍中，他被留在廢丘圍困章邯。由此我生發聯想，彭城之戰，如果韓信在軍中指揮，將會是什麼結果？

歷史是不能假設的，這是耳邊常常聽到的話。這句話是誰的名言，我不能確定，但是，我可以肯定，假設是歷史學最常用的方法之一，合理的假設，常常會引出有意義的結果。由韓信指揮彭城之戰這樣一個假設，引動我想起一次歷史上有名的對話。據《史記・淮陰侯列傳》的記載，劉邦打敗項羽取得天下後，剝奪了韓信的兵權，又用陳平提供的詐謀，將韓信逮捕軟禁在首都長安，褫奪王位降為列侯，錦衣玉食而無所事事。這個時候的劉邦，不時從容地召見韓信，與他一起回憶往事，議論諸位將領的統兵能力。劉邦曾經問道：「比如像我，能夠統領多少兵馬？」

韓信答道：「陛下不過能夠統領十萬人而已。」

劉邦又問道：「那你如何呢？」

韓信回答道：「對於臣下來說是多多益善。」

劉邦笑了，問道：「多多益善，為什麼被我擒獲了呢？」

韓信答道：「陛下不善於將兵，而善於將將，這就是韓信之所以被陛下擒獲的原因。況且，陛下的資質是上天所授，而非人力所能及也。」

這一段對話，千百年來膾炙人口，廣為流傳，不但有種種解說，而且成了漢語成語「韓信將兵，多多益善」的語源。我整理彭城之戰的歷史，思考劉邦六十萬大軍之所以慘敗於三萬楚軍的原因，由這段對話獲得了一種合理的啟示。

秦末之亂中，劉邦和韓信都是身經百戰的將領，他們一起親歷的歷史，幾乎就是一部戰爭史。在這段對話中，劉邦與韓信總結歷史，議論秦末以來各位將領的指揮能力，特別是指揮大兵團作戰的能力。我們知道，中國古代戰爭的規模，有一個由小到大的發展過程，參戰國家所能動員的軍隊數量，因為國力和制度的原因，是有限度的。周滅商的牧野之戰，是殷商時代最大規模的戰爭，周武王所統領的聯軍，不到五萬人。春秋時代的大戰，最著名的有晉楚城濮之戰，以楚國為首的聯軍，數量不到十萬人。秦始皇滅楚之戰，是戰國時代規模最大的一場戰爭，王翦所統領的秦軍，達到六十萬人。從以後的歷史來看，六十萬人，大體就是中國古代戰爭中參戰一方所能動員的軍隊數量的極限。

古代戰爭，通訊靠旗幟金鼓，補給靠人畜車船，交通靠土路步行，在這種條件下，指揮六十萬人的大兵團作戰，可以說是非常困難，非不世出的軍事天才是難以勝任的。據我們所知，秦漢時代，能夠指揮六十萬大兵團作戰的將領，只有兩位，一位是王翦，另一位就是韓信。西元前二二四年，王翦統領六十萬秦軍大敗楚王熊啟（昌平君）和項燕，滅楚成功。西元前二〇六年的垓下之戰，韓信指揮六十萬聯軍擊敗項羽，滅楚興漢。這種能夠自若地指揮六十萬人大兵團作戰的能力，就是韓信深為自負的「多多益善」。

而劉邦呢，他從起兵以來到攻入關中兵臨咸陽城下，指揮作戰的軍隊，大約在三到四萬人，接受了投降的秦軍以後，他的軍隊號稱有十萬人。由漢中反攻關中，大兵團作戰，是由韓信指揮的。攻佔關中以後，劉邦將韓信留在關中對付章邯，自己親自指揮六十萬大軍進攻楚國，因為項羽遠在齊國，所以分數路出擊的聯軍順利進軍，在彭城會師。彭城會師以後，如何協調和調動六十萬大軍作戰布防，已經遠遠超出劉邦的指揮能力，結果是群龍無首，各部之間相互阻隔，大局混亂中成了烏合之眾。

因此之故，當項羽統領三萬精銳騎兵經由魯縣——胡陵一線，穿越聯軍各部的接合處插入到彭城西部時，聯軍竟然沒有察覺也沒有阻擊。項羽攻佔蕭縣，切斷了進入彭城的聯軍的退路和補給時，聯軍已經出現了混亂和動搖。彭城會戰，項羽指揮三萬精兵突入攻擊，正是他歷來身先士卒，所向披靡的得心應手處。相反的，劉邦直接指揮數十萬聯軍倉促應戰，可以說是手足無措抓了瞎，除了混亂還是混亂。聯軍指揮完全混亂的情況，由二十倍於敵的聯軍無法抗擊楚軍的攻擊，大潰退中二十萬將士落水自滅，聯軍統帥劉邦棄軍逃亡，幾乎成了俘虜的悲慘戰況，就可以看得出來。

歷史是勝利者的紀錄。關於彭城之戰，史書的記載非常簡略，寥寥數語而語焉不詳，特別是對於身為最高統帥的劉邦在這次敗戰中的指揮失誤，更是完全沒有提及。因為記載彭城之戰的史書，都是漢朝史官的著作，對於開國太祖的過失，不得不有所隱諱，特別是對於劉邦軍事指揮能力的有限，更是不便多言，因為漢朝的天下是騎在馬上打下來的，打天下的最高統帥就是劉邦，怎麼能有如此丟人現眼的過去？

綜觀劉邦的一生，他對於自己的軍事能力頗為自負，動輒粗口豪言：「豎子固不足遣，乃公自行耳。」意思是說，換了人就不行，打仗還得靠老子自己去。劉邦喜歡御駕親征，也好談兵論將，從不將人放在眼裡，唯獨在韓信面前，底氣不足，最想從韓信口中獲得對自己軍事才能的肯定和讚美。仔細體察他問韓信的話：「你看我能夠指揮多少兵馬？」自負但不自信。再體察韓信的回答：「陛下不過能夠統領十萬人而已。」自負而又委婉。這句話後面有話，話中的話是「過十萬則非陛下所能及也」。意思是說，超過十萬人，你劉邦就玩不轉了。想來，韓信之所以對劉邦的軍事指揮能力做出這種評價，依據的就是劉邦在彭城之戰中的不良表現。

方方面面看來，指揮六十萬人的大兵團作戰，確是遠遠超出了劉邦的指揮能力，也是彭城之戰最重要的敗因。

十、回首彭城之戰

由極為有限的史料去復活無窮無盡的歷史，既是古代史的宿命，也是古代史的魅力。

我讀《史記》，力求通過太史公留下的簡略記事，

去復活彭城之戰的歷史，可謂是疑問重重。重重疑問中，

最不可解的就是項羽由齊國回師楚國奇襲彭城的路線，陳腐舊說，宛如天方夜譚。

彭城之戰，是項羽軍事生涯的頂峰，他以三萬楚軍，擊潰六十萬漢與各國諸侯聯軍，再一次創造了軍事史上以少勝多的奇蹟。戰爭是藝術，也是競技，項羽在戰場上所表現的軍事天才，永遠使人眼花撩亂。

我曾經多次感嘆過，古代史的記事，往往是掛一漏萬，歷史宛若汪洋大海，留下的記載只是點滴浪花，由極為有限的史料去復活無窮無盡的歷史，既是古代史的宿命，也是古代史的魅力。我讀《史記》，力求通過太史公留下的簡略記事，去復活古代史中這一場前無古人後無來者的偉大戰事，可謂是疑問重重。重重疑問中，最不可解的就是項羽由齊國回師楚國奇襲彭城的路線。

史書上說，正在城陽攻擊田橫的項羽得到彭城陷落的消息後，當即部署部下繼續攻擊田橫，

自己則帶領三萬精兵經過魯縣——胡陵——蕭縣，對彭城展開攻擊，一舉獲勝。秦的魯縣在今山東曲阜，胡陵縣在今山東魚台縣東南，蕭縣在今江蘇蕭縣東南，這一條路線是當時的交通線路，秦末之亂中，項梁和劉邦軍都曾多次經過，斷無疑問。問題是項羽軍的出發點城陽在哪裡？千百年來都是疑問。這個疑問的解決，不但是復原彭城之戰原貌的關鍵，也是項羽通過奇襲以最小的兵力獲得最大戰果的精髓所在。

自唐以來，歷代史家多以為，項羽回師出發的城陽，是秦的東郡城陽縣，故址在今天的山東省菏澤市東北。不過，楚漢相爭時，東郡屬於楚國，項羽深入齊國討伐田氏兄弟，怎麼可能滯留在楚國國內攻擊田橫？這是第一個疑問。第二個疑問是：項羽由東郡城陽縣奔襲彭城，怎麼也不可能先東去魯縣，然後再返回來經過胡陵，攻取蕭縣，由如此繞來繞去的路線攻擊彭城，可以說是不但違背基本的軍事常識，而且毫無突然性可言，斷不可信。

司馬遷著《史記》，沒有撰寫〈地理志〉，地名地理的混亂，是《史記》的一大缺陷，久遠的地理不說，秦王朝的地理政區，司馬遷就已經是相當不清楚了。歷史地理專家辛德勇先生指出，秦楚之際，有兩個城陽。東郡城陽縣的正確寫法當為「成陽」，故址在今山東菏澤東北。當時，還另有一個城陽，地方應當在今山東沂水和沭水流域，相當有見識的看法，只是還有些模糊。

王國維先生早就指出，秦代已經設有城陽郡。后曉榮先生的新著《秦代政區地理》以為，秦始皇統一天下後，重新劃分政區，分割齊國的琅邪郡西部設置了城陽郡，郡治在莒縣（今山東莒縣）。城陽郡的轄境，大致東到今山東莒縣，西到蒙陰，北到沂源，南到臨沂，沂蒙山區和沂水、沭水流域都在其境內。一一清理下來，情況大致清楚了。

這個城陽地區，歷來是齊國遭受外敵入侵時的退守之地，堪稱齊國的後院。西元前二八四年，以燕國為首的五國聯軍合縱攻齊，齊國首都臨淄失守，齊湣王退入城陽山中避難，田單收復齊國失地後，由城陽山中迎接齊湣王的兒子齊襄王回到臨淄。城陽山中，應當就是沂蒙山區，古往今來都是易守難攻的避難地。

項羽攻齊，齊國敗退，田榮進入城陽地區，集結力量，再次與項羽決戰，兵敗逃亡被楚軍追殺。田橫抗擊楚軍，仍然以城陽地區為根據地，依托沂蒙山區，集結堅守，頑強抵抗。三年以後，韓信進軍齊國，攻陷臨淄，齊王田廣先是退走高密（今山東高密），濰水大敗後再退走城陽，也是將城陽作為避難之處以及東山再起的復興基地。

由此看來，史書上說項羽回師奇襲彭城前，正在城陽攻擊田橫，這個城陽，應當指的就是秦的城陽郡地區，項羽正是從這裡出發奔襲彭城的。

二〇一二年九月，我隨歷史到城陽地區訪古，先到莒縣。莒縣是西周以來莒國的國都，戰國時為楚國所滅，後來歸了齊國。古來的大國宏都，內外兩重的古城，城牆城壕至今殘存。由莒縣沿沂水、沭水間河谷南下，進入臨沂，駐車遙望蒼山、蘭陵，然後西去進入浚河河谷，重走項羽當年行軍路。

浚河下游一段，今稱祊河，在臨沂匯入沂水。沿祊河去費縣，尋得秦漢費縣古城，在河北上冶鎮西畢城村，有殘城基。又去平邑縣，南有南武城故址，一面依蒼山為屏障，三面夯築環形城牆，珍奇而壯觀，歷史從春秋到秦漢延續至北齊。浚河發源於平邑北部山裡，往東南流向費縣，南武陽故城在河西的仲村鎮北昌樂村，遺址在田野間。西去不遠，即是秦漢卞縣故址，在泗水縣泉林鎮，泗水的源頭所在。

項羽為奇襲彭城穿越魯中山地的路線，以古地名而言，是啟陽——費縣——卞縣——魯縣，以今地名而言，是臨沂——費縣——平邑——泗水——曲阜，以自然地理而言，則是蒙山、沂山之間的浚河、泗水河谷。這一帶地方，古代不僅是交通要道，也是人文薈萃之地，孔子、曾子、鄭玄、王羲之、劉勰……宛若群星燦爛。

抵曲阜望徐州，一望無際的淮河平原，往來已經了無懸念。

彭城故地在徐州，我曾經多次往來停留。徐州環城多山，九里、龜山在北，雲龍、鳳凰在南，西有臥牛、馬山，東有駱駝、獅子，都是孤立的淺山，突起在一望無垠的原野上。交通四通八達，淺山間斷環繞的徐州，易攻難守，古往今來，都是反覆爭奪、頻繁易手的軍事據點。

遙想當年，劉邦統領六十萬聯軍伐楚，一舉攻入彭城，這個時候，項羽正統領楚軍主力在千里之外以莒縣為中心的城陽郡一帶與田橫作戰，艱難如深陷泥潭。

這個時候，聯軍已經攻入楚國的東郡和薛郡，由西而東威脅著項羽軍的側翼。遠在城陽郡的項羽，如果想要迅速回師彭城，沿沂水南下，經由臨沂——蒼山——蘭陵一線，是快捷的必由之路。正是基於這個考慮，劉邦才將聯軍重兵布置在徐州東北，準備迎頭痛擊回師彭城的楚軍。以後事推測前史，兩千年後的抗日戰爭時期，佔領膠東的日軍南下攻取徐州，正是沿著這條線路而來，而李宗仁將軍所指揮的國軍主力，也正是部署在徐州東北的台兒莊地區阻擊日軍，展開了一場驚天動地的血戰。

身在徐州的劉邦，雖說是沉浸在勝利的喜悅中，但是，他畢竟是久經沙場的老將，深知項羽的天才武勇，不敢掉以輕心，他是有所準備的，準備好了在徐州東北與項羽軍決戰。正是因為有成算在胸，他才敢飲酒高會。奇怪的是，項羽軍一直沒有在徐州東北出現，一等不來，二等不來，不詳的不安當中，突然傳出項羽軍已經走浚河河谷穿越魯中山地，經魯縣——胡陵南下攻佔了蕭縣，切斷了聯軍的退路和糧道。

這個時候的劉邦，大概只有一種感覺，彷彿在黑暗中持刀向前搜尋敗退的敵手，突然間，敵手竄到自己身後，一刀刺殺過來……劉邦指揮聯軍倉促迎戰，結果是前所未有的慘敗……連接那種感覺，大概也是剛剛轉過身，刀鋒已經直逼胸前，招架躲閃中，刀被擊落，身負重傷，幸虧撒腿跑得快，保住了性命一條。

彭城之戰和垓下之戰，是楚漢相爭中最大規模的兩次決戰。垓下之戰，六十萬聯軍在韓信的指揮下，擊敗項羽所指揮的十萬楚軍，楚國由此滅亡。彭城之戰，項羽指揮三萬楚軍，擊敗劉邦所指揮的六十萬聯軍，漢國並未因此而亡，反而是經歷了敗退、相持的階段，愈戰愈強，終於全面反攻，獲得了最後的勝利。兩次類似的大戰，為什麼會出現截然不同的結果呢？

德國軍事史家克勞塞維茨說得好，戰爭是政治的繼續。國家間全面對決的最終勝負，取決於雙方政治、軍事、經濟、外交等力量總和的較量。全面觀察劉邦自反攻漢中成功以來直到彭城慘敗的歷史，仔細分析雙方的得失，可以綜合地說：劉邦之得大於失，項羽之失大於得。

正如軍事史家們所指出的那樣，「劉邦雖然在彭城之戰慘敗，損失嚴重，功敗垂成，但他奪得了關中及關東部分極為重要的戰略地區，人力、物力和領土都成倍地擴張，處於進可攻、退可守的有利地位，完全擺脫了鴻門宴前後有可能隨時被項羽消滅的危險境地。」

而項羽呢，他雖然取得了巨大的軍事勝利，收服了楚國的失地，重新奪回了楚漢戰爭的主導權，但他的損失卻是更為巨大的。首先，他失去了雍、塞、翟、河南、河內、韓等大量重要與國，不得不從此面對穩固地佔有蜀漢關中地區的強大敵國——漢王國。其次，彭城之戰後，項羽失去了一國主宰天下的絕對霸權，不得不容忍齊趙地區和南楚地區的諸侯各國自主獨立，以取得他們的協力，共同對抗以漢為首的敵國。進而，彭城之戰後，楚軍始終無法越過滎陽西進，在漢軍的堅守之下，被動地陷入於圍城攻堅的長期消耗戰中。從此以後，項羽無法再用他所擅長的奇兵速決的方式攻擊漢軍，逐漸失去了戰略優勢。

彭城之戰後，楚漢相爭進入相持階段。

第三章

南北兩翼戰場

一、劉邦堅強

類似的歷史人物，類似的人生經歷，彭城慘敗的劉邦之外，

我想到了赤壁之戰百萬大軍灰飛煙滅的曹孟德，喪師失地被迫萬里長征的毛澤東。

這些歷史人物，都是在苦難的磨練中，表現出百折不撓的堅韌，

他們對於成功的執著和對於最終勝利的自信，都可謂是超凡出眾。

一位當代名人曾經說過，生命中最偉大的光輝不在於永不墜落，而是墜落後總能再度升起。考察劉邦的一生，可謂是累敗累起。彭城之戰，無疑是他一生中最慘重的失敗，然而，彭城之戰，也是他一生中最堅韌的崛起。

史書上說，「至彭城，漢兵敗而還。至下邑，漢王下馬踞鞍而問：『吾欲捐關以東等棄之，誰可與共功者？』」意思是說，漢軍兵敗彭城，到了下邑這個地方，劉邦下馬靠著馬鞍發問道：「我希望拿出關東地區作為滅楚的酬勞，天下英雄中，誰人可以共享？」

秦的下邑縣在今天的安徽省碭山縣，地處彭城西，豐邑南，距離彭城不到二百里。當時，呂后的哥哥呂澤統領一支漢軍部隊駐守在下邑，堅守待命，沒有被混亂的戰事席捲，劉邦一行逃到

這裡，方才緩下一口氣來。不能不使人驚異稱奇的是，剛剛喪失了數十萬大軍，借助於沙塵暴死裡逃生到這裡的劉邦，毫無沮喪失望，悲傷悔恨之情，他的心思，竟然都在如何重整旗鼓，改變戰略打敗項羽之上，不愧為心裡素質堅強的天才領袖。類似的歷史人物，類似的人生經歷，使我想到赤壁之戰慘敗的曹孟德，喪師失地被迫萬里長征的毛澤東。這些歷史人物，都是在苦難的磨練中，表現出百折不撓的堅韌，他們對於成功的執著和對於最終勝利的自信，都可謂是超凡出眾。

劉邦在下邑踞鞍而問時，張良就在身旁。經過彭城之戰，他看出劉邦軍事能力的極限，明確了依靠劉邦的一己之力是無法戰勝項羽的苦澀事實，他對劉邦冷藏韓信的用心和後果更是心知肚明，只是不便明言而已，如今劉邦能夠自我反省，有意共分天下，重新用人，他自然是感銘稱幸，當即進言道：九江王英布，本是楚國的梟將，現在與項王之間有嫌猜，魏將彭越，與田榮一起反楚，驍勇善戰，這兩個人可以迅速聯絡起用。大王的部下，唯有韓信可以委以大事，獨當一面。如果大王有意，能夠捐讓關東地區以獲得三人的助力，項羽就可以被擊破。

劉邦接受了張良的建議，開始認真考慮如何聯合英布和彭越，如何放手使用韓信的事情。

韓信、英布和彭越，史稱滅楚三傑，五年楚漢戰爭，劉邦之所以能夠戰勝項羽，正是由於得到了這三位英雄的助力。彭城之戰時，韓信是劉邦的部下，被劉邦留在關中對付固守孤城廢丘的章邯。彭越是劉邦的友軍，軍敗後渡過黃河，撤退到河上地區蟄伏休整，對於如何起用他們，當不在話下。唯有英布，他是項羽多年器重的愛將，說動他背楚歸漢，恐怕不是一樁簡單的事情。

在下邑稍做休整後，劉邦一行繼續向西撤退，抵達虞縣（今河南虞城縣北）時，心事重重的劉邦失態爆發，突然指斥左右近臣說道：「就你們這幫人，怎麼可以謀劃天下大事？」左右們丈二和尚摸不著頭腦，不知道劉邦在想什麼。謁者隨何不解地問道：「不知道大王話中的意思何在？」劉邦依然在沉思中，像是自言自語，也像是回答隨何的問話說：「誰能為我出使九江，讓英布出兵叛楚，拖住項羽滯留數月，我取天下的安排就可以萬全了。」

隨何當即回答說：「臣下願意前往。」

劉邦將信將疑，打量了半天，最終接受了隨何的自薦，讓他組建了一支二十餘人的使團前往九江國。

送走了隨何使團以後，劉邦繼續匯集被打散的殘部，且戰且退，一路西去撤退到滎陽，得到由關中領軍前來支援的韓信的幫助，停止了敗退，穩住了陣腳。

前面已經說過，劉邦統領諸國聯軍東進攻楚的時候，蕭何與韓信留守關中，蕭何負責兵員糧草徵發等一切後勤事務，韓信負責圍困固守廢丘的章邯。得到東征軍大敗的消息後，蕭何下達緊急動員令，徵調關中所有能夠從軍的青壯年編入軍隊，調集關中的糧食物資，一同送往滎陽。韓信將圍困廢丘的事情做了妥善安排後，統領關中軍出關，前往滎陽增援劉邦。

得到蕭何的後勤支持和韓信的軍事增援後，劉邦軍軍勢大振，在豫東的敖倉（今河南滎陽東北）——滎陽（今河南滎陽）——索亭（今河南滎陽）——京縣（今河南滎陽南）一線構築起堅固的防線，終於將追擊而來的項羽軍阻止在防線之外。在韓信的指揮之下，穩住陣腳的漢軍主動出擊，在索亭和京縣一帶擊敗楚軍，重挫了楚軍西進的鋒芒。楚漢兩軍，拉鋸交戰於滎陽一帶。楚漢戰爭，從此進入相持階段。

楚漢戰爭的相持階段，從時間上看，從漢二年六月劉邦退守滎陽開始，直到漢四年九月楚漢和議實行為止，整整持續了兩年又三個月。從空間上看，分為南北中三個戰場。南部戰場在江淮地區，以九江王英布歸漢攻楚為中心，大致持續了半年（漢三年五月到十一月），戰事雖然以英布兵敗告終，卻牽制了楚軍的西進。北部戰場在黃河以北，以韓信進攻魏國、趙國、燕國和齊國為中心，全線告捷，最終扭轉了楚漢戰爭勝敗的走向。中部戰場在滎陽地區，劉邦和項羽長期在此拉鋸對峙，楚軍一直佔有戰略進攻的優勢。為了更清楚再現這一段紛紜複雜的歷史，我先敘述南部和北部的戰事，從冷面殺手英布開始。

二、冷面殺手英布

英布這廝，天生一副桀驁不馴的硬板身子骨，自從臉上被刺了字以後，
乾脆改稱自己為黥布。格老子豁出去了，既然已經被黥了臉，
乾脆將黥化作名字，這張黥了的臉天天放在嘴上喊，看你老天如何辦？

英布是項羽的愛將，狠勇善戰，冷酷無情，是冷血的殺手。英布不僅冷血，而且冷面，因為他受過黥刑，臉上被刺了字，留下一張無表情的臉。

英布是六縣人，在今天的安徽省六安縣西，秦時屬於九江郡。六縣故地，是夏商周以來的古國，傳說是古代聖人皋陶後人的封國，由夏代始祖大禹所封。六國的歷史，至少可以追溯到商代，甲骨文中有記載，延續到西元前六二二年，六國被楚國滅亡，至少存在了一千五百多年。

英布的姓氏英，也是古來的國名。英國的歷史，與六國同源同地，同是大禹所封皋陶後人的國家，地方也與六國相鄰，在今天的安徽省金寨縣。古代中國，國名、地名、族名和姓氏常常混同使用，所以司馬遷推斷說，英布的姓氏來源於英國的國名，英布是皋陶的後裔，祖先是英國的王族，很有道理。

英國也是被楚國吞併了的，時間與楚國滅亡六國相同。到了秦始皇統一天下時，幾經沉浮的英氏一族，完全淪落為布衣平民，對於光榮祖上的記憶，已經淡薄到忘懷失記的境地。英布年少的時候，有人為他看相說：「命當先受刑後稱王。」成年以後，果然犯法被處以黥刑，臉上刺了字。於是英布欣然笑道：「有相師曾經說我『命當先受刑後稱王』，豈非正是如此？」周圍的人聽了，都譏笑他做戲自我解嘲。

英布這廝，天生一副桀驁不馴的硬板身子骨，自從臉上被刺了字以後，乾脆改稱自己為黥布，他信一物降一物的厭勝之法，他有意要與命運做正面的拚鬥，要以眼前的災難遏制將來的厄運。格老子豁出去了，既然已經被黥了臉，乾脆將黥化作名字，這張黥了的臉天天放在嘴上喊，看你老天如何辦？

定罪刺字以後，英布被押解到關中，到驪山做刑徒，在秦始皇陵園的工地上強制勞動。當時，從全國各地被徵發到驪山做工的服役者和刑徒，總數有數十萬之多，各色人等混雜，不安分的英布，樂得將驪山工地當作江湖，忙於與各路不軌之徒交往，結成兄弟團夥，待到時機成熟，英布帶領一幫人集體逃亡，潛伏到彭蠡澤（現鄱陽湖地區）一帶的江湖沼澤，做了江洋大盜。

二世元年七月，陳勝吳廣起兵於大澤鄉，天下大亂。九江郡是楚國故地，迅速聞風響應。當時，秦的番陽縣令（今江西鄱陽東）是吳芮。這位吳芮，也是秦末漢初一位了不得的英雄人物，他以秦王朝現任地方長吏的身分起兵，加入到反秦陣營中奮勇作戰，功績不少，項羽分封天下時，被封為衡山王。到了劉邦取得天下分封王侯時，又被封為長沙王，國運延續了五十餘年，一直到漢文帝末年，方才因為無後嗣而斷絕，是各路英雄封王中時間最長、命運最好的主。有關吳芮的種種事蹟因緣，我們將來還要談到。

吳芮在番陽縣令任上時，就甚為關注民間社會的動向，深得江湖民心，特別在當時廣泛居處於今天中國東南地區的越人當中，有相當高的威信。

英布聽說吳芮起兵反秦，當即率領自己的弟兄們前來投靠，吳芮十分看重英布，將自己的女兒嫁給了他。吳芮與英布在番陽聚集了一支數千人的部隊，豎起張楚反秦的旗號，四處出擊，積極參與到反秦戰爭中來。

二世二年十二月，陳勝軍敗身死，章邯軍攻佔張楚都城陳縣（今河南淮陽），反秦戰爭陷入低谷，陳縣成為秦楚兩軍反覆爭奪的要地。一月，陳勝部將呂臣領軍奪回陳縣，不久在秦軍的攻擊下被迫撤出，與英布軍相遇。英布最初隨同吳芮在長江以南活動，隨著反秦戰事的推移，北上進入淮北地區。呂臣軍與英布軍會合後，再次攻克陳縣，不久又被章邯親自統領的秦軍趕了出來，被迫東去，往泗水郡方向撤退。就在這個時候，項梁項羽統領江東楚軍渡過長江，合併陳嬰軍後渡過淮河，正浩浩蕩蕩往泗水郡彭城方向開拔過來，被打散的各路楚軍，紛紛前往投靠。英布與呂臣商量後，也東去加入了項梁軍，從此成為項氏楚軍的一員部將。

加入項氏楚軍以後，狠勇善戰的英布日漸嶄露頭角，成為楚軍最著名的先鋒猛將，被封為當陽君。史書上說，在項梁指揮的歷次戰鬥中，英布「常冠軍」，意思是說他作戰驍勇被列於諸軍之首，也就是評定為第一名。我們今天在各類競技中常常使用的冠軍稱號，就是由此而來的。項梁戰死後，英布成為項羽的部下。鉅鹿之戰，英布被任命為先鋒，首先領軍強渡黃河，插入圍困鉅鹿的王離軍和部署在棘原一帶負責後勤供應的章邯軍的接合部，以少勝多，切斷王離軍的糧道，將王離軍與章邯軍分割開來，拔了救趙的頭功，再一次勇冠諸軍，名聞天下。

鉅鹿之戰後，項羽格外賞識英布，在諸將中對他另眼相看，惜才重用。章邯投降，項羽在新安坑殺二十萬秦軍降卒，事前聽取英布的意見，事情由英布負責執行。項羽統領聯軍進軍關中，從打開函谷關到進軍咸陽，英布都是先鋒，可謂是項羽部下最得意的愛將，大凡最棘手的戰事任務，都放心交由英布執行。

漢元年二月，項羽分封天下，英布被封為九江王，定都六縣，領有秦時的九江郡，統治今安徽省的淮河以南、江西省贛江流域以東的廣大地區。六縣是英布的家鄉，封了九江王的英布，不但應了「先受刑後稱王」的命相，而且是衣錦榮歸，光宗耀祖，那種心滿意足的喜悅，使英布只想日日醇酒，夜夜美人，痛痛快快地享受人生。

英布從關中回到六縣就國，大概已經是漢元年五月了。七月，田榮攻佔了齊、膠東、濟北三國，統一齊國，正式豎起反楚大旗，項羽向所封各國下達徵軍令，要求各諸侯王領軍前往齊國，隨楚軍一起征討田榮。正沉浸在難得的享樂中的英布，對於又起的沙場征戰滋生了厭倦，他不想離開剛剛睡熱的炕頭去風餐露宿，推開懷中的美人去霜冷鐵甲，他藉口傷病不能遠行，只派遣部下將領統率四千士兵北上，隨同項羽出征。

對英布期待甚高的項羽，得到英布託病不出的消息後，大為憤怒。以他那火爆脾性，恨不得一刀砍了英布。不過，眼下大敵當前，豈可輕率又樹新敵，在范增等人的勸阻之下，項羽強忍怒氣，他實在是看重英布勇冠三軍的才氣，希望將來有機會再次起用他。

俗話說，期待高，失望大，失望大，怨恨深。強君能將之間，一旦步調不合，往往留下深深的嫌猜。嫌猜是情緒不安的鬱結，酒宴間一句話可以化解，嫌猜也是編織的誤解，如果沒有坦誠面對的釋懷，將會愈織愈深，愈猜愈疑，愈疑而愈不可解。

劉邦派遣隨何出使九江時，項羽和英布之間的嫌猜，正在可解與不可解之間。

三、外交家隨何

策反英布叛楚歸漢，是楚漢相爭中最大的成功外交，

隨何在這次外交活動中機警果斷，展現了高度的外交技巧，

成就了中國外交史上一樁典型範例。兩百年後，東漢班超出使西域，

在鄯善國使用幾乎同樣的方式，又一次獲得了外交的成功，

成就了另外一樁千古流傳的美談。

隨何率領使團來到六縣，請求面見九江王英布。請謁遞上去，已經過了三天，依然沒有回音。

英布有他的打算，他打發掌管宮廷飲食的太宰去做接待，每日好酒好菜款待，就是不提見面的事。隨何是機靈之人，看穿了英布的心事，他拖不起，等不得，決定打開天窗說亮話，直接對太宰挑明說道：

「大王之所以不見我隨何，一定是因為大王以為楚國強大，漢國弱小，對局勢的走向，尚未瞭解得清楚。為大王呈說對於這些問題的看法，正是我隨何之所以到九江來的緣由。如果我隨何

被大王召見，呈說得當，應當就是大王所想要聽取的意見；如果呈說不當，請大王將我隨何與二十名隨員處死於王都街市，以此明確大王與漢為敵而與楚為友。」

太宰將隨何的這番話轉達給了英布，英布於是下令召見隨何。

隨何進宮，面見英布說道：「漢王派遣臣下敬呈書信予大王。臣下此次來，私下有些奇怪，大王為什麼如此親近楚國？」

英布回答說：「寡人以臣下的身分服事項王。」

隨何說：「大王與項王同在諸侯之列，之所以對項王稱臣，一定是以為楚國強大，可以作為自己的靠山。如今項王討伐齊國，親自背負築城的木板，身先士卒作戰。這個時候，大王理應盡舉九江之兵，親自統領，充當楚軍的前鋒，而如今僅僅派遣了四千人的軍隊協助項王。以臣下的身分服事主君，難道可以這樣做嗎？」

英布只是聽著，沒有作聲。

隨何接著說道：「漢王攻佔彭城，項王尚在齊國，這個時候，大王理當傾國出動，渡過淮河，晝夜兼程奔赴彭城會戰。而實際上呢，大王擁有萬人之眾，沒有再發一兵一卒，袖手在旁，觀望勝敗的結果。將國家託付於他人的人，難道應當這樣做嗎？」

英布仍然沒有作聲。

隨何稍微提高了語調，繼續說道：「大王表面上打著依附楚國的旗號，私下裡卻盤算著保存自己的實力，臣下不認為這是可取的良策。想來，大王之所以不願背棄楚國，是因為大王以為漢國弱小，不足以作為依靠。不過，眼下楚軍雖然強大，卻在普天之下背負著不義的罪名，因為項王不但違背懷王之約，而且殺害了義帝。放眼當下，儘管項王憑藉戰勝而一時強大，漢王也自有應對的良策。漢王將聯合諸侯，退守滎陽——成皋一線，調運巴蜀漢中的糧食，深挖戰壕，高築壁壘，分兵堅守要塞。如果楚軍繼續西進，穿越魏國故地，深入敵國八九百里，必將遭遇欲戰不能得手，欲攻城則力有所不逮的困境。難上加難的是，楚軍將不得不依靠老弱從千里之外轉運糧食，後勤不能得到保證。

「退一步看，即使楚軍輕裝深入，進入到滎陽——成皋一帶，漢軍堅守不出，楚軍也是進不能攻取，退不能脫身。所以說，一時得勢的楚軍，不足以作為長久的依靠。再退一步說，假設楚軍戰勝了漢軍，諸侯各國將會憂慮禍害及於自己而發兵相救，楚國的勝利，必然誘發諸侯各國的聯合對抗。以此判斷，楚國不如漢國，這種局勢是顯而易見的。如此形勢之下，大王不去親近萬全的漢國，而去依託危亡的楚國，臣下我不得不為大王感到困惑。」

沉默寡言的英布聽到這裡，僵硬的顏面似乎有了些表情，一直挺直的身體也鬆和下來，微微向前傾斜。隨何一直觀察著英布，他一點一滴地察覺著英布表情和心情的微妙變化。他覺得是時候了，於是放緩語氣，一字一句，清楚地挑明這次出使的目的：

「臣下並不以為舉九江國之兵足以滅亡楚國，不過，只要大王起兵反楚，項王必定被拖住不能西進，只要滯留項王幾個月，漢王取天下的部署就可以萬全了。那時候，請允許臣下與大王一道，戎裝佩劍前往漢國，漢王必定裂地分封大王。那時候，大王的封地豈止九江，九江不過是在更大的封地之中而已。正是出於這種意願，漢王特派臣下出使大王，進獻愚計，希望大王留意。」

話到這裡，英布聽進去了。自從稱病不出以來，英布知道項王對自己不滿，他瞭解項王猜忌又火爆的脾氣，很是恐慌不安，他之所以接待隨何，就是想為自己留一條退路。此時，英布點點頭，嘴裡蹦出三個字來：

「請奉命。」

英布接受了隨何帶來的劉邦的提案，秘密答應背楚歸漢，由於事關重大，局勢尚在觀望之間，他不敢走漏稍許消息，也再三告誡隨何保密。

就在這個時候，項羽的使者也來到了六縣，敦促英布迅速發兵，與楚國一道進攻漢國。隨何得到了這個消息，擔心事情有變，他當機立斷，闖入九江王宮，來到英布會見楚國使者的王庭，徑直就上座說道：「九江王已經歸服了漢王，楚國憑什麼要九江王發兵？」

事情突如其來，英布愕然未能反應。楚國使者當即起身退席。隨何趁勢對英布說：「事情已經這樣了，請大王殺掉使者，迅速舉兵與漢王協力攻楚。」

英布沒有了退路，只得一不做二不休，不得不回應隨何道：「那就照你的話辦，起兵攻楚吧。」

於是英布下令殺掉項羽的使者，徵調軍隊，攻擊楚國。

隨何說動英布叛楚歸漢，意義非同尋常。其迅速呈現的結果，正如劉邦方面所預計的，由於英布叛楚歸漢，項羽不得不分兵應對九江方面的叛亂，他派遣大將龍且和項聲統領楚軍別部南下迎擊英布軍，大大削弱了乘勝追擊漢軍的攻擊力，延遲了迅速西進，一舉窮追深入的步伐，使劉邦贏得了寶貴的喘息時間，得以在滎陽——成皋一帶穩住陣腳，形成相持的局面。

放長遠來看，項羽不但失去了一名最得力的勇將，而且增添了一名可怕的敵手。從此以後，楚國失去了安定的後方，經常性地面對腹背受敵，兩面甚至多面作戰的不利局面。垓下決戰的勝利，英布參戰和九江國的反楚歸漢是重要原因，敗逃中的項羽，在陰陵（今安徽定遠）被農夫欺騙迷路，在東城（今安徽定遠）苦戰絕望，在烏江（今安徽和縣）拔劍自刎，一步一步走向死亡的路途經過點，都在英布所領的九江國境內，似乎也顯示了隨何說動英布叛楚歸漢的意義。

策反英布叛楚歸漢，可以說是楚漢相爭中最大的成功外交，這次外交的發案者，是張良，而實現這次外交的最大功勞者，當然是隨何了。隨何在這次外交活動中機警果斷，展現了高度的外交技巧，成就了中國外交史上一樁典型範例。兩百年後，東漢班超出使西域，在鄯善國使用幾乎同樣的方式，又一次獲得了外交的成功，成就了另外一樁千古流傳的美談。

隨何其人，史書並沒有為他立傳，有關他的事蹟，除了出使九江國的事情而外，我們幾乎就不大知道了。不過，史書上還有一點零星的記載說，劉邦擊敗項羽統一天下後，在洛陽宮中大擺酒宴，款待功臣，評功設位。漢王朝是劉邦集團馬上打下來的天下，又沿襲了秦王朝按軍功行賞的制度，非軍人的文吏們，是不大擺得上桌面的，特別是沾點詩書的儒生，最被劉邦看不上眼，常常被羞辱奚落。隨何大概是多讀過幾本書，又不曾帶兵打過仗，酒席上也被劉邦拿來尋開心。喝得高興的劉邦，指著隨何的鼻子調侃道，「至於你小子，不過一腐儒而已，打理天下，難道能夠使用腐儒嗎？」

機警的隨何一聽，當即跪下，不緊不慢地反問道：「當初大王進攻彭城，項王遠在齊國，那時候，陛下發步兵五萬，騎兵五千，能夠攻取九江國嗎？」

劉邦一時語塞，失了嬉哈的勁頭，勉強答道：「不能。」

隨何繼續說道：「那時候，陛下讓微臣帶領二十人出使九江。臣一到九江，就使九江舉國歸服，遂了陛下的心意。如此計算下來，臣的功勞當超過步兵五萬，騎兵五千。然而如今，陛下稱隨何為腐儒，說打理天下安用腐儒，不知道話又是從哪裡說起的呢？」

劉邦也是機靈人，哈哈一笑說道：「我之所以這樣說，正是要為你評功設位。」當即下令，任命隨何為護軍中尉，接替陳平出任漢王朝的軍情首腦。

四、騎將灌嬰

劉邦集團在關中建國，是外來的楚人統治本土的秦人。
漢國國土以舊秦國為本，國民以舊秦人為主，
但是，政權的核心和上層，始終是舊部楚人，
新進的秦人，是進不來的，也難以得到貼心的信任。

劉邦自起兵以來，基本上依靠步兵車兵作戰，軍中沒有專門的騎兵部隊。彭城大戰，五十六萬聯軍被三萬項羽車騎兵奇襲擊潰，繼而被尾隨追擊，幾乎做了俘虜。吃盡了苦頭的劉邦，痛感騎兵的重要，於是下令集結軍中的騎士和戰馬，組建騎兵軍團。

組建騎兵軍團，首先需要任命一位將軍來做統領，有兩位人選被推薦上來，一位叫作李必，一位叫作駱甲。李必和駱甲都是舊秦國的騎兵將校，同樣出身於關中內史地區的重泉縣（今陝西大荔），如今都在軍中擔任校尉，是知曉騎兵的合適人選。劉邦表示同意。

劉邦當即召見李必和駱甲，準備下達正式的任命。不料，李必和駱甲都堅決推辭，不肯就任。他們說：「我們都是舊秦國的臣民，恐怕得不到軍中的信任，希望大王在左右親信中選擇善

於騎術的人為騎將，我們願意盡力輔助。」

李必和駱甲的擔心，自有地域的來龍去脈，也有人事的深刻道理。

劉邦軍興起於淮北，早期劉邦軍團的成員，大都出身於舊楚國的泗水郡和舊魏國的碭郡地區。碭郡緊鄰泗水郡，項羽分封天下時，將碭郡劃歸了楚國，因此之故，有史家籠統地稱早期的劉邦軍團為碭泗楚人集團。碭郡和泗水郡所在的淮北地區，古來是穀物農耕區，在這個地區組建的軍隊，主要由農民所組成，他們接受的多是步戰和車戰的訓練，並無騎射的傳統和習俗。遠古以來，養馬和騎射的習俗，是在中原地區的西部和北部的邊境一帶，因為靠近草原，習染了遊牧民族的騎射風氣。以戰國時代的地域而論，擁有大規模騎兵部隊的國家，一是趙國，一是秦國，規模小一點的還有燕國。

正是因為這種地域的關係，劉邦軍進入關中以前，沒有專門的騎兵部隊。但是，兩次攻取關中，特別是由漢中反攻關中成功，正式將舊秦國作為漢王國的根據地以後，秦人和舊秦軍大量地加入到漢軍中來，在數量上逐漸成為漢軍的主體，他們懷著國仇家恨，死心塌地跟隨劉邦與項羽作戰，成為漢王國穩固的兵員和民意民力的基礎，與此相隨，大量的舊秦軍騎兵也進入到劉邦軍中來，不過，他們都分散在漢軍的各支部隊當中。

所以，劉邦集結軍中善於騎射的將士組建騎兵部隊，被徵調出來合於條件的，幾乎都是舊秦軍的騎兵，李必和駱甲，就是他們當中的出類拔萃者。從能力和經驗來看，由李必和駱甲出任新組建的漢軍騎兵部隊的將領，毫無疑問是合適的人選，但是，從政治信任的角度來看，卻存在大問題。

正因為早期劉邦軍團的成員，大都出身於淮北的碭（郡）泗（水郡）地區，他們隨同劉邦起兵後轉戰各地，攻入關中，自然形成了劉邦軍團的核心和中堅。項羽分封天下，劉邦被迫到漢中就國，跟隨他前往南鄭渡過難關，又跟隨他反攻打回關中的基本力量，也是這支老部隊。從以後的歷史來看，這支老部隊，不但是劉邦賴以打天下的看家本錢，漢王朝建立以後，也順理成章地轉化為漢王朝統治階層的核心力量。

劉邦集團在關中建國，是外來的楚人統治本土的秦人。漢國國土以舊秦國為本，國民也以舊秦人為主，但是，政權的核心和上層，始終是舊部楚人，新進的秦人，是進不來的，也難以得到貼心的信任。在這種歷史遺留下來的政治構造和地域差異中，身為秦人的李必和駱甲當然明白，如果由自己來統領新建的騎兵，等於是由舊秦軍將領統帥一支完全由舊秦軍騎士組成的騎兵，豈不成了漢軍中的異類？哪怕劉邦一時同意了，也得不到劉邦舊部、漢王國核心上層的認可，早晚要出問題。所以，李必和駱甲堅決推辭，務必請求劉邦任命一位可以絕對信任的將領來做主將，自己願意擔任副將竭力輔佐。

劉邦善於審勢用人，聽了李必駱甲的申述，覺得有道理，於是任命灌嬰為騎將，全權負責騎兵軍團的組建和指揮，李必和駱甲為左右校尉，作為副將輔助灌嬰。從此以後，灌嬰的大名，就與這支傳奇式的騎兵部隊緊密地聯繫在一起，在爾後的戰爭中屢建奇功。

灌嬰是秦碭郡睢陽縣（今河南商丘）人，少年時候在家鄉販賣絲綢，算是一名小商販。二世二年九月，劉邦被楚懷王任命為碭郡長，領軍屯駐碭縣（今河南夏邑），灌嬰棄商從軍，加入了劉邦軍團，從此成為劉邦軍團中的一員驍勇戰將，未來漢帝國的開國功臣。

在劉邦軍團的元老諸將中，灌嬰年紀小，被戲稱為灌小兒，他的名字嬰，就是小兒的意思。灌嬰短小精悍，雖然年少，卻是機警靈活，作戰勇猛鎮定，歷經多次力戰，表現不凡，迅速在劉邦軍中竄起走紅，成為劉邦的親信愛將之一。

從二世二年九月到漢元年十月，短短一年時間，灌嬰跟隨劉邦轉戰各地，戰功卓著，先後被賜予七大夫、執帛、執圭的爵位，授予宣陵君和昌文君的封號。劉邦做了漢王以後，將灌嬰調到自己身邊出任郎中令，負責侍從警衛。進入漢中定都南鄭後，又任命灌嬰為中謁者令，負責群臣的請謁晉見，甚為親信看重。

在反攻關中的戰爭中，灌嬰回到軍隊，被韓信委以重任，統領一支精銳的奇兵，假扮漢軍先鋒進入子午道，佯作攻取杜縣、大舉進入關中的態勢，吸引章邯軍東去。當韓信大軍順利由陳倉道進入關中，擊敗章邯軍大舉東進時，灌嬰又迅速領軍出子午口，一舉攻克塞國首都櫟陽，圓滿地實現了韓信所制定的明出子午，暗渡陳倉，東西兩路夾擊關中的計畫。從此以後，灌嬰更得到韓信的器重，視他為漢軍的奇兵之冠。

李必和駱甲出身重泉縣，在秦王朝時屬於首都內史地區，項羽分封天下，分割秦國為雍、塞、翟三國，重泉縣劃歸了塞國。灌嬰出子午道攻取塞國，李必和駱甲隨同塞王司馬欣一道投降，從此成為漢軍的一員，配置在灌嬰麾下。由此看來，任命灌嬰為新組建的騎兵軍團統帥，無論是從調和舊部新軍，還是從融合楚人秦人的角度來看，都是恰當的人選。

五、魏豹反漢被擒

魏豹本是項羽所封，多年來與楚國關係親密，在項羽軍事勝利的強烈震懾下，內心開始動搖。不過，魏豹之所以選擇脫離劉邦歸服項羽，除了天下形勢的大局變化外，還有個人因素，他實在是忍受不了劉邦對待自己的輕慢態度。

彭城大敗，魏王魏豹隨同劉邦撤退到滎陽。

魏豹以母親生病為由，請求回國探望，劉邦同意了。魏豹渡過黃河回到魏國，馬上下令封鎖黃河的渡口和進出魏國的要道，宣布脫離漢國歸服楚國。

魏豹是戰國時代魏國王室的後裔，秦滅魏國以後，淪落為民間的編戶齊民。秦末亂起，七國復國，他的堂兄魏咎做了第一任魏王，秦二世二年三月，在首都臨濟（今河南長垣縣東南）被秦軍大將章邯圍困，為了保護國民不被屠殺，簽訂降約後自焚而死。

魏豹逃亡到楚國，楚懷王調撥數千兵馬給魏豹，讓他去重新收復魏國。鉅鹿之戰後，項羽與章邯在漳水一帶長期拉鋸作戰。此時的魏豹，已經攻克了魏國境內的二十多座城池，他協助項羽軍完成了對章邯軍的包圍，迫使章邯投降。隨後，項羽統領聯軍西進關中，魏豹也統領魏軍隨同入關。

項羽自立為西楚霸王，分封天下。魏豹被封為魏王，不過，魏豹所統治的領土，卻發生了重大的變化。戰國末年，魏國的首都在大梁（今河南開封），領土包括了今山西省西南部的河東地區和河南省南部的河內地區。如果以統一後的秦郡來區分的話，魏國大致領有河東郡、河內郡、東郡、碭郡等廣大地區。

項羽分封天下時，將東郡和碭郡劃歸了西楚，成了自己的領土，又在河內郡設置殷國，分封給趙國將領申陽。這樣一來，舊魏國的四郡領土，只剩下了河東一郡，項羽將魏豹分封到河東，以平陽（今山西臨汾）為首都，國號西魏。為了補償在分封中魏國失去的領土，項羽將原本屬於趙國的太原郡和上黨郡劃歸西魏。項羽這種損人利己的作法，自然引起了魏豹的不滿。

漢二年三月，劉邦在韓魏交界的臨晉關集結大軍，軍事威懾和外交勸誘雙管齊下，迫使魏豹加盟劉邦陣營共同反楚。彭城大戰，魏豹統領魏軍與殷王申陽一道，配合漢軍曹參、樊噲、灌嬰等部隊組成北路軍，走河東——河內一線，在圍津渡過黃河，穿越舊魏國的領土東郡和碭郡朝東南方而下，會合劉邦所統領的中路軍主力，進入彭城。

彭城大敗，反楚同盟瓦解，與盟諸國紛紛反漢歸楚。魏豹本是項羽所封，多年來與楚國關係親密，在項羽軍事勝利的強烈震懾下，內心開始動搖。不過，魏豹之所以選擇脫離劉邦歸服項羽，除了天下形勢的大局變化外，還有個人因素，他實在是忍受不了劉邦對待自己的輕慢態度。

魏豹反漢歸楚後，劉邦因為忙於集中力量應對項羽的進攻，不想另外樹敵，他派遣酈食其出使魏國，勸說魏豹回心轉意。魏豹拒絕了，拒絕的理由非常情緒化。魏豹說：「人生在世苦短，宛若白駒過隙。如今漢王傲慢辱人，謾罵諸侯群臣如同對待家奴一般，完全沒有上下尊卑之禮，我是不願意再見到他了。」

酈食其出使魏國失敗以後，劉邦決定以武力解決，他任命韓信為左丞相，全權指揮征魏軍，曹參和灌嬰為副將，分別統領步兵和騎兵，協同攻擊魏國。用兵以前，劉邦詳細地向酈食其詢問了魏軍將領的人選。他問道：

「魏軍的大將是誰？」

酈食其答道：「柏直。」

劉邦鼻子裡哼了一聲，輕蔑地說道：「乳臭未乾的小子，怎麼能夠對抗韓信！」

又問道：「魏軍的騎將是誰？」

酈食其答道：「馮敬。」

劉邦說：「是秦將馮無擇的兒子，雖然賢能，也不能抵擋灌嬰。」

又問：「魏國的步將是誰？」

酈食其答道：「項它。」

劉邦放心地說道：「不是曹參的對手。我不用擔心了。」

韓信舉兵攻擊魏國以前，對於魏軍將領的事情也格外關心，他的關心，比劉邦更深入一個層次，他曾經擔心地問酈食其說：

「魏國會不會起用周叔為大將？」

當他聽到酈食其回答說「大將是柏直」後，方才鬆了一口氣，同劉邦的反應類似，冒出一句「豎子也」的輕蔑話，便放下心來，開始部署攻擊魏國的事情。柏直是什麼人，周叔又是什麼人，由於史書的失載，我們已經不能知道。不過，韓信用兵，長於「用間」（使用間諜）和「廟算」（制定作戰計畫）。用兵魏國以前，韓信已經詳細地打探了魏軍內部的情況，他不僅對於可能出任魏軍將領的人選有所估計，對於這些可能人選的不同戰略戰術也都有所預測。用心深刻、神機妙算的韓信，破魏之策，已經成算在胸。

漢二年八月，韓信命令漢軍主力往黃河西岸的臨晉（今陝西大荔）渡口一帶大規模集結，徵集船隻，大張旗鼓做渡河的準備。得到消息的魏豹，調集重兵前往臨晉渡口對岸的蒲阪（今山西永濟）設防，封鎖黃河渡口，斷絕與漢國之間的一切交通，決心阻止漢軍由蒲阪渡河登陸的企圖。

得到魏軍主力集結蒲阪的消息後，韓信命令灌嬰所部騎兵留在臨晉渡口，虛設金鼓旗幟，演練舟船停靠，擺出即將渡河攻擊蒲阪的架式，吸引魏軍注意。與此同時，命令曹參統領漢軍主力，秘密開赴臨晉北部的夏陽（今陝西韓城）。原來，韓信早就探查了地形，黃河出龍門到夏陽以後，河道變寬，水流相對平緩，因為魏軍主力集結在蒲阪一帶設防，對這一帶地區疏於戒備。在韓信的秘密指令之下，漢軍高邑部隊已經早早做了準備，製作了大量的木桶，預備了大量的繩索木板，秘密運抵夏陽，待曹參軍抵達後，迅速在黃河上搭設浮橋，使漢軍順利渡河。

渡過黃河的曹參軍，遵照韓信指示，迅速插向魏國的軍事重鎮安邑（今山西夏縣西北），在東張（今山西永濟東北）大破魏將孫遬，進而攻克安邑，俘虜了魏軍守將王襄，切斷了蒲阪與首都平陽間的通路。曹參軍突然出現在身後，使集結在蒲阪的魏軍大為驚惶失措，魏豹不得不自蒲阪回師迎擊。得到曹參軍攻克安邑，魏豹回師的消息後，韓信命令灌嬰趁機從蒲阪渡過黃河，攻擊魏軍。在漢軍的前後夾擊之下，魏國大敗。魏豹退到曲陽（今山西夏縣與桓曲之間），被曹參擊破，逃到桓縣（今山西桓曲東南），又被曹參軍跟蹤擊潰，魏豹也被俘虜。

九月，韓信指揮漢軍攻克西魏首都平陽，逐一平定魏國，共得五十二縣，遵照劉邦的指示，設置了河東、上黨、太原三個郡，直屬漢國。

六、韓信開闢北方戰場

「開闢北方戰場」，是韓信繼「漢中對」以後，提出的另一個重要戰略計畫，堪稱斷項羽右臂的計畫。彭城大敗以後，楚漢戰爭的形勢能否得到根本逆轉，劉邦與項羽之間長期對峙的最終勝負，都將取決於韓信開闢北方戰場的結果。

彭城大戰之前，劉邦派遣使者到趙國見趙王趙歇和丞相陳餘，希望結盟，聯合進攻西楚。趙國開出的條件是，劉邦必須處死逃亡到漢國的張耳，見到張耳的頭就發兵。

張耳是劉邦遊俠時代的大哥，多年以來的摯友，如今有難前來投靠，豈能為了陳餘的怨恨而背信賣友，斷了天下英雄的歸服之途。況且，劉邦為了解決河南國、殷國等與趙國有關的問題，借重於張耳的事情多了去。在謀士們的策劃下，劉邦耍了一個兩全其美的花招。他找到一個相貌與張耳相似的人，割下頭送到趙國，以此換得了趙國加盟，出兵攻楚。

俗話說，騙得了一時，騙不了一世。彭城大敗，張耳沒有被劉邦處死的消息也被陳餘知道了。陳餘大怒，馬上斷絕了與劉邦的關係，順應新的形勢，同齊國等諸侯國一樣，與項羽和解，加入了以西楚為首的反漢同盟。

韓信攻佔魏國以後，漢國與趙國間的關係陡然間緊張起來。魏國的太原郡和上黨郡本來是趙國的領土，項羽大分封時，作為補償劃給了西魏。漢軍進攻西魏，趙國積極支援魏豹，在陳餘的指示下，代相夏說更是領軍進入魏國境內，協助魏軍抗擊漢軍。魏國被漢軍佔領以後，漢國和趙國之間失去了緩衝而全面接壤，一時間劍拔弩張，戰爭一觸即發。

就在這個時候，韓信上書劉邦，提出了開闢北方戰場的計畫。在這份計畫書中，韓信指出，彭城敗戰以後，反楚聯盟瓦解，新的反漢聯盟形成，除了敗退的韓王韓信和正在苦戰的九江王英布而外，魏國、趙國、燕國、齊國等其他諸侯各國都倒向了項羽，形成了從南到北全面包圍漢國的形勢。如今，漢軍雖然在滎陽——成皋一帶阻止了楚軍的西進，形成了對峙的局面，但是，由於項羽親自統領楚軍主力在滎陽一帶進攻，在短時間內，難以看到漢軍獲得突破的前景。

韓信進而指出，奉大王之命，臣下有幸擒獲魏豹，攻佔了魏國，將反漢包圍圈撕開了一道缺口。臣下以為，眼前正是在黃河北岸開闢新的北方戰場的大好時機，請求大王同意臣下領兵三萬，乘勝進攻代國和趙國，然後北舉攻擊燕國，東進攻擊齊國，進而南下斷絕楚軍糧道。如此一來，反漢包圍圈不僅可以徹底打破，反楚包圍圈也可以逆轉形成，如此一來，項羽所統領的楚軍將時時受到黃河北岸我軍的威脅，其攻擊力量和後勤供應都會受到極大的牽制而削弱，將大大有利於大王在正面戰場上的突破。

韓信開闢北方戰場的計畫，是在漢二年九月提出來的。當時，韓信在剛剛攻佔的魏國軍中，這份計畫書，是與被俘的魏王魏豹一道由專使送到滎陽劉邦軍大營的。關於這份計畫的內容，史書的記載非常簡單，《漢書・高帝紀》說：「信使人請兵三萬人，願以北舉燕趙，東擊齊，南絕楚糧道。」就是說，韓信派人向劉邦請兵三萬人，願意北舉攻佔燕國和趙國，東進攻佔齊國，然後南下斷絕楚軍糧道，不過寥寥數語。但是，從以後的歷史來看，這份計畫書可以說是韓信繼「漢中對」以後，提出的另一個重要戰略計畫，堪稱斷項羽右臂的計畫。這個重要計畫，可以說是彭城大敗以後，楚漢戰爭的形勢能夠得到根本逆轉的關鍵，劉邦與項羽之間長期勢均力敵的對峙，其最後的勝負，將取決於韓信開闢北方戰場的結果。

劉邦與張良等謀臣協商以後，同意了韓信開闢北方戰場的請求，同時，劉邦指派了一位重要的人物與韓信同行，共同執行這項計畫。這位重要的人物，就是張耳。

當時，趙國的首都在信都（今河北邢台）。漢二年十月，陳餘得到田榮的援助，擊敗張耳，從代縣（今河北蔚縣）迎回了被項羽徙封為代王的趙歇，重新擁立為趙王。趙王趙歇為了感謝陳餘，封陳餘為代王，定都代縣，領有雁門郡和代郡。陳餘以為趙歇勢單力薄，難以單獨支撐國事，於是任命部下夏說為代國相國，全權代理政務，自己留在趙歇身邊出任趙國丞相，輔佐趙歇重建趙國。

漢三年後九月，韓信與張耳統領數萬漢軍進攻代國，戰事非常順利。夏說戰敗被俘，漢軍佔領了雁門，控制了代郡。消滅代軍主力以後，韓信和張耳引軍回到太原郡，將大軍屯駐在井陘道的西口一帶（今山西平定西），準備大出井陘道攻擊趙國。

趙歇的趙國，主要領土有恆山、邯鄲、鉅鹿三郡，都在華北平原上，與韓信軍剛剛攻佔的太原郡和上黨郡之間，隔了太行山。古往今來，華北平原和山西盆地之間，依靠穿越太行山的山道連接，著名的有所謂「太行八陘」，也就是八條重要的通道，井陘道就是其中最為有名的一條。在秦漢時代，井陘道是由山西穿越太行山進入華北平原的主要通道，西元前二二九年秦將王翦滅趙，北路大軍就是出井陘道直趨邯鄲的，二十五年後的韓信，似乎要再一次重演歷史。

消息傳到趙國，趙歇與陳餘統領趙軍主力屯駐井陘道東口一帶（今河北鹿泉東），號稱二十萬眾，以逸待勞，準備在韓信軍出井陘口時，一舉將其殲滅。不過，歷史究竟將如何演變，尚在未知當中。

陳餘的部下，廣武君李左車足智多謀，他向陳餘建議說：「聽說漢將韓信東渡黃河，先俘虜魏王魏豹，後活捉代相夏說，又剛剛血洗了閼與（今山西和順縣），如今更得到張耳的協助，準備攻取趙國。這是乘勝離開本土遠征，難以阻擋的軍鋒勢頭。

「臣下聽說，千里運送糧食，士兵難免有饑餓之色，現地打柴燒飯，不能保證軍隊有飽飯之食。如今的井陘道，戰車不能兩輛並行，騎兵不能排列前進，大軍行進，前後綿延數十百里，糧草輜重，必定在最後。請求足下調撥三萬軍隊與我作為奇兵，由側面的岔道襲擊韓信軍的輜重，足下則深溝高壘，堅守營寨不與韓信軍正面交鋒。如此一來，韓信軍進不得鬥，退不得還，後路

被我所統領的奇兵截斷，野外掠奪也搶不到給養，不出十天，韓信和張耳的頭就將被送到足下的帳下。懇願足下考慮我的意見，否則，反將被韓張二人所擒獲。」

陳餘是儒者，經常宣稱仁義之師不用詐謀奇計。他回答李左車說：「我聽兵法說，擁有十倍於敵的兵力就可以實施包圍，擁有一倍於敵的兵力就可以交戰。如今韓信軍號稱數萬，其實不過數千人而已。膽敢千里跋涉偷襲我國，已經是精疲力竭。在這種形勢下，如果迴避作戰而不加以痛擊，今後若有更大的敵軍來犯，我們將如何應對？完全可以想見，諸侯各國聽說後，必定認為我趙國膽怯畏戰，從此以後，輕起戰端進犯我國的事情，怕是會頻繁多發。」

陳餘聽不進李左車的話，不用他的計策。

七、背水之戰

陳餘帶領部下將領一直在營壘壁上嚴密監視漢軍的動向，當他們看到漢軍竟然犯下兵家大忌，擺下背水之陣而自斷退路時，都忍不住哈哈大笑起來。陳餘益發輕視韓信，堅定了務必一舉全殲韓信軍的信念。

孫子說：「知己知彼，百戰不殆」。何以知敵？最重要的方法，就是使用各種間諜。韓信屯兵井陘道西口，各類間諜早已深入趙國，打探消息。陳餘迂腐輕敵，不用李左車計策的消息，也傳到了韓信軍中，韓信大喜，放心部署軍隊進入井陘道。

到了距離井陘道東口還有三十里的地方，韓信下令停止進軍，築營就食，讓將士們早早休息。半夜，下令起營整軍，偃旗息鼓，秘密開拔，迅速向前推進。同時，選拔兩千騎士，組成一支輕銳的奇兵隊，每人發給漢軍紅旗一面，命令他們搶先通過井陘道，逼近東道口前，折入間道，進入到道口近處的山崗上，用草木枝葉做掩護埋伏起來。韓信命令騎兵隊的領軍將領說：「明日交戰，我軍將會退走。趙軍以為我軍敗退，一定會傾巢出動，追擊我軍。這時候，你等統領部下迅速攻入趙軍的營壘，將趙軍的旗幟拔掉，換上漢軍的紅旗。待趙軍動搖敗退時，再從背後施以攻擊。」

部署完畢，韓信命令副將傳令軍中開飯，附帶下達通知，今日擊破趙軍以後，韓將軍將大擺酒肉盛宴慶功，款待全軍將士。韓信的部署奇異而詭秘，慶功大宴的話更是不著邊際。諸位將士都覺得難以置信，雖然表面應付道：「遵令」，實則心中都在打鼓。

韓信看破了部下的心思，又對部下們說：「趙軍已經搶先佔領了有利地形，修築了營壘，以逸待勞，志在全殲我軍。所以，趙軍如果見不到我的大將旗幟和鼓車，是不會率先攻擊我軍前隊的，因為他們不願看到我軍遭遇險阻而撤退。」於是下令前軍萬人乘夜先行出井陘口。

綿蔓水自南而北流經井陘口外，趙軍大營在水東。漢軍出井陘口的動向，趙軍已經察覺。不過，正如韓信所預料的，趙軍並未在漢軍前軍出井陘口時開營攻擊，而是靜觀放行，等待韓信大將旗鼓出井陘口後再一舉全殲。漢軍前軍抵達綿蔓水後，並未在水西築營布陣，而是匆匆渡過綿蔓水，在綿蔓水東岸背水面向趙軍營壘擺開了會戰的陣勢。陳餘帶領部下將領一直在營壘壁上嚴密監視漢軍的動向，當他們看到漢軍竟然犯下兵家大忌，擺下背水之陣而自斷退路時，都忍不住哈哈大笑起來。陳餘益發輕視韓信，堅定了務必待一舉全殲韓信軍的信念。

黎明時分，韓信大張大將的旗幟，車行擊鼓，大搖大擺地統領中軍出了井陘口，渡過綿蔓水，越過前軍軍陣，直接向趙軍營壘開拔過來，列陣求戰。韓信軍的動向，正中陳餘的下懷。嚴陣以待的趙軍，早已做好出擊的準備。陳餘一聲令下，蓄勢待發的趙軍出營向漢軍發起了猛烈攻擊。

兩軍大戰良久，在趙軍優勢兵力的攻擊下，漢軍開始後退，旗幟和鼓車都被棄置。漢軍且戰且退，一直退到綿蔓水邊，布陣於此的漢軍前軍開陣將撤退的中軍迎入，前行迎擊追趕過來的趙軍，又是一番苦戰。相持對戰中，留守大營的趙軍看到漢軍潰退，大量旗幟鼓車被遺棄，以為勝負已定，於是開營出動，一方面奪取旗鼓等戰利品，一方面支援趙軍主力追擊漢軍。

埋伏在井陘口外山崗後的二千漢軍騎兵，一直密切注視著戰場和趙軍大營的動向。待到趙軍留守部隊開營出動以後，迅速撲出，一舉偷襲趙軍空營成功，馬上按照韓信的指令，將趙軍旗幟悉數拔掉，換上漢軍旗幟。

背水列陣的漢軍，在韓信和張耳的統領下迎擊趙軍，因為斷了退路，人人拚死作戰。數量優勢的趙軍，在死戰不退的漢軍面前，軍心開始浮動。陳餘見漢軍的數量和戰鬥力都遠遠超出預料一舉全殲漢軍的意圖難以實現，下令停止攻擊，整軍列陣，鳴金收兵，有秩序地向大營退去。待到陳餘軍退回到大營時，只見營門緊閉，營壁上二千面漢軍紅旗，獵獵迎風飄揚，壁上的將軍，乃是漢軍騎將。

趙軍將士，人人大驚失色，以為漢軍已經偷襲趙國成功，趙王及其部下已經成為俘虜，一時軍心大亂。在漢軍的兩面夾擊之下，趙軍大敗，潰不成軍。陳餘向南往首都襄國方向逃亡，被乘勝追擊的漢軍殺死在泜水北岸的鄗縣（今河北柏鄉縣北）一帶，趙王趙歇也被漢軍俘虜。

綿蔓水背水之戰，漢軍大勝。戰後，漢軍清理戰場，統計戰果，按照軍法的規定論功行賞。韓信遵照當初的約定，大擺酒肉盛宴，犒勞全軍將士。酒席筵上，部將們舉杯慶賀勝利，一邊開懷痛飲，一邊敘說戰況，開戰之初心中打鼓不安的幾位將領，不約而同的起身禮拜韓信說：「賴將軍神機妙算，致使我軍大獲全勝。不過，有一事臣等至今弄不明白，還望將軍教示。兵法上說，安營布陣，右邊和背後靠山，前面和左邊臨水。這次作戰，將軍反而命令臣等背水列陣，還說：『擊破趙軍後大宴聚餐。』當時，臣等心裡實在是不敢信服。然而，結果竟然是因此獲勝，這究竟是什麼戰術？」

韓信難得一笑，回答說：「這是兵法上有的戰術，只是諸君沒有注意罷了。兵法上不是說：『陷之死地而後生，置之亡地而後存』嗎？這次我所統領的軍隊，並非由我一手訓練和調教出來，指揮這樣的軍隊作戰，類似於所謂的驅趕市街平民作戰，在這種情況下，非得將士兵們置之於死地，讓他們人人為自己的生存而死戰不可。如果按照兵法常規，將他們安置在安全而有退路的地方，戰況一旦不利，勢必動搖逃走，怎麼還可以用來取得作戰的勝利呢？」

一番話下來，諸位將領人人心悅誠服，齊聲回應道：「服了。將軍的謀略，不是臣等能夠企及的。」

漢軍出動之前，韓信曾經傳令軍中，不得斬殺廣武君李左車，有能夠生擒李左車者賞賜千金。戰鬥結束，有將士擒獲了李左車，五花大綁押送到韓信帳前來。韓信當即下令鬆綁，讓出自己的座席，請李左車坐西向東就上座，自己坐東向西陪下座，待以師長之禮，虛心求教說：「我有意乘勝北上攻打燕國，東去討伐齊國，以先生之明察睿智，怎樣才能取得成功？」

李左車推辭道：「臣下聽說過，敗軍之將，不可以言勇；亡國之人，不可以圖存。如今的臣下，不過是一軍敗國亡的俘虜，哪裡有資格商議大事？」

韓信說：「我聽說過，百里奚在虞國而虞國滅亡，百里奚在秦國而秦國稱霸，並不是百里奚在虞國愚蠢而在秦國賢明，而是在於虞國不用而秦國重用他的緣故。如果陳餘聽從了您的計策，我韓信怕是已經成了俘虜。正因為陳餘不用您，我今天才能事奉求教於您？」

韓信堅決而固執地求教說：「我誠心誠意地想要聽取您的意見，務必希望您不要推辭。」

李左車為韓信的誠意所動，回答道：「臣下聽說，智者千慮，必有一失，愚者千慮，必有一得。所以說，即使是狂人之言，聖人也有選擇的餘地。臣下的意見未必可用，只是輸誠奉獻愚忠而已。」

表明了自己的心跡以後，李左車接著說道：「成安君有百戰百勝的計策，因一時的失算，軍敗鄗城，身死泜水。如今將軍渡過黃河，俘虜魏王魏豹，兵及閼與，擒獲代相夏說，又一舉而出井陘口，不到上午結束就擊敗二十萬趙軍，誅殺成安君。真是名聞海內，威震天下，就連細民農夫都人人震恐，放下農具，停止耕作，暖衣飽食，得過且過，一心只等將軍的命令落定以後，才敢有所行動。這些，都是將軍的有利之處。

「然而，連續大戰之後，百姓勞苦，士卒疲憊，實在是難以為繼。如今將軍打算統領疲憊之師，屯軍於堅守的燕國城池之下，欲速戰不得，恐怕曠日持久也不能攻克，一旦不利的形勢出現，軍威氣勢必然削弱，一旦時間拖長，糧食必然短缺，難免陷入進退維谷的窘境。如此一來，弱小的燕國不能降伏，齊國必定據境堅守。如果燕國和齊國都不肯降伏，劉邦和項羽之間的爭戰就難以分辨勝負。這些，都是將軍的不利之處。」

李左車分析了韓信的長處和短處之後，進一步提出了自己的意見。他說：「臣下以為，將軍北攻燕東攻齊的強攻之策是一種失策，因為善於用兵的人，不會用自己的短處去攻擊對方的長處，而是用自己的長處去攻擊對方的短處。」

韓信一直用心傾聽李左車的話，這時候，他

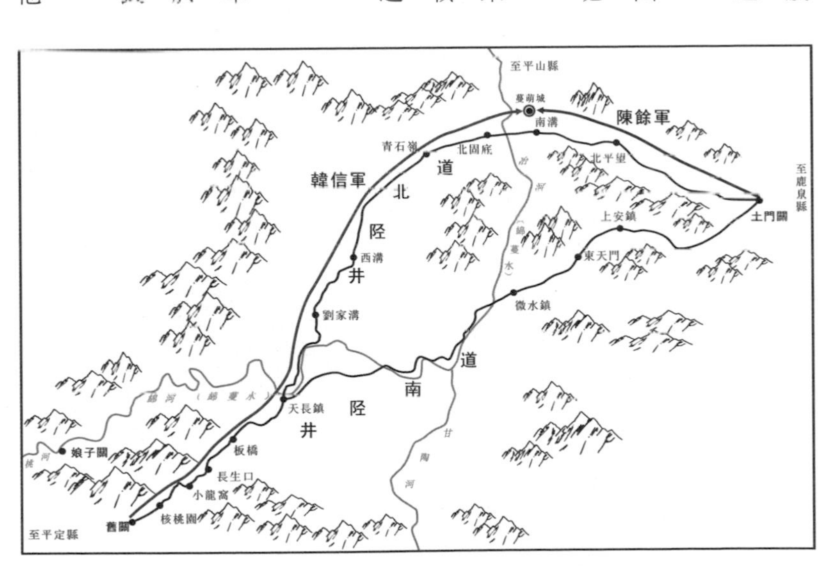

背水之戰圖

插話問道：「那該怎麼做呢？」

李左車回答道：「如今為將軍計量，不如暫時按兵不動，休整士卒，安定趙國，撫恤遺孤，從方圓百里之內，徵集牛羊酒食，日日犒勞將士。在養精蓄銳的同時，擺出大軍北上攻燕的架式。然後呢，派遣說客奉書信前往燕國，顯示漢軍的強勢，張揚我方的長處，如此行事下來，燕國必定不敢不聽從。燕國降服以後，再派遣辯士前往齊國勸降，齊國也一定會隨流順風而降服。」

韓信讚賞地說道：「好。」當即接受了李左車的計策。

於是，韓信派遣使者前往燕國勸降，燕國接受了，完全如李左車所謀劃。

韓信又派遣使者前往滎陽晉見劉邦，彙報順利攻克趙國的結果，請求立張耳為趙王以鎮撫趙國，劉邦同意了，正式下令冊立張耳為趙王。

夏陽黃河

2012年10月，我去韓城參加司馬遷傳記文學研究會，瞻仰司馬遷祠之餘，再訪夏陽黃河古渡。黃河出龍門，河道漸廣，到今芝川鎮澽水、芝水入河口一帶，水緩河寬，是古來的黃河渡口。公元前205年，韓信領軍用木罌，在此搭設浮橋，一舉渡河攻入魏國。1937年，朱德領八路軍東進，也由此渡黃河。

夏陽渡口

龍門

龍門在陝西韓城市東北30公里，隔河與山西河津市相望，是黃河山陝峽谷的出口，流傳有「大禹鑿龍門」的故事及「鯉魚跳龍門」的神話。戰國時魏武侯浮西河而下，顧謂吳起曰：「美哉乎，山河之固，此魏國之寶也！」當在這一帶。

陳餘墓、陳餘祠
陳餘墓和陳餘祠，都在井陘南道上，是難得一見的與陳餘有關的遺址，堪稱珍貴。清代墓碑文為「趙守將白面將軍陳餘之墓」，惋惜陳餘好儒，將軍盔甲難掩白面書生本色。

井陘古道一

青石嶺一帶，井陘北道尚有遺存，方形石塊鋪砌修成的山嶺坡道，地勢險峻，路狹窄處寬不過三米，堪稱「車不得方軌，騎不得成列」。

井陘古道二

井陘北道穿越青石嶺村而去，村東尚有閣樓，已經殘破，古道斷壁舊屋，處處瀰漫著歷史的滄桑。

井陘東口

井陘關的東口，在今河北省鹿泉縣土門關一帶，至今關口樓閣尚存。史書上說，趙軍將領們在關上望韓信軍背水布陣而大笑……。我身臨其境推想，土門關距離綿蔓水太遠，中間又隔了山，陳餘軍的主力，不可能駐紮在這望不見水的地方。

背水戰場

2012年6月，我隨歷史到井陘關一帶訪古。幾經反覆曲折，終於在威州古城下的冶水河畔，找到背水之戰的古戰場。冶水河岸綠樹成蔭，流水清澈，是靈氣瀰漫的好去處，使我想起淮陰水鄉。韓信生於水鄉淮陰，地靈人傑，用兵最善於借助水勢河道。

八、井陘訪古尋戰場

威州古城遺址在冶河東岸，
不但控制著出井陘道北上通往中山國的要道，
也是扼守出井陘道東去通往趙國的要塞，
可謂是古井陘道東邊最重要的關口，背水之戰的古戰場，應當就在這一帶。

去井陘關前，我已經寫完背水之戰。復活這一場名垂青史的戰事，唯一的依據是《史記・淮陰侯列傳》。不過，〈淮陰侯列傳〉的相關記事，是歷史故事而不是戰事紀錄，多是後戰國時代遊士們的傳聞美談，不可不信，也不可全信。

最令人困惑的是，這些歷史故事有太多的文學色彩，描寫人物栩栩如生，音容笑貌如在眼前，敘述戰事則簡略含混，多半無法復原。太史公太浪漫，著《史記》沒有地理志，千百年流傳下來，《史記》中交通線路、地名地理的錯亂，比比皆是。特別是重大戰爭中的行軍路線和作戰地點，不少成了歷史之謎，筆墨官司一直打到今天。

據《史記》的記載，韓信和張耳攻佔太原以後，準備統領數萬漢軍「東下井陘」攻擊趙國，趙王趙歇與丞相陳餘得知這一消息後，「聚兵井陘口，號稱二十萬」，這是戰前的形勢。據此復原漢軍，韓信領軍由太原東去，集結在今山西平定縣，由此繼續往東進入井陘道。關於此事，古往今來，沒有異議，因為井陘道的西口，在平定縣舊關一帶，正是韓信軍東下井陘的入口。

據此又復原趙軍，問題就來了。井陘關的東口，在今河北省鹿泉縣土門關一帶，陳餘軍的主力，不可能駐紮在這裡，因為土門關距離背水之戰的戰場綿蔓水太遠，中間又隔了山，根本望不見。合理地推想，趙軍本土作戰，井陘關沿途設防，陳餘統領趙軍主力，由土門關沿井陘道西進，進入到綿蔓水東岸某關口處駐軍設防，佔據有利地形，以逸待勞，準備一舉殲滅沿井陘道而來的韓信軍。

進一步推想，陳餘軍的駐守處，應當距離綿蔓水不遠，有城壁營壘，可以望見韓信軍的背水之陣。陳餘軍的駐守地與綿蔓水之間的開闊地，應當就是背水之戰的戰場。看來，復活背水之戰的關鍵，就是找到陳餘軍駐守的地點。

二〇一二年六月，我隨歷史到井陘關一帶訪古。行前再次熟讀文獻，查閱古今地圖，搜索百度文庫，用谷歌衛星圖定位追蹤，心中大致有了想法路線，宛若在電腦螢幕上將戰事推演了一番，只待實地目測證明，身臨其境復活。

於是駕車出北京，走京港澳高速到石家莊不停留，經過鹿泉市，走省道縣道，沿綿河西去到娘子關。今天的綿河就是古代的綿蔓水，源出山西平定縣，娘子關以上稱桃河，過了娘子關稱綿河，流入井陘縣與甘陶河匯合後稱冶河，北流進入今平山縣，匯入滹沱河。娘子關扼守綿河河谷，關勢險要，是一處有名的古關古戰場，不過，時代要晚得多，大概是在隋唐以後。清代學者王先謙以為背水之戰發生在這一帶，當是沒有根據的臆測，關前的桃河河谷，狹小促窄，根本擺不開大軍作戰，親歷實地一目了然。

由娘子關去舊關，是井陘道的西口，如今已經沒有遺址關城，只有地名尚存。由舊關走三〇七號國道去井陘縣，大體沿襲了古今井陘道的路徑，經過核桃園、小龍窩、長生口、板橋、天長鎮，一直到今天井陘縣城所在的微水鎮，背水之戰的地點，被定在這裡。實地考察前，我也作如是觀。

到了縣城，經文管所杜鮮明所長介紹，方知由天長鎮開始，井陘道有南北兩條，南道由天長鎮沿綿河河谷東去，渡過冶水，穿越微水鎮經過東天門、上安鎮，進入鹿泉市到土門關，有名的秦皇古驛道，就定在這一線。因為東天門關城遺址和車轍保存完好，已經開闢為觀光點。不過，這條井陘南道，開通於明朝萬曆年間，並未發現有更早的遺跡。

井陘北道，也由天長鎮起，渡過綿河，北上經劉家溝進入礦區，走西溝、青石嶺，抵達北固底渡冶河，東去經過威州鎮南的南溝、北平望，進入鹿泉市到土門關。井陘縣內，戰國秦漢的古代遺址，都集中在這一線，這一條道路，才是戰國秦漢以來的井陘古道。威州鎮北岸村北，有威州古城遺址，築成於戰國時代，是中山王國南部鎮守井陘道的要塞，古稱蔓萌城，在趙國與中山國的多次戰爭中，這裡都是戰場。

真是聞所未聞，眼界洞開。當即決定走井陘北道去威州鎮，隱隱約約有預感，背水之戰的戰場，或許就在威州古城一帶？

於是去青石嶺，井陘古道尚有遺存，方形石塊鋪砌修成的山嶺坡道，地勢險峻，路狹窄處寬不過三米，堪稱「車不得方軌，騎不得成列」。道路穿越青石嶺村而去，村東尚有閣樓，已經殘破，古老的民居，處處瀰漫著歷史的滄桑。又去威州北岸村古墓地，秦磚漢瓦隨處可見。臨近的威州古城遺址上已經建有工廠，只能在外觀望地勢大要而已。

威州古城遺址在治河（即綿蔓水）東岸，不但控制著出井陘道北上通往中山國（平山縣）的要道，也是扼守出井陘道東去通往趙國（今鹿泉）的要塞，可謂是古井陘道東邊最重要的關口，陳餘軍的駐地，應當就在這一帶。威州古城距離冶河不遠，其間地勢開闊平坦，正是一處可以擺開陣勢決戰的古戰場。於是遙想當年，站在威州城頭的趙軍將領，望見背水列陣的韓信軍，禁不住哈哈大笑起來……

到冶水河邊，綠樹成蔭，流水清澈，是靈氣瀰漫的好去處，使我想起淮陰水鄉。韓信生於水鄉淮陰，地靈人傑，用兵最善於借助水勢河道。他心細膽大，用間諜瞭解敵情，遣斥候探查地形，切切實實地掌握了陳餘軍的動向後，用正面死戰和背後偷襲的方式放手搏擊，取得了意想不到的勝利。

這些年來，我為了復活歷史，不時親歷歷史現場。腳行當下，思緒穿越到遠古，古今交錯之間，常常有意想不到的收穫。這次我追隨韓信足跡，重走井陘道尋往事訪故跡，幾經反覆曲折，終於在威州古城下的冶水河畔，找到背水之戰的古戰場，攝影寫真為歷史留念存像，筆錄記述成一家之言，拋磚引玉以吸引歷史行者。

青石嶺民居

如今的青石嶺村，斷垣殘壁散見，古老民居寂寥，罕見人跡。

第四章

滎陽對峙

一、滎陽對峙的概觀

項羽與劉邦在滎陽地區的對峙，曠日持久，頭緒紛繁，史書中分散在不同篇章的交錯記載，更令讀史者看得眼花撩亂，往往有抓不住頭緒之感。於是我首先以提綱挈領的方式，對這場楚漢相持的整個戰事做鳥瞰式的概述，便於讀史者有一大致的方向感。

楚漢戰爭的相持階段，南部戰場以英布的短暫失敗告終，北部戰場以韓信的不斷勝利展開，真正的拉鋸對峙，始終在中部戰場的滎陽一帶。

項羽與劉邦在滎陽地區的這場對峙，不但曠日持久，惡戰苦鬥，而且反覆曲折，頭緒紛繁，史書中分散在不同篇章的交錯記載，更令讀史者看得眼花撩亂，往往有抓不住頭緒之感。於是我在敘述這場戰事之前，首先以提綱挈領的方式，對這場戰事做鳥瞰式的概述，便於讀史者有一大致的方向感，不至於一頭陷進戰事紛亂的泥潭。

大體說來，楚漢滎陽對峙，可以分為前後兩期。

前期從漢二年六月項羽乘勝追擊劉邦到滎陽開始，直到漢三年六月項羽攻克滎陽為止，歷時整整一年。在這段時期中，楚軍是主動進攻者，漢軍是被動防守者，在滎陽正面戰場上，項羽獲得了勝利。

在這段時期中，楚軍的戰略方針清晰而明確。項羽統領楚軍主力，對滎陽地區實施正面突破，意圖在走三川道強行攻入關中，一舉滅漢。與此同時，在黃河以北地區，聯合齊、燕、趙、魏各國，從北翼牽制漢軍，對於西南兩面與漢國接壤的魏國，直接派遣項它領軍前去協防助攻。在江淮地區，以堅定的盟友臨江國為中心，依托衡山國和九江國，從南翼威脅漢國，項羽特別寄厚望於九江王英布，不斷地遣使施壓，迫使他積極參戰，能夠由南陽武關一線攻擊漢國，開闢南部戰場。

劉邦彭城慘敗後，全線收縮，轉入戰略防禦。劉邦防禦戰略的基本方針是，依托關中根據地和洛陽地區，構築起多層次大縱深的堅固防線，全力阻止楚軍東進。第一道防線設在敖倉——滎陽——索亭——京縣一帶，以軍事重鎮滎陽為中心，以糧食儲備基地敖倉為後勤，在黃河南岸山地間的狹窄通道上囤積重兵，修築要塞壁壘，扼守從關東通向關中的大道——三川道。第二道防線依托洛陽地區，在鞏縣——成皋一帶屯兵，構築要塞壁壘，既作為第一道防線的後衛，也作為第一道防線被攻破後的預備。第三道防線以關中地區為依托，以進出關中的大門函谷關為中心，屯兵防守，作為第二道防線被突破，洛陽地區失守後的預備。

在南部和北部兩個戰區，劉邦最初都是採取守勢，他派遣使者爭取魏王魏豹和九江王英布，力圖通過外交手段化敵為友。同時，指使彭越在楚國地區騷擾破壞，從後面牽制項羽。

經過一年時間的反覆爭鬥，項羽在中部正面戰場獲得了全面勝利，先後攻佔了敖倉、成皋和滎陽，突破了漢軍的第一道防線。不過，在南部戰場，因為英布反楚從漢，不但由南陽武關攻擊漢國的意圖瓦解，還因為被迫派遣重兵鎮壓，反而拖累了中部戰場。在北部戰場，因為韓信軍迅速攻佔了魏國和趙國，楚國由河西河北威脅漢國的意圖全面瓦解，反而面臨漢軍渡過黃河南下攻擊滎陽，東去攻擊楚國和齊國的威脅。至於楚國的後方，因為受到彭越的游擊騷擾，始終處在不安寧中，項羽不得不親自回師掃蕩。

後期從漢三年七月楚軍被阻止於鞏縣開始，到四年九月楚漢和議實行為止，經歷了一年又兩個月。在這段時間，漢軍在北部戰場獲得了全面勝利，又成功開闢了敵後戰場，在正面戰場上，漢軍由被動防守轉入主動進攻，逐漸奪取了戰場的主動權。相反的，正面戰場上乘勝西進的項羽軍主力，因為受北部和背後不利戰事的牽制，被阻止在鞏縣不能前進，逐漸喪失了主動權，被迫轉入防禦，不得不接受停戰議和的協議。

具體說來，敖倉、滎陽、成皋失守後，漢軍撤退到洛陽地區，死守鞏縣，力圖將楚軍阻止在第二道防線前。逃出成皋的劉邦渡過黃河，撤退到河內郡修武一帶接管了韓信軍，擺出渡河南下奪回滎陽地區的態勢，吸引項羽分兵北防，減少了鞏縣防線的壓力。與此同時，劉邦派遣劉賈、盧綰統領兩萬軍隊，由白馬津渡過黃河進入楚國東郡地區，協助長期活躍在這一帶的彭越軍，開闢了敵後戰場，從背後拖住項羽。這樣，劉邦通過西堵、北引、後拖的戰略，終於成功地將楚軍阻止在鞏縣一帶。

另一方面，楚軍通過強攻硬戰突破漢軍的第一道防線——滎陽防線後，開始攻擊漢軍的第二道防線——鞏縣防線，這個時候，由於彭越、劉賈、盧綰軍在楚國後方展開了大規模的破壞性攻擊，迫使項羽再次親自率領楚軍主力回師掃蕩，不得不停止對於鞏縣的攻擊，在成皋——滎陽一帶轉入防守。結果被趁機渡河南下的劉邦攻佔了成皋和敖倉，滎陽也被圍困。待到項羽解除了彭越等人的威脅，回到滎陽後，劉邦軍轉入全面防守，堅守不戰，楚軍再次在滎陽地區陷入與漢軍對峙的膠著狀態。不過，這一次的對峙焦點，向北移動到黃河南岸的廣武澗一帶。

改變均勢、打破對峙的關鍵是韓信進軍齊國，項羽派遣大將龍且統領楚軍主力之一部北上救齊，嚴重削弱了楚軍在正面戰場的力量，待到龍且軍被韓信殲滅後，楚軍不僅在滎陽地區的正面戰場上失去了攻擊力量，而且首都彭城地區空虛，隨時有被韓信一舉攻克的危險。至此，楚國的戰略優勢已經完全喪失殆盡，前方軍少糧乏，後方飄搖不安，完全處於被動挨打的境地，不但已經無力攻擊眼前的劉邦，一旦韓信軍南下西進，就可能被圍殲。

正是在這個不利的形勢之下，項羽不得不低頭，派遣使者前往齊國勸說韓信保持中立，希望三分天下。當韓信拒絕了項羽的提案以後，項羽自知已經不可能取得戰爭的勝利，不得不接受劉邦提出的休戰議和。

二、陳平受讒

劉邦為了有效地監督和控制手下一批居功自傲、桀驁不馴的資深將領們，需要一位與這批功臣宿將沒有任何關係，完全效忠於自己的機靈人。陳平的出現，剛好符合了劉邦的需要。

彭城大敗，陳平隨同劉邦一道撤退到滎陽，被劉邦任命為亞將，派遣到韓王信軍中做參謀長，屯駐於滎陽北邊的軍事要塞廣武。陳平由漢軍的護軍都尉出任韓軍的亞將，從官職上看是提升了，但是，離開劉邦來到韓王信身邊，則是離開了中樞來到了邊緣，遠離了權力中心，是大大地失落了。

陳平是絕頂聰明的人，他知道有人在劉邦耳邊讒言使壞，更知道如果失去了劉邦的個人信任和支持，自己不但將無立錐之地，甚至有不測的危險。陳平默默地順從劉邦的命令，來到韓王信軍中任職，不過，他始終與魏無知保持緊密的聯繫，通過魏無知將敵我雙方的各種消息情報源源不斷地傳遞給劉邦，耐心地等待劉邦的反應。

果不其然，陳平離任以後，劉邦找不到合適的人選來接任護軍都尉的棘手工作。這個時候，陳平送來的各種消息情報，不斷地提醒劉邦，對於自己來說，陳平是不可取代的必要存在。於是，劉邦決定再次將陳平調回自己身邊，恢復他護軍都尉的舊職。

陳平其人，與劉邦集團淵源甚淺，又無攻城野戰之功，在講究資歷和戰功的劉邦集團中，始終被功臣宿將們視為玩弄聰明的無節小人。劉邦是識人用人的天才，他第一次同陳平交談後，就看出陳平機巧聰明，足智多謀而善於察言觀色，將會完全稟承自己的個人意思行事。他任用陳平為護軍都尉，一方面是看重他長期在項羽身邊從事情報工作，對於楚軍內部的情況有透徹的瞭解，可以用他對楚國行間。另一方面，劉邦為了有效監督和控制手下一批居功自傲、桀驁不馴的資深將領們，正需要一位與這批功臣宿將沒有任何關係，完全效忠於自己的機靈人。陳平的出現，剛好符合了劉邦的需要。

陳平被任命為護軍都尉時，軍中喧譁，是他招惹的第一陣逆風，將領們看不起陳平，剛剛棄楚歸漢參加革命的小子，哪有資格獨掌機要，在我等老革命頭上指手畫腳。陳平出任護軍都尉後，掌管情報機構對敵國用間，諸將們掉二話的人不多，但是，他透過派駐各軍的護軍校尉監督各軍將領，打小報告通風報信，必然引起將領們的不滿。彭城大戰，漢軍完全未能掌握項羽繞道奇襲的動向，導致慘敗。事後追究責任，本來就對陳平不滿的諸將們，自然對他大進讒言，是指向他的第二陣逆風。風勢不小，弄得劉邦也只好將他調離身邊，發派到韓國軍中去避避風頭。

如今，劉邦又回心轉意，要再次恢復陳平護軍都尉的官職，當然會招來第三陣逆風。這一次反對之風，領頭的是功臣宿將中的少壯派，因為他們的領軍人物，是後來封為絳侯的周勃和不久前出任騎兵將領的灌嬰，所以史稱「絳灌之屬」。

他們集體進見劉邦說：「陳平固然長得一表人才，是個美男子，但是，這種人不過是點綴在帽子上做裝飾的玉塊，好看不中用，未必有真東西。臣下們聽說，陳平居家的時候，與嫂子私通；事奉魏王不能相容，逃亡歸順楚國；歸順楚國後也不能相投，又跑來投靠漢國。大王寵信陳平，任命他為護軍都尉，監護我等諸將。我們聽說，陳平在任期間，曾經接受被監護將領的賄賂，出錢多有好報告，出錢少的報告就差。陳平這種人，是反覆無常的亂臣，希望大王明察，不要被他的外表所蒙蔽。」

聽周勃灌嬰等人這麼一說，劉邦也覺得陳平是有問題，於是招來魏無知，指責他不應當推薦陳平這種人。

魏無知在劉邦身邊多年，對劉邦的習性瞭解得很透徹，他習以為常地聽取劉邦的指責，待到劉邦的話說完，氣也撒得差不多了，方才平靜地回答道：「臣下向大王推薦人才，注重的是才能，大王責問臣下的話，講的都是德行。如今有德行高尚的人，守信如同古代的尾生，至孝如同商代的孝己，但是，對於戰爭的勝負毫無用處，大王能夠任用嗎？楚漢相爭的當今，臣下向大王推薦計謀奇士，看重的是他的謀劃是否有利於國家社稷，至於是否與嫂子私通，是否收取了金錢賄賂，又何必多去懷疑費心呢？」

聽了魏無知的話，劉邦不得不承認有道理。不過，他依然不能完全消除心中對於陳平的疑慮，又將陳平招來，當面質問說：「先生奉事魏國不能相容，於是去了楚國，奉事楚國不能相容，又來跟隨我做事，守信義的人難道是這樣三心二意嗎？」

陳平回答說：「臣下奉事魏王，魏王不能使用臣的計謀，所以去奉事項王。項王不能信用外人，他所信任使用的，不是項氏一族，就是妻家的親戚，即使有計謀奇士，也不能信任使用，因此臣離開了楚國。臣下聽說漢王能用人，所以前來歸順大王。臣下孤身不名一文而來，不接受金錢無以籌措費用，難以展開工作。如果臣下的策劃有可以採用的地方，請大王採用；如果沒有可用之處，所接受的金錢原封不動都在，請統統交還國庫，也請大王恩准臣下歸還故里。」

聽了陳平的解釋，劉邦釋然，當即表示歉意，下令重金厚賞陳平，同時，頒布命令，任命陳平為護軍中尉，乾脆提拔他做了護軍機構的正職，在自己身邊全面負責漢王國情報部門的一切工作。

這樣一折騰下來，部將們知道劉邦是鐵了心要用陳平，從此沒有人敢再多話了。

三、張良反對分封六國後人

張良說，如果復興六國，分封韓、魏、燕、趙、齊、楚的王室後裔為王，天下的遊士將回歸故鄉，效力於故國君王，與親人團聚，與故舊相依，守護祖先的墳塋而安土重居。如此一來，大王還能與誰一道奪取天下？

漢三年（前二〇四年）十月，楚漢戰爭進入第三個年頭，大將韓信與趙王張耳致力於安定趙國，撫慰燕國。齊國拒絕了韓信使者要求降服的要求，繼續聯合楚國抗拒漢國。得到齊國的支持，楚軍的機動部隊不時渡過黃河，支援陳餘軍殘部，攻擊立足未穩的漢軍，迫使韓信和張耳奔走往來應對，暫時無力他顧。

到了十二月，南方戰場上傳來了不利的消息，與楚軍苦戰數月之久的英布軍，被楚將龍且和項聲攻破，九江國首都六縣陷落，英布的妻子兒女都被殺害，英布與隨何一道抄小路逃亡到滎陽。

英布抵達滎陽時，馬上得到劉邦的召見。英布萬萬沒有想到，劉邦召見他的時候，竟然半靠在床邊洗腳。英布勇冠三軍，在諸將中最得項羽看重，與劉邦一道裂土封王，高傲自負，何曾受過這種羞辱，悔恨不該背楚歸漢，當即打算自殺。出漢王府被引領到館舍入住，眼前猛然異彩光亮，館舍的規模，器物的規格，隨從的級別，完全同剛剛出來的漢王府一樣，一看就知道是早就按照最高待遇專門準備好了的。陰沉的英布轉而大喜過望，以為劉邦沒有虧待自己。

先抑後揚，先辱後賞，類似見人劈頭一陣奚落辱罵，然後好酒好肉款待，好言好語看重，是劉邦慣用的御人伎倆，往往用來收復孤高自負、桀驁不馴的人心。相同的方法，他從前曾經用來對付過狂生酈食其，如今，他又用來對付冠軍英布。劉邦的這一招，在鮮廉寡恥、重利輕禮的個人團體間，倒也是行之有效。

英布沒有了退路，決定死心塌地跟隨劉邦。他派人前往九江匯集舊部數千人，又得到劉邦的兵力補充，重新整編成軍，隨同劉邦一道在滎陽一帶作戰。

楚將龍且擊敗英布，平定了九江國後，北上滎陽與項羽會合。得到龍且軍的支援，項羽軍勢大振，頻頻展開攻勢，攻克了敖倉，奪取了漢軍最重要的後勤基地，控制了黃河漕運，漢軍的糧草供應，開始出現了匱乏。

被圍困在滎陽的劉邦，見眼前的局勢一天一天惡化，深為憂慮，急於尋求打開不利局面的良策。這一天，他再度與謀士酈食其商量如何削弱項羽勢力的事情。酈食其進言道：「從前商湯王討伐夏桀王，分封夏朝的子孫於杞國。周武王討伐商紂王，分封商朝的後代於宋國。如今秦朝喪失德行拋棄道義，侵佔諸侯的國土，斷絕六國的後嗣，使各國的王室後裔沒有立錐之地。大王如果能夠復興六國，使六國後裔受印封王，六國的君臣百姓必定感戴大王的恩德，都會向風慕義，甘心俯首稱臣。如此施行道義德行後，大王就可以南向稱霸天下，楚國也必定整肅衣冠前來朝見大王了。」

俗話說，病急亂投醫。身處逆境、苦無良策的劉邦，從酈食其的話中看到了一線希望。他採納了酈食其的建議，當即決定說：「好吧。那就馬上製作六國印章，然後請先生攜帶前往各國按照計畫行事。」

印章已經刻好，酈食其還沒有出發。張良外出歸來，到漢王府謁見劉邦。劉邦正在吃飯，他一見張良進來，迫不及待地遠遠招呼道：「子房，子房，趕快坐過來！」

張良剛剛坐定，還在咀嚼下嚥的劉邦已經把話說開了，一口氣將酈食其謀劃分封六國後裔削弱楚國的計策道了出來，不過，劉邦沒有說出酈食其的大名，只是稱有人如此建議云云。話剛說完，劉邦就急切地徵詢張良的意見：

「子房，你覺得如何？」

張良答道：「是誰為大王策劃這件事的？大王的大業毀了。」

劉邦驚異地問道：「為什麼？」

張良說：「臣下請借用面前的筷子為大王籌算六國後人可否分封。」

於是，張良拿起一把筷子，比畫著說：「商湯王討伐夏桀王而封夏朝的後裔於杞國，是估量自己已經有足夠的力量能夠致夏桀王於死命。眼下大王能夠致項羽於死命嗎？」

劉邦答道：「不能。」

張良放下一根筷子說：「這是不可以分封的第一條理由。周武王討伐商紂王而封商朝的後裔於宋國，是估量自己有充分的把握能夠獲取商紂王的人頭。眼下大王能夠獲取項羽的人頭嗎？」

劉邦答道：「不能。」

張良又放下一根筷子說：「這是不可以分封的第二條理由。周武王進入殷商的都城，表彰智者商容的故里，釋放被監禁的賢人箕子，為聖人比干的墳墓增土。眼下大王能夠為聖人的墳墓增土，表彰賢者的故里，過智者之門而施禮致敬嗎？」

劉邦答道：「不能。」

張良又放下一根筷子說：「這是不可以分封的第三條理由。武王克商後，曾經打開殷的鉅橋糧倉和鹿台錢庫，分發糧食和財物給貧苦百姓。眼下大王能夠開府庫，散糧錢給百姓嗎？」

劉邦答道：「不能。」

張良又放下一根筷子說：「這是不可以分封的第四條理由。周滅商以後，廢棄兵車，改為乘車，倒置干戈，用虎皮蒙蓋，以此向天下宣示不再用兵打仗。眼下大王能夠偃武修文，不再用兵打仗嗎？」

劉邦答道：「不能。」

張良又放下一根筷子說：「這是不可以分封的第五條理由。周武王將戰馬放在華山的南面休息，用來宣示不再使用。眼下大王能夠讓戰馬休息不再使用嗎？」

劉邦答道：「不能。」

於是張良又放下一根筷子說：「這是不可以分封的第六條理由。周武王將挽牛放在桃林寨的北面休息，用來宣示不再運送糧草輜重。眼下大王能夠讓挽牛休息不再搬運嗎？」

劉邦答道：「不能。」

張良再放下一根筷子說：「這是不可以分封的第七條理由。」

話說到這裡，張良語氣轉緩，繼續說道：「當今天下的遊士，與自己的親人離散，拋棄祖上的墳墓，遠離鄉里故舊，前來跟隨大王，日夜想望的，無非是要得到一塊封賞之地而已。如果復興六國，分封韓、魏、燕、趙、齊、楚的王室後裔為王，天下的遊士將回歸故鄉，效力於故國君王，與親人團聚，與故舊相依，守護祖先的墳塋而安土重居。如此一來，大王還能與誰一道奪取天下？這是不可以分封的第八條理由。」

於是張良再放下一根筷子，然後將手中剩餘的筷子一起放在八根筷子的另一邊，提高了語調說道：「如今的天下，唯有楚國最為強大，如果六國再次屈服追隨楚國，大王如何使喚得動他們？所以說，如果採用分封六國後人的建策，大王的事業定將煙消雲散。」

從張良開始說話起，劉邦就一動不動地專注傾聽，神情由驚詫而憤懣，除了口中含糊不清地吐出七八個「不能」而外，驚詫得幾乎說不出話來。

待到張良停止了說話，劉邦宛若從夢中驚醒，將尚未嚼爛下嚥的食物一口吐了出來，高聲罵道：「臭儒生，幾乎壞了老子的大事。」

醒悟了的劉邦，馬上下令銷毀已經製作好的印章綬帶，撤銷分封六國王室後裔的計畫。

我讀史書到這裡，不禁有所感嘆。酈食其出身貧民，是狂生策士，他主張恢復六國，分封六國後人，重建六國王政，出於縱橫捭闔的謀略，不難理解。然而，張良是貴族中的貴族，在他身上，處處顯現古來貴族社會的遺風，在他的血液裡，處處積澱著古來貴族世家的遺留。這樣一位張良，堅決地反對恢復六國王政，明確地拒絕貴族社會的復興，他的思慮，毫無疑問是出於對時局的準確把握，對取勝的周密算計，不過，在這些現實的計量之外，我還感受到一種脫出自我的超越。

回想韓國滅亡以後，張良一心要為韓國報仇，不惜散盡家產。刺殺秦始皇失敗，他接受了黃石公書，恍然開啟了智者的天聰。秦末亂起，他在投奔楚王的路上遇見劉邦，豁然有人世歸宿感。他追隨韓王成恢復韓國，始終打不開局面。當他又回到劉邦軍中時，處處如魚得水……可以想像得到，曲折的經歷，冷酷的現實，已經使他認識到滅國不可再興，絕世不可重繼，古來的貴族社會，已經如落花隨流水永遠地逝去了。他的聰慧，他的天聽，已經使他預感到新的平民社會的到來，而劉邦就是這個新社會的旗手？

張文成（張良）—清　上官周《晚笑堂畫傳》

四、離間楚國的真相

陳平對於楚國政權內部兩大政治勢力的分布和對立，對於項羽、項伯和范增的個性為人瞭若指掌，他所制定的離間之策，就是在支撐楚國政權的兩大政治勢力之間製造不信，收買項伯，讒言范增，惑亂項羽，最終將范增排擠出局。

楚漢對峙，到了漢三年四月，敖倉失守，劉邦被項羽圍困在滎陽，形勢益發緊迫。劉邦請求議和，希望以滎陽為界，滎陽以西劃歸漢國，以東劃歸楚國。項羽在項伯的勸告下，有意接受。范增堅決反對說：「已經到了徹底解決劉邦的時候了，如果現在放手不取，日後必定後悔。」項羽接受了范增的意見，拒絕了劉邦的請和，加緊了攻勢。

窘急的劉邦，與陳平商量應對之策。陳平分析了敵我雙方的形勢以後，正式向劉邦提出了離間楚國君臣的反間計。陳平對劉邦說：「楚國內部有可以為我所亂的地方。項王陣營中，忠直敢言、堪稱棟梁的有能之臣，不過范增、鍾離昧、龍且、周殷等數人而已。項王為人，多疑好嫉，易受讒言影響。大王如果能夠拿出數萬斤黃金，用反間計離間項王君臣，使他們彼此疑心，必然會起內訌而自相殘殺。我軍乘亂舉兵攻擊，楚軍必定可以被擊破。」

劉邦同意了，拿出四萬斤黃金交給陳平，任其自由使用，不問出入用途。

關於陳平如何使用反間計離間楚國君臣的事情，《史記・陳丞相世家》是這樣記載的：陳平拿出大量的金錢在楚國收買內線，散布謠言，說是鍾離昧等將領居功不滿，因為裂土封王的願望未能實現，有意與劉邦聯手，消滅項氏，重新分割天下云云，引起了項羽的疑心。這個時候，楚漢之間正在交涉議和。項羽的使者到了滎陽，劉邦用最高級別的禮儀親自接見，用牛羊豬三牲具備的太牢之宴加以款待。當三牲進呈上來的時候，劉邦突然故作驚奇地對使者說道：「誤會，誤會，我以為是亞父（范增）的使者。」於是下令撤去太牢之宴，另用比較低劣規格的酒食招待使者。使者回國後，將此事向項羽彙報，項羽果然對范增大起疑心，終於導致范增辭職出走云云。

如果我們相信《史記》的記載，陳平所使用的反間計未免太低級而拙劣，這種小學生水平的伎倆，竟然能夠使項羽和范增內訌分裂，也實在是讓人難以置信。明代學者陳懿典讀《史記》到這裡時說：對於陳平的這種伎倆，「楚國的使臣和項羽只要稍微想一下，都只會啞然失笑。」乾隆皇帝是久經戰陣和玩弄權術的高手，讀書到這裡禁不住莞爾一笑說：「陳平的這種計謀，用來騙三歲的小孩兒也不會相信，史書上卻推崇為奇計而傳之後世，可以一笑。」

我們知道，司馬遷撰寫《史記》，常常從當時流傳於世的戰國秦漢故事中選取內容寫入書中，劉邦換食的故事，就是其中之一。不過，這個故事信用度很低，也很拙劣而不合情理，所以明白人一看就覺得好笑。根據我對這些戰國秦漢故事的理解和再構築，再結合對於當時楚漢雙方內情的分析來看，陳平的離間計，可能始終與收買項伯有關，應當是另一種景象。

項羽政權，主要依靠兩種政治勢力的支持。其一是項氏家族及其姻親，歷史上留下姓名的，有項伯、項莊、項它、項聲、項冠、項悍等人，項梁死後，他們始終圍繞在項羽左右，掌握軍隊和政權，是支撐項羽政權的核心力量。這批人，就是陳平為劉邦分析項羽用人唯親時所說的「非諸項即妻之昆弟」。項伯是項羽的叔父，項氏家族的族長，項梁死後，項伯成為項羽政權的第二號人物，項氏家族勢力的代表，最為項羽所倚重和信任。

支撐項羽政權的另一種政治勢力，是長期隨同項梁項羽征戰的各路楚軍將領，可以舉出姓名的，有范增、陳嬰、龍且、鍾離昧、周殷等人。這一批人，多出身於舊楚國地區，憑藉個人的能力和功績在楚國軍隊和政權中崛起，成為支撐項羽政權的棟梁，也就是陳平所說的項王的「骨鯁之臣」。這批人的代表，就是范增。

遺憾的是，項伯與范增的不和，由來已久。從鴻門宴開始，到分封劉邦為漢王，項伯一直祖護劉邦，處處掣肘范增，兩人間的矛盾，愈來愈尖銳。而項羽呢，年輕氣盛，缺乏政治長才，也少有政治經驗，他不能居中調和手下兩位最主要的大臣間的矛盾，也未能處理好項伯和范增所代表的兩種政治勢力間的關係。他感情用事，在關鍵時候始終偏向於項氏家族，他自負於自己的軍事天才，不能放手放權於他人，結果是使有能力的外姓部下紛紛離去。

陳平由魏國歸順楚國，受范增賞識而得以升遷，進入到楚軍指揮部負責軍情參謀，對於楚國政權內部兩大政治勢力的分布和對立，對於項羽、項伯和范增的個性為人瞭若指掌，他所制定的離間之策，就是在支撐楚國政權的兩大政治勢力之間製造不信，收買項伯，讒言范增，惑亂項羽，最終將范增排擠出局。

陳平的離間之計究竟是如何施行的，因為事關機密，史書上沒有留下可靠的記載。不過，根據古來有識之士的推測來看，陳平的離間之計，確確實實激化了范增與項伯之間的矛盾。范增明確地認為，項伯重義貪財，眼光短淺，是深深蠕動在楚國政權中樞的蛀蟲。

范增為此直截了當地警告項羽說：「木蠹蛀蝕樹表，這是淺蠹，蛀蝕樹心，就是全蠹。臣下雖然淺薄不肖，也稍稍熟悉秦國的事情，瞭解秦國如何對六國施行離間之計的情況。

「多年以來，秦多次派遣間諜，攜帶大量金錢到六國，收買寵信之臣，而對棟梁之臣施以讒言陷害，終於達成坐制天下的目的。在魏國，透過收買大將晉鄙的門客行間而迫使信陵君辭職。在趙國，先是收買丞相藺相如的舍人行間而撤換老將廉頗，後來又收買趙王的寵臣郭開行間而誅殺大將李牧。在齊國，收買丞相后勝行間而使齊國放棄武備抵抗。

「回顧這些往事，可知秦國是何等的巧妙而六國是何等的拙劣。使用間諜，一方面是相當艱辛的努力，另一方面稍微掉以輕心，就會被間諜趁虛而入。當然，也不是沒有防範的辦法，只要君王明察，減少對於倖臣的寵幸，離間之計就會被識破。不過而今眼下，如同項伯這樣的人，身是骨肉至親，位當樞要之任，日夜與君王休戚相處，旦暮為敵方行間說項，對於這種是蛀蝕樹心的全蠹，即使是英明的君王，怕也難以識破啊。」

范增是有預見的賢明策士，他一方面希望項羽疏遠項伯，另一方面也感到無能為力。他瞭解項羽，項羽畢竟是一年輕武將，長於軍事而短於政治，長於用力而短於用智，在長遠的戰略決策和複雜的人事選用上面，缺乏眼光，不能正確地決斷。他清楚項羽，項羽是項氏楚國貴族的千里駒，他的縱橫馳騁，上下起伏，都離不開項氏家族。成也項氏，敗也項氏，或許就是項羽的宿命。

在陳平的秘密工作之下，項伯和范增間的矛盾益發尖銳，相互攻擊不已。也在陳平的秘密工作之下，項羽益發傾向於項伯，加重了對范增的猜忌，開始削減了范增的權力。心高氣傲、恨鐵不成鋼的范增，終於積怨成怒，他怒不可遏地對項羽說：「天下的事情已經大體有了定數，請君王自己看著辦吧！臣下老衰，請恩准歸老還鄉。」

於是，范增向項羽遞交了辭呈，離開了滎陽楚軍大營。

五、范增之死

項羽不聽范增的勸諫，一意孤行殺死義帝，其背後的用心，是要以項氏取代熊氏入主楚國，完成楚國法統的交替。這項行動，不僅是項羽的個人意願，更合於項氏家族的整體利益。出於政略希望保全義帝的范增，由此與項羽和項氏家族陷入難以調和的對立，終於被離間出局。

范增離開了滎陽楚軍大營，回到了楚國首都彭城，始終煩躁不安，從瞬息萬變、戎馬倥傯的軍旅生活中突然靜寂下來，多年鬱積的往事如同地震後從海底翻捲上來的浪潮，一陣一陣地洶湧。范增感覺口乾舌燥，內火中燒，漸漸不思飲食，只能進些粥湯。這一天，他不能入眠，半夜起來，彷徨不安而甚感心緒不寧，隱隱中有不祥的預感。於是范增齋戒沐浴，召喚卜師取來了占卜用的龜甲，親自用水洗滌，鑿孔，塗以蛋清，再放到火上灼燒，祈禱說：

「玉靈夫子，再拜灼燒玉身，神靈先知，唯神龜最信。范增雖然髦老年邁，豈敢忘記國家大事！眼下以惶恐之身有所問請。」

他首先為楚國占卜，請問道：「用兵之事，何時可以平息？」

占龜之兆，首仰足開，體相作外高內低狀，形神交錯紊亂。

范增默然，仰天長嘆。

又占卜請問說：「范增罹病，有無危險？」

占龜之兆，首俯足閉，體相作折斷狀，形神內外散亂。

范增看了兆象，神情慘然，他招呼卜師說：「請向前來。」

卜師向前來，跪坐支起身子，沉心閉目，然後緩緩問道：「在下愚鈍，不敢請問天事，只敢以人事相問。君侯最初跟隨武信君（項梁），曾經獻策請求擁立何人？」

范增答道：「擁立懷王。」

卜師問道：「武信君敗於雍王（章邯），君侯為何不預先告誡武信君？」

范增答道：「我事前已經有所勸告，武信君輕敵自負，聽不進去。況且，武信君敗時，我隨項羽在襄城作戰。」

卜師又問道：「項王擅自殺害卿子冠軍宋義，君侯為何不加以阻止？」

范增憤然，急切說道：「哪裡的話！卿子冠軍，不過是以口舌之幸成為大將的人，又多外心私通齊國。當時，楚軍久留不進，師老兵疲，如果秦軍攻滅趙國，將會更加強大，我軍聞訊，將會氣餒而喪失鬥志，結果必定失敗。在如此生死存亡的緊急關頭，除了項王，還有誰能夠安定楚國，統帥楚軍？」

卜師說：「明白了。」繼續問道：「項王在新安坑殺秦軍降卒二十萬，君侯為什麼不加以阻止？」

范增回答說：「我固然是勸阻過，但是，項王也有他的不安，因為秦軍降卒心有怨恨，已經有所預謀。兩百年來，六國的吏民，遭受秦人砍頭、剖腹、斷肢、破胃的暴行，他們復仇洩恨之心，也淤積了二百年之久。想當年，秦軍曾經坑殺過四十萬趙軍降卒，新安之變，趙人最是不可忍。當時，項王意在懲罰首謀，憂慮的話才剛剛出口，將士們已經人人拔劍出鞘，沒有人可以阻止得了。蒼天有眼，如果認為諸侯們不可以一時處死二十萬秦軍，而一時處死四十萬趙軍的秦軍還可以十世殺戮二百萬諸侯軍，我范增是不敢苟同的。」

卜師說：「項王殺死子嬰而焚燒秦王宮室，君侯為什麼不加以勸阻？」

范增回答說：「確是如此。秦王子嬰，是秦的公子，能夠寬赦不誅嗎？想想看，我楚國的先君懷王被秦欺詐客死秦國，楚王負芻被秦俘虜幽閉而死，項王的祖父項燕和叔父項梁也都死於與秦軍的戰鬥。再想想看，秦滅六國，諸侯王投降後，誰能得以保全性命？子嬰豈能不以死來償還先祖的罪孽。秦的都城內外宮室遍布，朝宮巨大而不成體統，離宮都是仿造六國宮室，囚禁六國宮女，完全是用來炫耀秦國威風的建築，諸侯們能夠容忍其繼續存在嗎？滅秦諸侯各國，各自處理自己的恩怨，誰能加以阻止？」

卜師又問道：「項王違背懷王之約，不把秦國封予漢王，君侯為什麼不加以勸阻？」

范增答道：「項王並非違約，而是計量功勞的結果。楚軍出動的當時，北上救趙難，因為要正面抗擊秦軍主力，西去入關易，因為是乘虛而入。假使劉邦與宋義一道北上救趙，想來當是項王攻入關中。項王入關，秦亡於楚，劉宋救趙，必敗無疑，繼而秦軍進入彭城，楚也會亡於秦。重要的是，劉邦進入關中以後，不回覆成命而私自佔領秦國，封閉函谷關阻止我軍進入，這是率先違約，並非項王先違約。」

卜師又問道：「那麼，項王為什麼不就勢定都關中？」

范增答道：「為了保存懷王之約，昭示楚與漢分置於不同的地方。況且，項王的親信部下，沒有一位秦人，都是楚國本鄉本土的將士，誰能不思念故鄉啊？」

卜師向前敬賀道：「卜之於天而君侯左也，卜之於人而天為右也。儘管如此，請問義帝死於江上之事，真的是侍衛們的暴行，抑或是誰支使所為？君侯知道這件事情呢，抑或是不知道？請再一次卜問於心。」

范增不能回答。當晚，背上癰腫生瘡，七天後病逝。

俗話說，人之將死，其言也實。范增死前與卜師的問答，宛若對自己一生中所參與的重大歷史事件的回顧總結，諸多不太明瞭的事情，都可以由他臨終的話語得到線索。

項梁定陶軍敗被殺時，范增隨同項羽，會同劉邦一道在襄城作戰，不在現場。事前奉勸項梁警惕章邯的人，除了宋義以外，還有范增，這些都在情理當中。

新安坑殺二十萬秦軍降卒，歷史上多所懷疑，我也表示過難以置信，由范增的立場來看，事情確是也有辯解的餘地。也許，范增曾經加以勸阻過，是從政策的角度，但是，從情感的角度上，他充分理解各國將士仇恨秦軍的心情，特別是趙國將士為了宣洩秦軍坑殺四十萬趙軍的宿怨而起的衝動，他以為是不可阻擋的合理補償。

至於項羽殺秦王嬰，焚燒秦國宮室，范增也自有他充分的說辭。這些說辭的理由，從以楚國為首的滅秦六國的立場上看，也是合於一方情理，並非不可理解的舉措。想來，滅秦之初，六國與秦國之間多年積攢的怨恨甚深，沒有猛烈的宣池是難以化解的。

范增是項羽的軍師，最重要的謀臣。對於楚國來說，他不僅是慧眼，也是智囊。失去了范增的項羽，宛若一頭瞎撞亂闖的猛獸，一步步走上了疲於奔命的末路。劉邦曾經說過，項羽有一范增而不能用，所以最終為我所消滅。蘇東坡稱范增為「人傑」，他有感於陳平離間范增的事情，在〈范增論〉中說：「物必先腐也，而後蟲生之。人必先疑也，而後讒入之。陳平雖智，安能間無疑之主哉。」

蘇東坡是說，物事必定先有腐敗，然後才有蠹蟲生長其間。人事必定先有猜疑，然後讒言才能攙入其間。陳平雖然多智謀，豈能離間信任臣下的主上。蘇東坡進而指出，項羽猜疑范增的真正原因，在於對待義帝（楚懷王）的態度分歧。項梁擁立懷王，出於范增的建議，項羽謀殺義帝，范增極力反對，「不用其言而殺其所立，羽之疑增，必自是始矣。」

誠哉是言。項羽不聽范增的勸諫，一意孤行殺死義帝，其背後的用心，是要以項氏取代熊氏入主楚國，完成楚國法統的交替。這項行動，不僅是項羽的個人意願，更合於項氏家族的整體利益。出於政略希望保全義帝的范增，由此與項羽和項氏家族陷入難以調和的對立，終於被離間出局。歷史上類似的事情，使我想到漢魏交替之際的荀彧。與范增類似，荀彧是曹操的軍師，也是慧眼和智囊，一直深受曹操的信任和重用。也與范增類似，荀彧後來被猜疑出局，憂鬱而死。追究其原因，也與范增類似，在對待以曹氏取代劉氏承繼大統的問題上，荀彧的態度有所保留。

看來，在類似的歷史條件下，歷史往往可能重演。大統神器，最牽動帝王逆鱗下的心結，臣下謀事，對此最是要慎之又慎。

六、爭奪滎陽

漢王投降的消息在圍城的楚軍中傳遞開來，

早就希望結束戰爭的數十萬楚軍將士人人歡呼雀躍，

萬歲萬歲的呼喊聲，一浪高過一浪，響徹雲霄。

四面圍城的部隊，紛紛奔相走告，不少人擅自跑到城東觀望慶賀。

包圍滎陽城的楚軍，瞬間鬆懈下來。

漢三年五月，項羽加強了對於滎陽城的圍攻，猛烈的攻勢一次強過一次，滎陽城危在旦夕。以劉邦為首的漢軍統帥部，被圍困在滎陽城內不得脫出，憂慮與恐懼，籠罩著全軍上下。在陳平的策動之下，將軍紀信來見劉邦說：「形勢危急，滎陽城陷落已經是早晚的事情。請允許臣下出城詐降欺騙項羽，大王可以趁機脫出圍城。」

紀信是劉邦的親信近臣，是陪同劉邦赴鴻門宴的五位重臣之一（其餘四位是張良、樊噲、夏侯嬰、靳強）。劉邦明白，紀信的建議，是犧牲自我以換取主上的安全。他一開始似乎有些躊躇，經過陳平的勸說，他同意了。

於是，由陳平一手安排，當晚，滎陽城東門打開，一支由兩千將士簇擁的車馬行列從容出行，徑直往楚軍軍營開赴過來。楚軍當即開營迎擊，將這隊車馬行列團團圍困。使楚軍將士大為驚異的是，漢王劉邦乘坐的馬車，竟然也在這隊車馬行列當中。燈火映照之下，閃閃發亮的黃色絲綢篷蓋，隨風飄逸的馬頭纓飾，都是引人注目的王家風範。車中端坐的人，脫冠著素服，以白絲線繫王印於胸前，儼然是劉邦本人。

有使者駛出隊列來，奉降書高聲宣稱：「滎陽城中糧盡兵疲，漢王願意開城投降。」一時間，漢王投降的消息在圍城的楚軍中傳遞開來，早就希望結束戰爭的數十萬楚軍將士人人歡呼雀躍，萬歲萬歲的呼喊聲，一浪高過一浪，響徹雲霄。四面圍城的部隊，紛紛奔相走告，不少人擅自跑到城東觀望慶賀。包圍滎陽城的楚軍，瞬間鬆懈下來。

早就做了精心整備的劉邦一行，良馬輕騎，趁機從西門脫出，在夜色的掩護下走山間小路，順利逃入滎陽西邊的成皋城。

紀信開城投降之前，陳平已經通過種種管道，向項羽方面透露了滎陽城內漢軍的困境，傳遞了劉邦走投無路想要投降的動向。得到劉邦真的開城投降的通報後，項羽將信將疑，披掛上馬，親自開營出來查驗。

見到假扮劉邦的紀信後，項羽知道上了當，問道：「劉邦在哪裡？」

紀信答道：「漢王已經脫出滎陽了。」

項羽大怒，當即下令將紀信連同所乘車馬一道活活燒死。

劉邦脫出滎陽以前，將死守滎陽的重任，託付給御史大夫周苛，同時委任將軍樅公和魏王魏豹為副將協防。周苛是沛縣人，曾經做過秦的泗水郡的卒史，就是郡政府的小職員，劉邦沛縣起兵後不久，周苛與堂弟周昌一道加入劉邦軍，成為劉邦軍團的核心成員之一，深受劉邦倚重和信任。樅公，姓樅，稱公，身世不詳，想來與周苛相近，也是劉邦軍團的老戰士。

魏豹則不同，他是古來魏國的王族後裔，項羽所封的西魏王。如同我們前面已經敘述過的，楚漢相爭中，魏豹始終在楚漢之間搖擺不定，當劉邦強盛東進的時候，他曾經協助劉邦進攻項羽。劉邦彭城大敗，他又易旗倒戈，加入項羽陣營對抗劉邦。被韓信擊敗做了俘虜，受到劉邦的寬恕，讓他留在軍中為將統領魏人。

劉邦繼續使用魏豹這樣的人，自有他的政治考慮。秦末亂起，後戰國時代來臨，復興六國的大義和民意，長期以來是時代的潮流。在這個時代潮流當中，魏豹是魏國的象徵和代表，為了在與項羽的爭鬥中獲取有利的大義民意，劉邦一直策略性地保留和使用魏豹。不久前，當酈食其建議分封六國後人以分散項羽的力量時，第一個要分封的對象，就是魏豹。

魏豹這樣的人，始終沒有得到劉邦集團核心層的信任，不過是統一戰線中的外圍人士。劉邦及其統帥部脫出滎陽以後，周苛將在外，君命有所不受，他與樅公商量說：「魏豹靠不住。叛國之王，難以共同守城。」於是將魏豹處死，向全城軍民宣示，將與滎陽城共存亡，根絕任何妥協和動搖的可能動向。

成皋城是漢軍在滎陽以西的另一座要塞，距離滎陽不過數十里。項羽聽說劉邦逃入成皋城後，分兵一部繼續圍困滎陽，親自率領楚軍精銳，前來爭奪成皋。劉邦不敢在成皋停留，出成皋一路西去，回到關中。不久，成皋就被項羽攻佔。

回到關中的劉邦，迅速徵集軍隊，準備向東出擊，奪回成皋。這時候，謀士袁生建議說：「漢國與楚國在滎陽一帶爭戰相持，已經有一年多了，漢國常常困苦不利。希望大王改變方針，領軍出武關，項王聞訊，必定領兵南下求戰。那時，大王深壁高壘，堅守不戰。如此一來，項王被拖在武關南陽一帶，困守滎陽的漢軍，可以稍稍緩解巨大的壓力。同時，大王命令韓信等人安定新佔領的趙國，撫慰燕國，聯絡齊國，形成新的反楚聯盟。那時候，大王再來爭奪成皋，援救滎陽，也不算晚。使用這樣的戰法，楚國方面不得不多方防備，勢必分散力量，疲於應對。漢國方面則以逸待勞，可以得到休養，養精蓄銳後，再與楚軍交戰，就一定可以擊敗楚軍了。」

劉邦接受了袁生的建議，與英布一道領兵出武關，大有攻擊南陽郡，恢復九江國，從南面迂迴楚國後方的動向。

項羽聽說劉邦攜英布同出武關，果然領兵南下，劉邦堅守不戰。

就在這個時候，彭越在楚國後方大肆活動開來，使項羽深感不安。彭城大敗，彭越統領部下退走，在黃河渡口白馬津西南一帶河道地區潛伏下來。不久，受劉邦指示，開始在東郡、碭郡地區展開游擊活動，騷擾後方，攻擊楚軍糧道。

楚軍主力西進滎陽，特別是項羽統領楚軍精銳南下武關以後，彭越趁楚國後方空虛，大肆猖獗起來。一時間，他竟然領兵渡過泗水（注：《史記》作濉水，疑當作泗水），穿行薛郡，千里繞行到楚國首都彭城東南面的下邳縣（今江蘇睢寧西北），大敗楚軍項聲、薛公部隊，擊殺薛公，彭城震動。項羽不得不領兵東去攻擊彭越。

得到項羽領兵東去的消息後，劉邦並不追趕，而是揮軍北上，擊破楚國守將終公，奪回成皋，解了滎陽之圍。

滎陽城址

2006年8月，我去滎陽參加中國史記研究會年會，深入實地考察滎陽之戰的歷史。滎陽是山間台地，西北南三面皆高，往東漸趨平緩開闊，是豫西山地與豫東平原的分界處，古來為軍事要地。漢代滎陽故城在鄭州市古滎鄉古滎鎮，南北長2公里，東西寬1.5公里，發現有四座城門。殘存城牆最高處有11米，底寬24米。

紀信廟

紀公廟在鄭州市古滎鄉，依紀信墓而建。廟內有多塊石碑，最早為初唐書法家盧藏用撰文並書「漢忠烈紀公碑」，頌揚紀信「身焚孤城之下，功濟廟堂之上，高祖因之以成帝業」之功績。

紀信墓

紀信墓在紀公廟內，1977年發掘，為一大型空心磚漢墓，出土有五銖錢，當為後世依托東漢古墓得名以寄託哀思？

成皋黄河

受黄河不斷沖刷侵蝕，北岸台地上的古城遺址日漸坍塌沒入水中。聽同行的當地友人說，少年遊玩時，城址延伸至50米外的今黄河中。

成皋台

西出滎陽，過汜水到成皋台，劉邦詐降逃出滎陽到成皋，曹咎兵敗氾水成皋失守，都在這一帶的山間谷地。夯土高臺在黄河岸邊的，當為成皋城故址？

廣武澗

廣武澗在滎陽東北的黃河岸邊，由流水切割廣武山而成。駐軍兩山之間，旌旗相望，鼓聲相聞，有近在咫尺之感。不過，因為中間隔了深澗，非繞行數十里不得往來。

霸漢兩城

霸王城

滎陽對峙時，項羽在廣武澗東的山上修築城堡作為楚軍大營。霸王城在今滎陽市廣武鄉霸王村北廣武澗東山上，城址尚存，東西長400米，南北寬34米，牆高約7米，寬24米。

漢王城

滎陽對峙時，劉邦在廣武澗西的山上修築城堡作為漢軍大營。漢王城在今滎陽市廣武鄉東張溝村北廣武澗西山上，因黃河沖刷，城址大部分坍塌入河中，僅有些許殘存。

七、劉賈、盧綰開闢敵後戰場

劉邦接受了鄭忠的建議，命令劉賈與盧綰，統領兩萬步兵和數百騎兵，由白馬津渡過黃河，與彭越配合呼應，在楚國境內大規模展開游擊戰和破壞戰。從此以後，項羽不但永久地失去了穩定的後方，而且經常性地陷於腹背受敵。

彭越長於野戰游擊，他趁項羽不在的時機，將楚國的後方攪得雞犬不寧，鬧了個天翻地覆，張狂到聲稱要攻取徐州。聽說項王親自領兵前來，彭越不敢造次，虛晃幾槍，帶領部隊撤退，撒丫子又竄回到東郡一帶的黃河岸邊，由白馬津渡過河，保全實力。

項羽對彭越的游擊騷擾，既惱火又無可奈何。一打就跑，一走他又來，除了自己親自來，楚國上下還真是沒有人鎮服得了這王八蛋。不過，項羽已經沒有多餘的精力去對付彭越了，因為西方的戰事又告吃緊。劉邦趁項羽收拾彭越的空子，奪回了成皋，緩解了滎陽之圍。

於是項羽先擱置彭越，領軍西進，再次圍困了滎陽。這一次，項羽卯足了勁，身先士卒，親自背負版築，帶領將士猛攻，終於攻克了滎陽城。漢軍守將周苛被俘，樅公被殺。項羽看重周苛的忠勇，勸誘說：

「如果肯投降，任命你為上將軍，封三萬戶。」

周苛一口回絕，回答道：「你不降漢，定將被虜，你不是漢王的對手。」項羽大怒，下令將周苛活活煮死。當時，韓王信也做了俘虜，他表示順從，得到了項羽的寬恕。

攻克了滎陽以後，項羽再接再厲，開始移軍圍攻成皋。劉邦見形勢不妙，趁楚軍的包圍尚未形成，脫出成皋城。這一次，劉邦沒有西去洛陽關中，而是開成皋城北門奔黃河方向而去，馬車由夏侯嬰駕駛，不用漢王旗幟纓飾，輕裝簡練，行蹤詭秘，迅速渡過黃河，靜悄悄地抵達河內郡修武縣，當晚在城東的小修武館舍住宿下來，自稱是漢王的使者，奉命前來傳達書信命令云云。

修武縣位於現在的河南省獲嘉縣，地處黃河以北，太行山以南，為一軍事重鎮。韓信與張耳攻滅魏、趙、代三國後，項羽派遣楚軍一部渡過黃河，聯合三國的殘餘勢力，配合項羽軍主力在滎陽一帶的攻勢，繼續與漢軍作戰。韓信張耳為了往來應對新佔領地的不穩，也為了聲援滎陽一帶的漢軍，將大軍集中在河內郡，隔黃河與滎陽、成皋、鞏縣、洛陽一線成南北呼應之勢。韓信張耳軍的大本營，就設在修武縣。

第二天一大早，劉邦一行自稱漢王使者，持節奉詔書乘車馳入韓信軍軍營，徑直奔韓信張耳的住處而來。韓信張耳二人，尚在睡夢當中，劉邦在夏侯嬰陪同之下，先後進入二人的臥室當中，奪取了二人的大印，下令召集部下將領集合聽令，重新部署軍事，調換各部將領，將大軍的指揮權完全置於自己的掌控當中。

被驚醒的韓信張耳二人，知道是漢王來到軍中，大驚失色。待到二人來到劉邦面前請謁問安時，劉邦的軍事部署和人事安排已經就緒。劉邦命令趙王張耳巡行趙國各地，安撫地方，守衛國土。任命韓信為漢相國，重新徵兵趙國，整編後東進征討齊國。屯駐修武的大軍，統統交還漢王親自調遣。當然，不放心的劉邦沒有忘記為韓信配上兩名親信大將，一位是曹參，一位是灌嬰。

劉邦得到了韓信軍後，軍勢大振。漢三年八月，大軍向南開拔，臨近黃河，屯駐在小修武一帶。

就在這個時候，躲過楚軍鋒芒的彭越，瞄準項羽西擊滎陽的機會，又開始治動起來，擊殺楚將薛公，楚軍後方再一次陷入不穩。劉邦抓住機會，準備渡河奪回滎陽，與楚軍決戰。這時候，劉邦身邊的一位近臣，郎中鄭忠建議在楚國的腹地正式開闢敵後戰場。鄭忠勸阻劉邦不要急於與項羽爭鋒，而是堅壁高壘，相持不戰，銷磨楚軍的銳氣。同時，另外派遣一支機動部隊，渡過黃河支援彭越，從後方騷擾楚國，破壞糧道交通，分散楚軍的兵力，使項羽始終處於腹背受敵的困境，無法實施乘勝西進正面突破的戰略。

劉邦接受了鄭忠的建議，命令劉賈與盧綰，統領兩萬步兵和數百騎兵，由白馬津渡過黃河，與彭越呼應配合，在楚國境內大規模展開游擊戰和破壞戰。

漢軍挺進敵後的戰術，迅速收到了巨大的效果。楚軍後方不穩，後勤供應出現了障礙。特別是彭越，他得到了劉賈和盧綰軍的聲援後，大肆出動，在舊魏國地區頻頻展開軍事進攻，一口氣攻下了睢陽、外黃等十七座城池。一時間，東郡告急，碭郡也告急，滎陽前線的楚軍，與首都彭城聯通的交通要道——三川東海道被截斷。項羽不得不再次回過頭來對付彭越。

九月，項羽決定再次親征彭越，恨不得生擒這噁心的土匪，活活煮了才解恨。經過考慮協商，項羽將鎮守滎陽的重任託付予驍將鍾離昧，鎮守成皋的重任託付予大司馬曹咎。臨行之前，項羽對曹咎放心不下，告誡說：「務必謹慎堅守成皋。如果漢軍挑戰，絕不要應戰，只是不要放過漢軍東進就行了。我預定十五天內擊破彭越，安定東郡和碭郡，隨即回來與你會合。」

曹咎是項梁的救命恩人，是項氏家族秦王朝時代以來的友人和親密戰友。曹咎本是秦的蘄縣獄掾，也就是司法部長。項梁犯法，被拘留在內史櫟陽縣（今陝西西安臨潼北）獄中，曹咎曾經修書請求櫟陽獄掾司馬欣幫忙，釋放了項梁。項梁項羽起兵後，曹咎前來投奔，成為楚軍將領，深得項氏家族信任。鉅鹿之戰後，曹咎與出任秦軍大將章邯之長史（秘書長）的司馬欣取得聯繫，促成了章邯的投降，立了大功。滅秦後論功行賞，曹咎爵封海春侯，官拜大司馬，成為項羽帳下的大將。

項羽分封天下，看重舊情新功，封司馬欣為塞王。韓信反攻關中，司馬欣兵敗投降。劉邦東進攻取彭城時，被裹挾在軍中參戰助威。彭城大戰，司馬欣臨陣倒戈，回到項羽軍中，從此與舊友曹咎在一起，出任大司馬府長史，成為曹咎的左臂右膀。

得到項羽領兵東去征討彭越的消息後，劉邦軍仍然堅持防守戰略，大力加強鞏縣——洛陽一帶的防守，全力構築新的縱深防線，準備迎接項羽歸來後楚軍可能發動的新攻勢。對於已經被楚軍攻佔的成皋——滎陽——敖倉地區，劉邦考慮接受現狀，乾脆放棄。

對於這個消極防禦的戰略，酈食其表示反對。他直接面見劉邦說：

「臣下聽說，天之所以成為天，自有天道。懂得天道的人，可以成就王業；不懂得天道的人，不可能成就王業。王者以民為天，民以食為天。敖倉，是天下糧食的儲倉，是多年轉運儲藏的所在。臣下聽說，敖倉至今存糧甚多。項羽攻克滎陽，不以重兵堅守敖倉，而是領兵東去征討彭越，分兵鎮守成皋，這是天賜良機，助我大漢。臣下難以理解的是，正當楚國易於攻取的這個時機，我軍反而退卻固守，不圖進取，豈不是錯失良機？」

酈食其接著說：「同天之下，兩雄不能並立。楚漢對峙，長久不能決定勝負，百姓混亂，天下動盪，農夫不能耕作，農婦不能紡織，都是民心無所歸屬不能安定的原因。臣下希望大王趁項王東去之機，迅速進兵，全力收復成皋、滎陽和敖倉，然後依據敖倉的糧食供應，在黃河南岸重建成皋——滎陽防線，在黃河北岸維持河內地區的屯兵，強化太行山各個關口的守備，對於連結河內郡與東郡間的重要渡口白馬津，更要完善整備，加強控制，用這些積極進取的措施，佔據有利地形，向諸侯各國顯示出制服天下的形勢。如此一來，天下民心，就知道應當歸屬於誰了。」

劉邦接受了酈食其的意見，修正了退守鞏縣洛陽的戰略，開始謀劃奪取成皋、滎陽和敖倉。

八、酈食其說齊

酈食其的一生，是迂闊大言、落拓狂放的一生。他輕生死外毀譽，不因一策之失而畏縮不前，始終前瞻建言而無所畏懼，可謂是英雄豪謀。如此計謀，時不免於脫逸，如此人生，終不免於鼎鑊，都在情理當中。

酈食其在建議劉邦放棄消極防禦，轉入積極進攻的同時，又建議劉邦用外交手段爭取齊國。他說：「如今趙國已經平定，燕國已經歸順，唯有齊國尚未跟從。田廣掌控廣大的齊國，田解統領二十萬大軍，屯駐於歷城（又稱歷下城，今山東濟南）。田氏宗族，勢力強大，狡詐多變，背靠大海，無後顧之憂，東有黃河濟水，是天然屏障，南與楚國接壤，可以呼應相連，大王即使派遣數十萬大軍征討，也不是一年半載可以完成的。請求大王下詔授命，臣下願意奉詔出使齊國，使齊國成為我漢國東方的屬國。」

劉邦同意了。

於是，酈食其作為漢王劉邦的特命使臣，來到齊國首都臨淄，展開他最擅長的外交遊說。酈食其面見齊王田廣，開門見山問道：「大王可知道天下歸向何處嗎？」

田廣答道：「不知道。」

酈食其說：「大王如果知道天下的歸向，齊國就可以保全，如果不知道天下的歸向，齊國就不可保全。」

田廣問道：「天下歸向何處？」

酈食其答道：「歸漢。」

田廣問道：「先生為什麼這樣說？」

酈食其答道：「漢王與項王合力西進，進攻秦國，約定先攻入關中者做關中王。漢王首先進入咸陽，項王卻違背約定不予關中，左遷漢中徙封漢王。項王遷殺義帝，漢王聞訊，徵發蜀漢之兵討伐三秦，東出函谷關責問義帝的所在。漢王召集天下的將士，擁立諸侯的後裔。攻佔了城池，就用來分封攻佔城池的將領，獲得了財物，就用來賞賜士卒，因為與天下的人同享利益，英豪賢士都樂意為漢王所用，終於形成諸侯之兵四面而來，蜀漢的糧食並船而下的大好形勢。」

酈食其的這段話，是說楚漢相爭中，大義名分在漢不在楚，劉邦大度大氣，能與天下英豪共享天下，所以成就了大好形勢。酈食其是外交高手，他深知遊說之要，首先在美化自己，其次在醜化對手。他於是接著說道：

「而項王呢？項王有違約的汙名，有殺義帝的惡罪。項王用人，記不住人的功勞，忘不掉人的過失，打了勝仗得不到獎賞，攻下城池得不到分封，不是項氏一族則得不到重用。項王為人吝嗇，分封拜賜，久久把玩刻好的印章，直到邊角都已經磨損還捨不得交付；攻佔城池得到財物，封存儲積而不賞賜予將士。天下人心，背離項羽，天下賢才，怨恨項羽，沒有人願意為項羽所用。所以說，天下人心賢才歸於漢王的大勢，可以靜坐而看得清楚明白。」

其實，項王的為人，田廣何嘗不知。田氏齊國的天下，不出於項羽的分封，是田氏兄弟從項羽手中搶奪過來的，從而，項羽如何吝嗇小氣，與田氏兄弟並無多大關係。不過，項王部下的能臣勇將，如陳平韓信等人，紛紛離去改投劉邦，倒是促使田氏兄弟不得不深思。真正打動田氏兄弟的話，應當在酈食其遊說的最後。他說：

「迄今以來，漢王已經徵發蜀漢之兵，平定三秦之地；西渡黃河，擊破西魏，一舉攻佔三十二城；又援引上黨之兵，攻下井陘口，誅殺成安君，平定趙國。這是戰神蚩尤驅動的兵勢，並非人力所為，而是上天之助。如今，漢王進而據有敖倉的糧食，扼守成皋的險峻，控制太行山的通路，君臨白馬津的渡口。如此形勢之下，天下各國，後歸服者先取滅亡。大王如果迅速歸順漢王，齊國社稷可以保全，如果不這樣的話，危亡在站立觀望間就會到來。」

這段話，簡潔明瞭地分析了當前天下的形勢，漢據有三秦，有穩固的根據地。韓信破魏、滅趙，已經在北方戰場取得了輝煌的勝利。佔領敖倉、扼守成皋，則是講劉邦最近在中部戰場取得了進展。太行山通道和白馬津渡口的控制，講的是劉賈、盧綰深入楚國，順利開闢敵後戰場的事情。這些，都是明明白白擺在田氏兄弟眼前，與齊國命運攸關的大事。

無需酈食其提醒，田氏兄弟也很清楚，而今眼目下，楚漢相爭的大局已經日趨明朗，延續了兩年多的楚漢相持的局面，已經出現了有利於漢國方面的逆轉。酈食其在這個已經逆轉的大局中前來，帶來的是迫使齊國再次做出外交選擇的壓力。齊國或者是繼續維持與楚國的結盟，與楚國一道同歸於盡，或者是改與漢國結盟，與同盟各國一道搭乘順風船獲取利益。當然，這個壓力也是新的機會，將會決定齊國在未來新的天下秩序中的位置。

酈食其曾經評價齊國說，「齊人多變詐」。韓信後來也有相同的看法，說齊國是「反覆之國，偽詐多變」。不過，這些負面評價，都是站在漢國奪取天下的立場上所說的。田氏兄弟的齊國，沒有奪取天下的野心，只有堅守齊國獨立的頑強意志和堅韌努力，這是它始終不變的基點。它的政策多變，只是根據形勢的變化，做出最有利於保持齊國獨立的決策而已，它的行動反覆，只是出於本國利益，趨利避害的迅速反應而已。

經過仔細的衡量和考慮，齊國政府決定接受酈食其帶來的外交提案，放棄與楚國的聯盟，改與漢國聯盟，重新建立天下的新秩序。

於是，田廣下令，解除歷下大軍西防韓信軍的戒備，改做南下攻擊楚國的準備。臨淄城內，齊王宮中，田廣設酒宴款待酈食其，慶祝齊漢結盟的歡歌樂舞，久久不散。

……

齊國黃河西岸，韓信正在趙國境內整軍備戰。

漢四年十月，韓信完成整軍備戰，統領數萬大軍逼近黃河渡口平原津，與齊軍隔岸對峙。這時候，齊國方面有通報過來，經過酈食其的外交斡旋，齊國與漢國攜手聯盟，共同對抗楚國，齊軍已經解除警戒，將南下攻楚云云。韓信下令，大軍就地休止，停止渡河攻齊的準備。

這時候，秦楚漢間一位活躍的歷史人物——辯士蒯通出現在韓信身邊，他對韓信說：「將軍受詔領軍進攻齊國，漢王又派使者遊說齊國。儘管如此，將軍並沒有收到停止攻齊的新詔令，為什麼要停止進軍？酈生其人，無非一口舌辯士，坐一輛馬車，憑三寸不爛之舌，說下齊國七十餘座城池，而將軍呢，統領數萬大軍，一年多方才攻下趙國五十餘座城池。行事如此，當了數年將軍的你，功勞反而不如一位儒生小子。」

韓信以為蒯通說得有理，於是接受了蒯通的策劃，秘密下達渡河令，偷襲齊軍。

齊國已經與漢結盟，都城臨淄正在歡慶，歷下軍中撤銷了戒備，平原津渡口解除了封鎖。韓信軍順利渡過黃河，攻佔平原津，突然出現在歷下城，一舉擊潰齊軍主力，然後馬不停蹄，向臨淄進軍。

猝不及防的齊國，陡然間陷入混亂，瀕臨崩潰。齊王田廣、丞相田橫憤怒已極，當即逮捕酈食其，備下滾水大釜說：「你能阻止漢軍，停止進攻，就讓你活。不然的話，將你活活煮死。」

酈食其知道大勢不可挽回，他決定以死赴難，成就人生，於是高聲答道：「舉大事不拘細節，集大德無所辭讓，老子不再為你多言。」

於是田廣和田橫將酈食其投入釜中煮死。

酈食其被鄉里稱為狂生。所謂狂生，就是狂放落拓，有奇謀大志，不屑於細務瑣事的讀書人。綜觀酈食其出道以來短暫的一生，他無疑是稟承了戰國遊士風韻的外交人物，逞三寸不爛之舌遊說天下的辯士。酈食其的第一場外交使命，是隻身深入陳留，遊說秦陳留縣令開城歸降劉邦，為西進攻取關中的劉邦獲得了糧食和兵員，從此成名揚威，成為劉邦軍中第一外交使節。他的最後一場外交使命，是率使團進入齊國，遊說齊王田廣背楚屬漢成功，結果是豪言壯語身膏鼎鑊，成就了負氣凜然，豪狂赴死的美名。

仔細考究酈食其的一生，他不僅是辯士，持節受命馳騁於諸侯各國間，他也是謀士，為劉邦貢獻過多項計謀。智取陳留，出於酈食其的謀劃，也由他親自實行。勸降齊國，出於酈食其的謀劃，也由他親自實行，酈食其的另一項成功謀略，是建言劉邦放棄消極退守鞏縣洛陽，積極奪取成皋滎陽，也可謂是遠見卓識。所以有人評價說：假使酈食其不早死而才盡其用，西漢建國三傑將增為四傑，酈食其將與蕭何、韓信、張良齊名並舉。

俗話說，智者千慮，必有一失。楚漢相持不下時，酈食其建議劉邦分封六國後人為項羽樹敵，為劉邦結友，被張良一一駁斥，氣得劉邦噴飯怒罵「臭儒生，幾乎壞了老子的大事」。這件事情，成了酈食其謀士生涯中的失點，遭後人譏刺。不過，此事並未影響劉邦對酈食其的信賴，也沒有使酈食其從此謹言慎行。決策之難，在選擇和決斷。能夠做最終決定的判斷和承擔決定的責任，是領袖人物的基本素質。劉邦不因一策之誤而疏遠酈食其，不愧為合格的領袖，酈食其也不因一時之失而畏縮不前，而是繼續前瞻建言，超然高放而至死無所畏懼，可謂是英雄豪謀。如此人生，終不免於鼎鑊，如此計謀，時不免於脫逸，自然也都在情理之中。

九、項羽十大罪狀

項羽威脅要煮殺劉邦的父親。

劉邦高聲答道：「我與你項羽一道授命於懷王，結拜為兄弟，我的父親就是你的老子，你一定要煮你的老子，那就別忘了分我一碗。」

真是死豬不怕開水燙，早就把命都豁出去的人，還怕你打什麼親情牌。

按照酈食其的計畫，劉邦趁項羽領兵東去對付彭越的機會，由修武大舉渡過黃河，插入成皋和滎陽之間，將一座成皋城，團團圍困。

楚國大司馬曹咎鎮守成皋城，一開始，他嚴格遵照項羽的指示，堅守不戰。後來漢軍天天派人挑釁辱罵，幾天以後，曹咎實在難以忍受，他領軍東出成皋，渡汜水攻擊漢軍。早有準備的漢軍，趁楚軍半渡之時，展開襲擊，大破楚軍。大司馬曹咎和長史司馬欣自殺，漢軍渡過汜水，重新奪取了成皋。

奪取了成皋城以後，劉邦又按照酈食其所提出的重建成皋——敖倉——滎陽防線的計畫，積極東進，屯軍廣武，攻佔了敖倉，開始圍攻滎陽，逐步扭轉了被動的局勢。

征討彭越的項羽，順利奪回了被彭越攻佔的外黃、睢陽等十幾座城池，不過，彭越那王八蛋又溜走了，讓項羽好生惱火。這時候，成皋失守，滎陽告急的軍報傳來，項羽顧不得追擊彭越，匆匆領軍趕回滎陽來。

聞說項羽領軍回來，漢軍恐懼，放棄對於滎陽城的圍攻，紛紛退入城池壁壘，堅守不戰。項羽和劉邦，又開始新的對峙。這一次新的對峙，時間從漢四年（前二〇三年）十月到同年八月，足足有十個月之久。對峙的地點，從整體上來說，仍然在滎陽地區，不過，這一次的對峙焦點，向北移動到黃河南岸的廣武澗一帶。

在這次新的對峙中，由於漢軍攻佔了敖倉，楚軍不得不從東方的梁楚地區長途轉運糧食，在轉運途中，又經常受到彭越、劉賈、盧綰部隊的騷擾，致使滎陽一帶的楚軍主力，不時出現糧食不足的問題。項羽深為憂慮，一心想誘使劉邦出城會戰。史書上記載了項羽試圖迫使劉邦出戰的幾件逸事，頗能看出這一對生死冤家的不同個性。

彭城大敗，劉邦一家，上自父親劉太公，下至哥哥劉喜，妻子呂雉，都做了楚軍的俘虜，長期扣留在軍中做人質。這一次，項羽將劉太公押解到廣武城外，擺下一張屠宰用的厚木肉案，將劉太公放在肉案上，告知劉邦說：「如果不馬上投降，我將就地煮殺太公！」

城牆上的劉邦高聲答道：「我與你項羽一道授命於懷王，結拜為兄弟，我的父親就是你的老子，你一定要煮你的老子，那就別忘了分我一碗。」

真是死豬不怕開水燙，早就把命都豁出去的人，還怕你打什麼親情牌。

項羽大怒，準備煮死劉太公。這時又是項伯出來打圓場，他勸諫說：「天下的事情不可知曉，追求天下的人顧不得家庭，即使殺掉太公也無濟於事，只會徒增禍患。」項羽聽從了，將太公等劉邦家屬繼續收押。

項羽多次派出勇士單獨到劉邦軍壁壘前挑戰，劉邦也派出勇士單獨應戰。劉邦派出的這位勇士，出身於雁北樓煩地區，善於騎射，被稱為樓煩騎士。這位樓煩騎士，騎射本領了得，一連三次射殺挑戰的楚軍勇士。項羽聞訊大怒，不顧左右的勸阻，當即披甲上馬，手持長戟，身掛勁弩，親自來與樓煩騎士單挑。樓煩騎士又準備開弓勁射，項羽雙眼圓睜，一聲怒吼，渾身上下透發出使人心驚肉跳的股股霸氣，嚇得樓煩騎士兩眼不敢直視，雙手拿不穩弓箭，回馬馳入壁壘，再也不敢出來。

劉邦聽說是項王親自出來單挑，大吃一驚。驚詫之餘，更堅定了對項羽不可力拚，只能智取的決心，他也意識到不得不與項羽在廣武澗做長久的對峙，寄望韓信由北部戰場帶來轉機。

廣武澗在滎陽東北的黃河岸邊，由河流切割廣武山而成。劉邦在澗西的山上修築了城堡作為漢軍大營，項羽在澗東的山上修築了城堡作為楚軍大營。兩座城堡之間，旌旗相望，鼓聲相聞，有近在咫尺之感，不過，因為中間隔了深澗，非繞行數十里不得往來。

據說，項羽與劉邦曾經率領群臣將領們隔著廣武澗喊話對談。

項羽對劉邦喊話道：「天下痛苦煩擾，只為你我二人爭鬥不休。今天，我項籍願意與你劉季單獨決一雌雄，不要再苦熬天下父子老小。」

劉邦笑著回答道：「謝謝項王的邀請，我劉季寧願鬥智，不能鬥力。」接著沉下臉來，拿出早就準備好的帛書罪狀，當眾高聲宣讀說：

「項籍有十大罪行。當初我與項籍共同授命於懷王，定下『先入關中者做關中王』的約定，項籍違背約定，徙封我到蜀漢為漢中王，這是第一條罪行。項籍假稱懷王之命，殺卿子冠軍宋義而奪軍自領，這是第二條罪行。項籍完成鉅鹿救趙的使命後，應當班師回國報告懷王，卻擅自裹挾諸侯各國軍隊進入關中，這是第三條罪行。懷王之約，有進入秦國不得暴掠的規定，項羽進入關中，燒毀秦國宮室，盜掘始皇帝墳墓，搜括秦國的財寶據為己有，這是第四條罪行。秦王子嬰開城投降，項籍殘暴將子嬰處死，這是第五條罪行。秦軍安陽投降，有洹水之盟，項羽暴虐欺詐，在新安坑殺二十萬秦軍將士，只封三位降將為王，這是第六條罪行。項籍主持分封，將好地方封賜給各國將領，強行遷徙各國舊王到惡僻之地，致使臣下爭相背叛主上，這是第七條罪行。項籍驅逐義帝，搶佔彭城作為首都，又剝奪韓王的領地，吞併魏國的國土，多取土地自王，這是第八條罪行。項籍派人將義帝秘密殺害於江南，這是第九條罪行。身為人臣而弒殺君主，屠殺已經投降的士卒，主政不能公平，主約不能守信，大逆無道，為天下所不容，合起來就是你項籍的第十條罪行。」

數落了項羽十大罪狀之後，劉邦更高聲宣稱道：「我劉季興義兵從諸侯討伐殘賊，驅使刑餘之徒擊殺你項籍已經足夠，老子又何苦來與你單挑！」

項羽本來不善言辭，聽劉邦這一番數落，早已憤怒得說不出話來，他默默取下隨身所帶的強弩，暗中上了弦，趁劉邦說得興起，突然扳機射擊，一箭正中劉邦的胸甲。胸部中箭的劉邦，按著腳喊道：「無恥殘賊，暗箭擦傷了我的腳趾頭！」

劉邦強忍著傷痛，從容回到營中，當即臥床就醫。幸好傷勢不重，為了安定軍心，張良請求劉邦帶傷勉強出行，巡視軍中，務必不要留下可能誘發楚軍趁機進攻的隱患。巡視軍中後，劉邦傷勢加重，迅速回到成皋治療休養。

傷病痊癒以後，劉邦回到關中，進入首都櫟陽，設酒宴慰問櫟陽父老，將舊塞王司馬欣的頭掛在櫟陽街市示眾，懷柔三秦民心，徹底清除舊政權的影響，也督促徵糧徵兵。

據記載，劉邦只在櫟陽停留了四天，就又回到廣武城軍中。新徵集的蜀漢關中兵，伴隨充足的後勤供應，源源不斷地出關中去前線。漢軍軍勢愈益強盛起來。

第五章

垓下決戰

一、韓信破齊

韓信回絕項羽三分天下的提案，態度相當堅決，毫無遲疑躊躇。不過，也看得出來，韓信回絕項羽提案的理由，多在個人之間的感恩圖報，少有審時度勢的政治智慧。

從漢二年六月到漢四年九月，劉邦與項羽在滎陽地區反覆拉鋸作戰，整整對峙了兩年多，史稱楚漢戰爭的相持階段。逐漸改變楚漢雙方均勢的力量，是在北方戰場取得連續勝利的韓信，他領軍攻佔了魏國和趙國、降服了燕國，進而攻入齊國，擊潰了屯駐在歷下（今濟南）的齊軍主力，大有一舉攻佔齊國，乘勝南下攻取楚國首都彭城的氣勢。

齊國歷下軍敗，首都臨淄已經無法守衛。田廣、田橫決定放棄臨淄，田氏一族分散撤退。齊王田廣退守高密（今山東高密），齊相田橫退守博陽（今山東泰安），守相田光退守城陽（今山東莒縣），將軍田既退守即墨（今山東平度），各據一郡，分別守衛。同時，派遣使者，緊急前往楚國，請求支援。

這時候的項羽，正與劉邦在滎陽廣武澗一帶拉鋸對峙，得到齊國求援的消息後，當即命令大將龍且統領楚軍前往救助。

漢四年十一月，龍且領軍由彭城北上，穿越齊國的城陽郡，抵達高密，與齊王田廣會師，號稱擁有二十萬大軍，開始著手聯合反擊韓信軍。

這時候，有謀士進諫龍且說：「漢軍遠離本土，殊死作戰，軍鋒銳不可當。齊軍和楚軍，或在本土，或者靠近本土作戰，士兵容易敗退亡走。不如深壁高壘不戰，請齊王派遣使者到亡失的各地城邑聯絡，各城邑聽說齊王健在，楚軍來救，必定反漢歸齊。漢軍客居於二千里之外，處處都是反叛的城邑，勢必得不到糧食物資，可以不用作戰而使他們投降。」

龍且是楚軍的名將，是項羽麾下為數不多的可以獨當一面的大將，他戰功卓著，深為項羽所倚重。一年多前，英布叛楚歸漢，受項羽之命，領兵擊破英布的，就是龍且。這一次，龍且再一次臨危受命，他自信滿滿，毫不懷疑自己能夠如同擊破英布一樣打敗韓信，他更希望透過戰勝韓信的功績，建立能夠封王的偉業。所以，當龍且聽了謀士的進諫以後，大不以為然。他不屑地說：

「韓信的為人，我還不知道？軟趴趴不敢硬幹，不難對付。況且，救援齊國，不作戰而困守，縱使敵軍降伏，我龍且有何功勞可言？如今出擊而戰勝敵軍，半個齊國可以落入我龍且的手中，為什麼要困守不戰？」

於是龍且統領楚齊聯軍，推進到濰水西岸布陣，準備渡河攻擊對岸的韓信軍。

韓信坐以待勞，早就勘察清楚高密一帶的河道地形，在濰水西岸擇地布下了陣營，又命令準備好上萬只口袋，內中裝滿河沙，秘密囤積在濰水上游處。得到龍且軍逼近，就在對岸佈陣的消息後，韓信下令連夜用沙袋壅塞河道，使濰水一時斷流。

次日清晨，韓信與曹參統領漢軍涉濰水河床列陣前進，對敵軍展開攻擊。韓信的主動進攻，正中龍且的下懷。他與田廣指揮楚齊聯軍積極應戰，憑藉優勢兵力，不但挺住了韓信軍的攻勢，而且漸漸佔據優勢，迫使韓信軍步步向後退走。龍且大喜，對部下說道：「果然不出所料，以硬對硬，韓信就膽怯了。」於是下令追擊，跨過濰水，攻下韓信軍大營。

在龍且的親自指揮下，楚齊聯軍尾隨退卻的韓信軍，源源不斷涉過濰水。然而，正當半數聯軍涉過濰水時，等待在上游的韓信軍士兵突然將壅塞河道的沙袋悉數拆除，一時間，滾滾河水洶湧而下，捲走大量正在涉河的士兵，將聯軍分割成東西兩部分，一時指揮失據，軍陣大亂。已經涉過濰水的聯軍大部，突然成了背水深入的孤軍，在掉過頭來的韓信軍的攻擊下，潰不成軍，主帥龍且在亂軍中被殺，副將周蘭被俘，援救齊國的楚軍，或者被殺，或者做了韓信軍的俘虜。尚未渡過濰水的齊王田廣，見大勢已去，倉皇逃走，南下去了莒縣。

濰水之戰後，韓信軍分路追擊，逐一清理殘存的齊國敗軍。不久，攻破莒縣，俘虜齊王田廣處死，平定城陽郡。攻破即墨，斬殺田既，平定膠東郡和琅邪郡。攻破嬴縣和博陽，平定博陽郡，田橫逃出齊國，跑到彭越軍中避難。

韓信於漢四年十月進軍齊國，奇襲歷下，一舉擊潰齊軍，降下臨淄。十一月，迎擊龍且於濰水，大破楚齊聯軍，平定齊國。

平定齊國以後，韓信派遣使者攜帶書簡前往西廣武城面見劉邦，在彙報勝利的同時，也提出了一個對於未來影響深遠的請求。韓信在書簡中請求說，齊國是偽詐多變、反覆無常的國家，南面緊鄰楚國，稍有風吹草動，就可能出現動亂。請求漢王允許我暫時代理齊王鎮撫齊國。

長期在廣武澗與項羽艱難對峙的劉邦，不久前被項羽伏弩射中，幾乎丟了老命，如今傷口痊癒重返軍中，苦心積慮在於如何打開膠著的戰局。他打開書簡，讀到韓信請求代理齊王的字句時，當即大怒，罵道：「老子傷病困苦在此，日夜盼望你韓信來助一把力。盼是盼來了，來的卻是要自立為王！」

劉邦的這一通發洩，急壞了在場的張良和陳平，張良輕輕踩了踩劉邦的腳，止住了劉邦的話，然後附在劉邦耳邊悄悄說道：「大王，我方正不利，如何能夠阻止得了韓信稱王！不如就勢立為齊王，好言善待，使他安心守護齊國。不然的話，恐怕會生變亂。」

劉邦是何等機警的人，馬上醒悟了，順著剛才的話繼續罵道：「男子漢大丈夫，要當王就當真王，代理什麼假王？」不但當即同意了韓信的請求，還將韓信的請求提升一等，同意正式冊封韓信為齊王。韓信和齊國的動向，由此安定下來。

韓信大敗楚齊聯軍佔領齊國，徹底改變了項羽與劉邦的力量均勢，楚漢長期對峙的天下大局，由此發生了根本的改觀。楚軍不僅在滎陽地區的正面戰場上失去了攻擊力量，而且首都彭城地區空虛，隨時有被韓信一舉攻克的危險。項羽深感危機。

項羽一生高傲自負，從來不知道什麼叫作害怕，從未向任何人低過頭。龍且被韓信擊殺後，陷入深重危機當中的項羽，生平第一次感受到了畏懼，他終於低下高傲的頭，派遣使者武涉前往齊國，勸說韓信在楚漢之間保持中立。

武涉在臨淄見到韓信，轉達了項羽承認韓信的功業，願意三分天下的提案，他首先為韓信道明，劉邦是想要一人獨霸天下的危險人物。他說：

「天下各國，長久苦於秦國的暴政，因而攜手聯合，共同反抗秦國。破秦以後，計功割地，分土而王，使士卒得到休養。如今漢王再次興兵東進，侵犯他人的職守，搶奪別國的領土，已經擊破三秦，又領兵出關，聚集諸侯各國之兵繼續東進攻擊楚國，他的用意是不吞併天下絕不休止，為人行事如此貪得無厭，也是過分至極。」

接著，武涉深入挑明，劉邦是不可信任的無賴，對你韓信下手也是早晚的事情。他說：

「漢王不可信。他多次落入項王手心，因項王憐憫而得以活命。但是，漢王一旦逃脫，就違背盟約，攻擊項王，不可親近和信賴的程度已經到了如此境地。所以說，足下雖然自以為與漢王交往深厚，為漢王盡力用兵，早晚還是會被漢王捉拿擒獲的。」

武涉進而分析道，在項羽劉邦之間保持中立，楚漢齊三分天下是韓信自保的明智選擇。他說：

「足下之所以至今未被擒拿，是因為項王尚在，牽制著漢王的緣故。如今，楚漢二王相爭，決定勝負的砝碼在足下手中，足下投向右則漢王勝利，足下投向左則是項王勝利。但是，項王今日滅亡，下一步就輪到足下被漢王擒拿的末日。足下與項王有故交舊情，為什麼不可以背離漢國而與楚國聯合，三分天下而稱王自主呢？如果足下放棄眼下的機會，一心投靠漢國以攻擊楚國，怕不是智者的選擇和作為啊！」

韓信謝絕了武涉帶來的提案，他說：「臣下曾經奉事項王，官位不過郎中，職務不過持戟，進言不被聽從，獻策不被採用，所以背離楚國而歸附了漢國。漢王授予我上將軍印綬，交予我數萬士卒，解下自己的衣服為我穿上，分下自己的食物讓我食用，言聽計從，所以我能夠成就今天。我韓信受人深親厚信，背叛必招不祥，我的心意和決定，至死不會變更。請為我轉達對於項王的謝意。」

武涉失望而歸。

看得出來，韓信回絕項羽三分天下的提案，態度相當堅決，毫無遲疑躊躇。不過，也看得出來，韓信回絕項羽提案的理由，多在個人之間的感恩圖報，少有審時度勢的政治智慧。

二、蒯通說韓信

蒯通明智地看到，此時的韓信，因緣際會，正處於左右劉邦和項羽的命運，決定歷史走向的關節點上，他希望韓信高瞻遠矚，當機立斷，做天下的主人，做自己命運的主人。他也警告韓信，如果錯過了這次千載難逢的歷史機遇，一定會遭受命運的報復。

韓信這種不明智的作為，被一位智謀超常的辯士看在眼裡，急在心裡，決定站出來點醒韓信。他就是蒯通。

蒯通其人，我在本書的上集中已經做過詳細的介紹，他出身燕國的范陽縣，繼承了戰國遊士的傳統，精於審時度勢，長於往來遊說，呼風喚雨於秦楚漢間，是活躍於民間江湖上的傳奇式人物。張耳陳餘攻略趙國燕國，他的外交遊說曾經大放異彩，傳檄而定千里之地。秦帝國滅亡，蒯通銷聲匿跡。楚漢相爭，到了韓信攻取趙國，降服燕國，準備進攻齊國時，他又再次登上了歷史舞台，勸說韓信奇襲齊國成功，得到韓信的賞識，活躍在韓信身邊。

這一天，蒯通得到機會與韓信從容交談，他說：「在下曾經學習過相術。」

韓信感興趣地問道：「先生怎樣給人看相呢？」

蒯通回答道：「貴賤生於骨相，憂喜現於容顏，成敗定於決斷，參照這三條品人看相，萬無一失。」

韓信高興，說道：「好。請先生看看我的相如何？」

蒯通望望兩邊，說道：「願意單獨談談。」

韓信道：「左右都退下。」摒退了身邊的隨從。

蒯通道：「相您的正面，不過封侯，又危險又不安定。相您的背面，富貴不可言。」

韓信問道：「怎麼講呢？」

蒯通首先為韓信分析當下的天下大勢，可謂是智勇雙困。他說：

「天下發難初起的時候，英雄豪傑建國稱王，一聲呼號，天下民眾雲合霧集，如魚群會聚，如火花迸發，如狂風驟起。這個時候，一門心思都集中在滅亡秦朝而已。

「如今楚漢紛爭，使天下無辜百姓肝膽塗地，父兄子弟屍骨暴露於原野，不可勝數。楚人由彭城開始，轉戰追擊，一直挺進到滎陽，乘勝席捲中土，聲威震動天下。然而，部隊困於京縣索城之間，軍鋒被阻隔於成皋以西的山嶽地帶不能前進，已經將近三年。漢王統領數十萬軍隊，在鞏縣、洛陽一帶，憑藉山河的險要地勢阻擊楚軍，雖然激戰頻繁，卻無尺寸之功，敗走於滎陽，負傷於成皋，為了牽制楚軍，又往來於宛城葉縣之間，疲於奔命。這種形勢，可謂是智勇雙困。」

蒯通接著指出，當下智勇雙困的苦境，必須要新的聖賢出來收拾，而這個新的聖賢，就是韓信。他說：

「軍隊的銳氣被要塞險阻挫傷，倉庫的糧食被長久對峙消耗，百姓疲憊，怨聲載道，人心動搖，無所依靠。據臣下的看法，這種形勢所顯示的天下禍患，若沒有天下的賢聖出來則不能平息。當今，項王和漢王的命運懸掛在足下手中，足下助漢則漢王勝利，足下助楚則項王勝利。臣下願意坦誠掏心，披肝瀝膽，敬獻愚計，只是擔心您可能不會聽從。」

韓信示意，請蒯通繼續講下去。

蒯通接著說：「解決天下困局最好的方式，是使楚漢兩國都不受損而共存。在齊國的主宰下，三分天下，鼎足而立，造成沒有一方敢輕舉妄動的均勢。」

韓信神情有些困惑，蒯通直言快語挑明道：

「足下資質賢聖，手握重兵，不妨以強大的齊國為中心，率領燕國和趙國共同出兵，君臨楚漢兩國兵力空虛的側翼而掣肘雙方。就勢順應民心，為百姓請命，如此一來，天下聞風響應，沒有誰敢不聽從。然後削弱大國，分地建國，列國建立以後，天下歸德於齊而聽命服從。那時的齊國，首先安定國內，進而控制淮水泗水地區，實行德政，讓各國受恩感戴，如此一來，天下的君王們定將相率而來朝拜齊國。」

蒯通陳述完自己的見解以後，以一句警語結束道：「天與弗取，反受其咎；時至不行，反受其殃。希望足下深思熟慮。」

「天與弗取，反受其咎；時至不行，反受其殃。」是一句當時流行的諺語，意思是說，上天賜予而不收取，就要承受不取的過失；時機已到而不實行，就要承受失機的災禍。蒯通明智地看到，此時的韓信，因緣際會，正處於左右劉邦和項羽的命運，決定歷史走向的關節點上，他希望韓信高瞻遠矚，當機立斷，做天下的主人，做自己命運的主人。他也警告韓信，如果錯過了這次千載難逢的歷史機遇，一定會遭受命運的報復。

韓信深為蒯通的話所觸動，良久沉默後，終於動情地回答道：

「漢王待我甚為厚道，用他的車馬承載我，用他的衣服暖和我，用他的食物飽育我。我聽說，乘坐他人的車馬就要與他人共患難，穿戴他人的衣服就要與他人共憂愁，食用他人的食物就要與他人同生死，我怎麼可以見利忘義呢？」

蒯通道：「足下自認為與漢王相處友善，以為由此可以維繫封王的萬世基業，臣下以為誤矣。想當初，張耳與陳餘還是布衣貧民時，同生死共患難，結為刎頸之交。鉅鹿之戰時，因為張黶、陳澤的事情，有誤解而生怨恨。到了田榮自立為齊王時，陳餘借齊兵攻擊張耳。張耳被迫棄國逃亡，投奔劉邦。不久借漢兵東下，在泜水河畔誅殺陳餘。曾經一體同心的二人，如今身首分離，成為天下的笑料。張陳二人的友情，可以說是至善至深，後來竟鬧到勢不兩立，最後更落到自相殘殺，究竟是為了什麼？一句話，禍患生於多欲而人心難測。」

蒯通說到這裡，話鋒再次轉回到韓信與劉邦的關係上來，說道：

「如今的足下，希望信守忠信之道，求得與漢王友善相處，這不過是一廂情願而已。幾乎不用計量就可以看得清楚，足下與漢王的交情，比不上當初的張耳與陳餘，而足下與漢王的矛盾，已經遠遠大於張黶與陳澤之死的事情。所以，足下自認為漢王一定不會危害自己的想法，臣下也以為誤矣。」

韓信無語。

蒯通繼續說道：

「歷史有教訓，戰國時代，越國大夫文種，在危亡之際挽救國家，輔佐越王勾踐復仇稱霸，勝利後死於功名。俗話說，飛鳥盡，良弓藏；狡兔死，走狗烹；敵國破，謀臣亡。以交友而言，足下與漢王，不如張耳與陳餘；以忠信而言，足下與漢王，不如文種與勾踐。且臣下聽說，勇略震主的人危及自身，功勞蓋世的人得不到封賞。請允許臣下陳說大王的功勞，大王東渡黃河，消滅魏國俘虜魏豹，攻取代國擒拿夏說，出井陘口誅殺陳餘，然後攻略趙國，降服燕國，平定齊國，消滅二十萬楚軍，擊殺龍且，勝利接著勝利，捷報連著捷報，這是功勞天下第一，武略世間無二，人世間無人可比。如今的足下，頭頂震主之威，手挾不賞之功，歸附於楚國，楚國不敢相信，歸附於漢國，漢國震恐不安，處境如此的足下，難道還有可以投奔屈居的去處嗎？足下名滿天下，身在人臣之位而有震主之威，在下為足下思量，實在是危而險之。」

韓信一直默默聽蒯通陳說，心緒紛擾不寧而有些失神。待到蒯通的話結束好久以後，他方才回過神來。他謝過蒯通，低聲無力地回答說：「先生請到此為止，我仔細考慮後再答覆先生。」

過了好幾天，韓信沒有給蒯通答覆。蒯通再次請求面見韓信說：

「能夠聽取意見，是成事的徵兆；能夠反覆計慮，是成事的把握。不能聽取意見又不加謀慮，如此能夠長治久安的事情，稀見少有。聽取意見，能夠不失一二，就不會被花言欺騙；反覆計慮，能夠不偏離關鍵，就不會被巧語迷惑。安於當奴僕的人，就會失去做主子的機會，滿足於升斗小吏的人，就會失去做萬石卿相的機會。所以說，行事果斷，是智慧的體現；猶豫不決，是成事的障礙。計較毫釐小事，無視天下大局，認識清楚而不敢決斷實行，更是成事的禍害。

「所以說，猛虎猶豫不動，不如馬蜂毒刺出鞘，騏驥躊躇不前，不如駑馬緩步徐行，勇士孟賁狐疑不決，不如庸人凡夫決斷敢行。人即使有虞舜夏禹的智慧，閉口不言，也不如啞巴聾子以手勢示意。以上種種，都是講貴在決斷實行。事業成功難而失敗易，時機難抓取而易流失。時機時機，失不再來。願足下詳查深思。」

韓信始終猶豫不定，他對劉邦感恩戴德，不願意無情背義。另一方面，韓信以為自己勞苦功高，劉邦不會褫奪自己齊王的地位，於是委婉地謝絕了蒯通。

蒯通見韓信最終不能接受自己的意見，死了心，不久便裝瘋做了巫祝。

三、侯公說項羽

偉大的蘇東坡，有感於侯生說項羽的詳情失載於史書，曾撰寫〈代侯公說項羽辭〉一文，縱橫馳騁想像，有節有度敘述，堪稱補史的名文。明代文豪王世貞著有〈短長說〉上下篇，假託據地下出土的簡牘整理而成，其中有侯生說項羽的內容，也是文辭古樸，匠心獨運。我讀二位先賢之言，仍有意猶未盡之感，於是活用兩篇侯公說項羽辭，再復活侯公說項羽。

蒯通說韓信，不但文辭動人，而且理喻深刻。有人評價說，其觀察之精密，其分析之透徹，其瞻矚之高遠，其定策之卓越，實鮮有人能與之比儔。特別是「飛鳥盡良弓藏，狡兔死走狗烹」的絕妙比喻，極盡人情之所難言，不愧為後戰國時代縱橫家之千古名文。

不過，也有人批評說，假使韓信接受了蒯通的意見，中立而再次分割天下，已經持續多年的戰爭怕是遙遙無期，難以終結收束。蒯通這種人，無視天下興亡的大節，只是審視一時的利害，終究不過是以縱橫口舌，擾動天下的辯士而已。

事後想來，如果韓信接受了蒯通的建議，他個人的命運肯定不會如後來那樣悲慘，至於歷史的動向會走向哪裡？倒是值得思量，也考驗人的智慧，也許是一個可以發掘的課題，願有心者留意。

由於韓信拒絕中立，歷史的動向順次轉動下去，又引來新的英雄人物登上歷史舞台。

漢四年八月，劉邦派遣陸賈前往項羽軍中，交涉議和休戰，希望項羽送還長期被扣留在楚軍中做人質的太公和呂后等親人。

陸賈是楚國人，著名的辯士，不離劉邦左右的親信，自酈食其死後，他成為劉邦手下第一名說客，常常奉命出使諸侯各國，以其能言善辯，巧於應對的非凡才幹，累累獲得外交的成功。不過，因為使命過於艱難，陸賈的這次外交交涉失敗了，項羽拒絕議和休戰，也拒絕歸還太公呂后等人質。

就在這個時候，一位被稱作侯公的人物登上了歷史舞台，出色地完成了陸賈未能完成的使命。《史記・項羽本紀》說陸賈出使失敗後，「漢王復使侯公往說項王，項王乃與漢約，中分天下，割鴻溝以西者為漢，鴻溝而東者為楚。項王許之，即歸漢王父母妻子。軍皆呼萬歲。」

這段話是說，漢王劉邦再次派遣侯公出使楚國，侯公勸說項羽與劉邦簽訂休戰議和的條約，以鴻溝為界中分天下，鴻溝以西劃歸漢，鴻溝以東劃歸楚。項羽同意了，於是歸還了扣押在軍中的劉邦親屬。兩軍將士，歡慶議和成功，高呼萬歲。

議和成功後，劉邦封侯公為平國君，彰顯他能夠促成兩國間和平的功績。據史書上說，凱旋而歸的侯公並未接受劉邦的封賞，他從此隱身不再出現，消失於人們的視線，退出歷史舞台，宛若倏忽飄過天空的一道雲彩，不知從何處來，又不知去向了何處，神秘而不可思議。

我讀史書到這裡，每每多生感慨，歷史記載，不過點點滴滴，歷史事實，真是汪洋大海，寫一漏萬之間，留下了有垠無邊的探索空間。空間如何填補，既靠新史料的發現，也靠新視角的推想，更有藝術的構思和想像，常常帶來意想不到的功效，不時使人心生疑慮，史學和文學，藝術和科學，誰更近於真實？

偉大的蘇東坡，有感於侯生說項羽的詳情失載於史書，曾經撰寫〈代侯公說項羽辭〉一文，縱橫馳騁想像，有節有度敘述，堪稱補史的名文。明代文豪王世貞著有〈短長說〉上下篇，假託據地下出土的簡牘整理而成，其中有侯生說項羽的內容，也是文辭古樸，匠心獨運。我讀二位先賢之言，仍有意猶未盡之感，於是活用兩篇侯公說項羽辭，再復活侯公說項羽如下：

漢王四年，楚漢兩軍對峙於廣武澗一帶，曠日持久，不能決定勝負。劉邦派遣辯士陸賈出使楚軍大營，遊說項羽休戰議和，歸還太公呂后等人質，項羽拒絕接受，陸賈失敗而歸。劉邦多日心情不爽，左右不知如何是好。

這時候，有客自稱侯生，五短身材，相貌平常，身著布衣，請求謁見劉邦，說是有說服項羽的妙計。劉邦命令將侯生帶進來。

侯生見了劉邦說：「太公不幸被項王扣留，至今已有三年之久，日日加重著大王的夙夜之憂。在下聽說，主上的憂慮，是臣下的恥辱，主上受辱，臣下當死。臣下願意分擔大王的憂慮，以死清除大王蒙受的恥辱。」

劉邦答道：「太公被項羽拘辱，是我日夜痛心疾首的事情，可是又有什麼辦法呢？」

侯生說：「在下雖然不才，願意借用大王馬車一輛，騎士數十人，在下早晨馳往楚營，傍晚與太公同車而還，不知行不行？」

劉邦一聽，當即火冒三丈，開口罵道：「臭儒生，又來胡說八道。你看陸賈，他是名聞天下的辯士，奉命出使楚國。結果呢，智窮辭塞，抱頭鼠竄，好容易保住小命一條，卻留下一副狼狽相。看你這副模樣，嘴上扯得輕巧！」

侯公平靜地說：「大王究竟是希望太公歸來，還是不希望太公歸來，如果希望太公歸來，為什麼輕易回絕請纓的客人？從前平原君出使楚國，毛遂自薦請行，為眾人所嘲笑，不為平原君看好。結果呢，毛先生脫穎而出，廷斥楚王，歃血定合縱抗秦之盟，平原君從此不敢輕言相人識士。如果只是以貌取人，請問大王用將為何不用陳平而用韓信，運籌為何不用張蒼而用張良？」

劉邦一時語塞，盯著侯生看了好久，側身施禮說道：「先生坐，願聞其詳。」

……

侯公受漢王之命，整飭馬車十乘，騎兵百餘人，前往楚軍大營請求謁見項王。項王不想見，項伯勸道：「既然來了，見見也無妨。」項王同意了。

侯生見了項王說：「臣下聽說漢王的父親太公是大王的俘虜，作為制勝漢王的籌碼之一，臣下為大王慶賀。不久前，漢王遣使請求歸還太公，大王不但拒絕了，還揚言不惜烹煮太公，作為失義於天下的過失之一，臣下甚為大王所不取。」

項王當即火起，瞋目怒斥侯生道：「又來花言巧語。我與劉邦征戰角逐，捕獲他的父親，不管如何處置，都心安理得。再要放言胡謅，我連你也一併煮了。」

侯公平靜地回答道：「臣下是江湖上的過客，眼下雖然以漢使的身分謁見大王，本意是為楚漢雙方，更為天下著想。請大王聽完臣下的陳述，假若有可取之處，請參考使用；假若沒有可取之處，大王將臣下與太公一起煮了也不算晚。」

項王道：「快說。」

侯生道：「大王以為，漢王真是想得到太公，還是不想得到太公？」

項王道：「話從哪裡講起？」

侯生道：「大王曾經將太公置於刀俎上，漢王回答說，一定要煮太公，請分我一杯羹。彭城之戰，漢王幾乎被大王擒獲，漢王與兒子女兒同車逃亡，幾次推墜二子而不顧。這些事情說明了什麼呢？說明漢王是志在天下，無以為親。也就是一門心思在於奪取天下，絲毫不將親情放在心上。對漢王這樣的人，大王以父母妻子為人質要脅，怕是得不到任何益處的。而漢王呢，他數次派遣使者前來，並不是真的想要得到太公，而是想要以此置大王於無德無義的絕境，以此為口實糾結諸侯各國共同攻擊大王。」

項王怒氣少息，徐徐問道：「果真如此？」

侯生答道：「在下請大王回想，大王分封漢王巴蜀漢中，漢王若無其事一般，到了南鄭，就高調指斥大王的罪惡，宣稱大王『負懷王之約背信天下，將先攻入關中的我貶徙到荒僻之地』。義帝遇難於江上，漢王宛若不知道一樣，到了東進擴張時，就高調指斥大王的罪惡，宣稱大王『弒君而背信天下，願與各國共舉兵』。大王揚言欲烹煮太公，漢王也宛若無事一般，他是故技重演，打算等到太公一死，馬上傳檄天下，宣稱大王的罪惡『殺吾父，無情無義，請與天下共討之』。

「因此之故，臣下以為大王應當避開漢王設置的陷阱，釋放太公等人質而積極參與和議。如此一來，漢王君臣理屈語塞，內迫於親，外逼於名，必定不敢再失信攻楚而構禍於天下。如此一來，大王理直氣壯，內有施仁義之情，外有和天下之義，於是遣使布告諸侯，『天下苦於楚漢相爭久矣，致使蒼生苦難，民不聊生。漢國的土地，寡人毫無野心；漢國的財富，寡人毫不貪求。寡人曾經與漢王約為兄弟，如今眷念舊情歸還他的親人，以此曉示天下，寡人為了黎民休養，百姓生息，願意劃界休戰，化刀劍為玉帛，和平久安。」

項王聽得入神，點頭說道：「好，我聽先生的。請先生回去告知漢王訂約罷兵，寡人歸還彭城以後，再送還太公。」

侯生道：「這樣怕不妥當。智者貴在迅速決定，勇者貴在堅決實行。迅速決定就不會錯失良機，堅決實行就不會留下遺憾。王陵本是楚國的驍將，歸附了劉邦。大王為了召回王陵，曾經拘留了他的母親，他的母親在楚營伏劍自殺，讓天下哀傷她的死亡，傳誦她的節義，促使王陵從此死心塌地跟隨劉邦而無二心。如今太公久被拘留，苦苦望歸，他聽說使者來了又去，而大王始終沒有釋放的心意，難免抑鬱糾結，一旦仿效王陵的母親自殺引決，大王將會追悔不及啊。」

一直沒有說話的項伯，此時插話道：「王陵的母親自殺，我至今不安。太公年事已高，難免有三長兩短，果真有事，於人不義，於國不祥，望大王考慮侯生的建議。」

侯生受到鼓勵，進而說道：「如今大王糧食匱乏，將士疲敝，難以繼續與堅守的漢軍久久對峙。在下聽說，韓信的大軍，已經休整完畢，乘勝的勁旅，即將南下西進，到了那時候，大王即使想解甲東歸，恐怕也很難了。在下希望大王抓住時機，順勢利用漢王求和的機會，馬上釋放太公，與漢王訂立合約，以鴻溝為界，西為漢，東為楚，中分天下。大王引軍東歸，登壇祭祀天地祖宗，建東帝的名號，鎮撫東方的諸侯，然後休養士卒，存貯糧食，等待天下的變化。漢王老了，也厭倦了征戰，已經沒有更多的欲求，一定會世世代代做西方的藩籬，奉事楚國。」

話聽到這裡，項王心中的狐疑頓掃，大為高興。當即決定接受侯生的建議，釋放太公，與劉邦議和。於是項羽將侯生視為上等國賓禮遇款待，請出太公一道飲酒慶賀，足足宴飲了三天。

經過侯生的遊說斡旋，項羽與劉邦定了合約。項羽遵照條約，送還了太公、呂后等人質。當太公、呂后等人質離開楚軍大營走向漢軍營壘時，兩軍將士都歡呼萬歲。

喜出望外的劉邦，當即宣布封侯公為平國侯，他牽引侯公的手對群臣稱讚道：「先生真是天下無雙的辯士，言辭足以搖動君主，安定國家，所以贈予平國君的封號。」

侯公始終笑而不語。第二天，侯公隱匿不知去向，漢王送來的一切賞賜，原封未動。

四、陳下之戰

漢五年十月，漢軍撕毀停戰協定，突然對撤退中的楚軍展開攻擊，楚軍倉皇應戰，且戰且退。漢軍毀約開戰，事前經過精心策劃。由漢軍統帥部精心策劃的這個計畫，基本意圖是四面合圍，聚殲項羽軍於撤退途中。

楚漢議和成功以後，項羽遵照合約，領軍向東撤退。劉邦也準備罷兵回到關中。這時候，張良和陳平勸諫劉邦說：「如今漢國已經擁有天下的大半，諸侯各國也大都歸附了漢國，而楚國方面呢，糧食匱乏，將士疲勞厭戰，這正是天亡楚國的時機。如果不依從上天所賜的機運順而取之，難免落入『養虎自遺患』的背運。」

劉邦想了想，馬上同意了。

漢五年十月，漢軍撕毀停戰協定，突然對撤退中的楚軍展開攻擊，楚軍倉皇應戰，且戰且退。

漢軍毀約開戰，事前經過精心策劃。由漢軍統帥部精心策劃的這個計畫，基本意圖是四面合圍，聚殲項羽軍於撤退途中。首先，劉邦親自統領漢軍主力由滎陽出發，由西而東尾隨項羽軍開啟戰端，迫使項羽軍不得不且戰且向東撤退。其次，彭越軍由東郡一帶南下，由南而北攻擊退卻途中的楚軍，截斷項羽走山川東海大道回歸彭城的退路。韓信軍進而出薛郡城陽郡一帶南下，由東北兩個方向攻取楚國首都彭城地區，端掉項羽回歸的老巢。與此同時，將軍劉賈協助新封的淮南王英布回到九江故國，攻取壽春，由南向北推進，堵截項羽南下的退路，力求在淮北地區全殲楚軍。

東撤的項羽軍，原本打算沿山川東海大道，由滎陽經過大梁、開封、陳留、睢陽一線，回到楚國首都彭城。由於突然受到漢軍的尾隨攻擊，不得不倉皇應戰，撤退到開封陳留一帶，東去的道路受到彭越軍的騷擾阻擊，又得知韓信軍出動，打算進入彭城地區的消息，被迫改道南下，沿鴻溝直奔陳縣（現河南淮陽）而去。

陳縣曾經是楚國的都城，是楚軍的重要戰略基地，陳縣及其所在的陳郡地區，長期由楚將利幾領重兵鎮守，較少受到戰火的席捲，是楚國相對安定的地區。陳郡南面依托共驩的臨江國和周殷控制的九江郡地區，西面緊鄰彭城所在的泗水郡，進可攻退可守，對於敗退中的項羽來說，不失為良好的選擇。

項羽軍進入陳縣以後，停止了撤退，派遣大將鍾離眛在陳縣北面的固陵（現河南淮陽北）屯軍設防，以陳縣為依托，迅速建立起有縱深的雙重防線，迎擊劉邦軍的攻擊。

緊緊尾隨項羽的劉邦軍，追擊到固陵時，遭遇鍾離眛軍的阻擊，受挫不能前進，被迫駐軍陽夏（現河南太康），與楚軍對峙。劉邦派遣使者召集彭越和韓信，要他們迅速領軍前來，約定日期，會師固陵，打算一舉全殲楚軍。然而，出乎劉邦的意料之外，到了指定日期，彭越和韓信的軍隊都沒有到來。

項羽察覺到漢軍方面不協調的動向，集結兵力，在固陵城下對單獨行動、孤軍深入的劉邦軍展開攻擊。漢軍大敗，退入陽夏城中堅壁固守。

這個時候，劉邦再一次明白自己無法單獨與項羽對決，他深感無奈，問計於張良說，如何才能促使韓信和彭越領軍前來會戰？

張良回答道：「擊破楚軍，已經是眼前的事情，對於諸侯各國來說，他們各自關心自己的利益，因為戰後應得的領地沒有得到大王明確的承諾，自然不願意領軍前來。大王如果能夠與諸侯各國共有天下，均分領地，他們立馬就會前來。」

張良進而具體地分析道：「齊王韓信的冊立，出於要挾自請，並非大王的本意，韓信心中也存疑不安。彭越平定了魏國地區，大王因為魏王魏豹尚在，拜任彭越為魏國相國。如今魏豹已經死去，彭越自然期待能夠成為魏王，大王遲遲未能做出決斷。這就是二人沒有領軍前來會戰的原因。

「就眼前的局勢而言，希望大王能夠將睢陽（今河南商丘）以北直到穀城（今山東平陰縣）的土地劃歸魏國，拜封彭越為魏王，將從陳縣以東一直到東海的土地劃歸齊王韓信，滿足他希望領有自己故鄉的欲望。如果大王能夠割捨這兩片土地給這二人，使他們為自己的利益而奮戰，楚軍立即可以被擊破。」

劉邦接受了張良的建議，馬上派遣使者，按照上述條件與彭越和韓信協商。果不其然，彭越和韓信馬上答應立即出兵，參加會戰。

韓信命令曹參鎮守齊國，以已經累次深入楚國境內作戰的灌嬰騎兵軍團為先鋒，大舉南下，突破楚軍防線，接連攻佔薛縣、沛縣、留縣，一舉攻克楚國首都彭城。防守彭城的楚軍大將、項羽的姪子柱國項它兵敗被俘。攻克彭城以後，韓信軍乘勝西進，一路攻克蕭縣、相縣（今安徽濉溪西北）、酇縣（今河南永城）、譙縣（今安徽亳縣）、苦縣（今河南鹿邑）等地，勢如破竹，步步向陳縣靠攏，很快就與劉邦軍在陳縣附近會師。與此同時，彭越軍也迅速南下，進入陳縣地區。

堅壁固守的劉邦軍，得到韓信和彭越軍的會合後，軍勢大振，馬上由防禦轉為進攻，首先擊敗鍾離昧，攻克固陵。接著包圍陳縣，守將利幾投降。在劉邦、韓信、彭越三路大軍的聯合攻擊之下，項羽被迫放棄在陳縣地區作戰的計畫，沿潁水南下，準備渡過淮河，撤退到淮南，在楚國的南部地區重整旗鼓。

就在這個時候，淮南地區的形勢發生了變化。漢將劉賈領軍渡過淮河，包圍了壽春（現安徽壽縣）。壽春是戰國末年楚國的首都，淮南地區的重鎮。劉賈包圍了壽春以後，九江郡震動。九江郡地區，是項羽分封給九江王英布的領土，劉賈借用英布的威望，派遣使者勸誘鎮守九江郡地區的楚軍將領——大司馬周殷成功。周殷反楚歸漢，舉兵迎接英布回到九江，斷絕了項羽退守淮南的打算。劉賈會合了英布、周殷軍以後，迅速渡過淮河北上抵達城父縣一帶，大有會合各路聯軍，將項羽合圍於陳縣的氣勢。

在得到九江反叛的消息之後，項羽放棄了南下的打算，趁聯軍合圍陳縣的包圍圈尚未收攏之際，迅速引軍改道東去，走項城——新陽——新郪一線，抵達蘄縣南部的垓下，止軍停駐，開始做決戰的準備。

五　垓下之戰

六十萬對十萬的兵力優勢，在劉邦手裡可能變成混亂，在韓信手裡，則是多多益善。

一貫示弱出強、以奇兵取勝的韓信，經過周密地偵查、慎重地思慮以後，

決定堂堂正正地接受項羽的挑戰，以硬碰硬。

雙方合意選定時日，在垓下平野上擺開陣勢對決。

垓下古戰場，在今安徽省固鎮縣和靈壁縣之間的淮北原野上。

漢五年（前二〇二年）十二月，由陳縣撤退到這裡的項羽，決定傾其全力，與劉邦做最後的決戰。經過長達五年的消耗戰，項羽喪失了大部分國土，失去了幾乎所有的盟國，境況日益惡化。經過短暫的休整和補充，集結在項羽手下的楚軍，仍然有十萬之眾，楚軍最精銳的核心力量，跟隨項梁項羽渡江北上的江東子弟兵依然健在。

在項羽的統領下，楚軍始終旗鼓整齊，軍紀嚴明，維持著強大的戰鬥力。楚軍將士，視項羽為軍神，項王在，楚軍軍威在。項王擊鼓，楚軍奮勇進擊；項王鳴金，楚軍從容收兵；只要項王的大旗不動，楚軍磐石不移。八年來，在項王的統領之下，楚軍速戰速決，百戰百勝，多次以少

勝多，全殲秦軍於鉅鹿，大敗漢軍於彭城，在大規模的野戰中，從來所向無敵。

自從彭城之戰以來，劉邦始終迴避與項羽決戰，用堅壁固守的方式銷磨楚軍，用後方騷擾和開闢側面戰場的方式分散楚軍，一直使項羽疲於奔命，不能堂堂正正地在野戰中痛痛快快地交戰一場。如今，撤退中的項羽選擇了一望無際的垓下平野，以沱河南岸的垓下城為據點，分軍布局，擺開決戰的陣勢，迫使劉邦軍不得不前來應戰。

在不利中撤退到垓下的項羽，得到漢與諸侯聯軍從各個方向逼近垓下的消息後，心中的陰霾一掃而空，他心中的激情再次燃起，他期待已久的決戰終於到來。項羽眺望陽光下的曠野，凝視飄揚的戰旗，耳中似乎已經聽到千軍萬馬的呼喊，恍惚中他似乎已經看到，命運之神再一次降臨了自己，楚軍將獲得又一次堪比鉅鹿之戰和彭城大捷。

最先出現在項羽視野中的敵軍，是韓信所統領的齊國軍團。齊國距離楚國最近，此時的韓信軍，已經佔領了楚國首都彭城，三十萬大軍，一部沿泗水南下，大部渡過濉水，從東北兩個方向壓迫過來，將楚軍東去進入東海郡的線路截斷。由陳縣方向尾隨而來的劉邦軍，與渡淮北上的英布劉賈軍會合，從西南兩個方向包抄而來，也是近三十萬大軍，力圖與韓信軍相會合圍。

彭城之戰，劉邦慘敗吃足了苦頭，從此不敢再與項羽正面對決，得到彭越的支援，在忍耐堅守中苦熬了四年，終於在韓信開闢北方戰場的輝煌勝利中迎來了轉機，取得了戰事的主導權。不過，追擊項羽到固陵，稍一孤軍突出，馬上遭到項羽的沉重打擊，不得不以重大讓步換取韓信和彭越的軍事支援，教訓可謂是刻骨銘心。

劉邦善於總結經驗，修正錯誤，經過彭城之戰，他自知無能指揮數十萬大軍展開野戰。他有自知之明，明白自己不能與項羽單獨力鬥。劉邦有識人之明，儘管他對已經尾大不掉的韓信不放心，他還是清清楚楚地懂得，與項羽的決戰，只能交由韓信指揮。垓下之戰前，劉邦主動隱忍退讓，居於二線，將漢與諸侯各國聯軍的指揮權，交予韓信，他的心思，更多地放在戰後的諸種事宜的處置上。

韓信自加入劉邦軍以來，如霧豹出山，風鵬騰空，滅三秦，取西魏，下趙降燕，征服齊國，屢建的奇功，可以用一句話道來：一手打下了大半個天下。不過，對於躊躇滿志、獨步天下的韓信來說，沒有與項王正面交過手，始終是一種遺憾。當他從劉邦手中接過聯軍的指揮權時，他只是平靜地想到，將如何圓滿實現？

韓信在項羽身邊多年，對於項羽的為人用事，特別是項羽的帶兵作戰之道，不但做過深入細緻的觀察，而且做過理性的得失分析，第一次面見劉邦時，他據此呈述了有名的漢中對，從事後的結果來看，無不一一中的。不過，這一次畢竟不同。這一次是項羽與自己的直接對決，不但是第一次，也可能是最後一次。

這一次對決，時間地點已經由項羽選定，對決的方式也只能是項羽最擅長的野戰，這是對韓信不利的地方。不過，此時的楚國，已經是日下的江河，此時的項羽，畢竟是困獸猶鬥，六十萬對十萬的兵力優勢，在劉邦手裡可能變成混亂的劣勢，在韓信手裡，則是多多益善。一貫示弱出強、以奇兵取勝的韓信，經過周密地偵查、慎重地思慮以後，決定堂堂正正地接受項羽的挑戰，以硬碰硬，雙方合意選定時日，在垓下平野上擺開陣勢對決。

決戰之日，在韓信的統一部署之下，六十萬聯軍擺成三重縱深的六軍陣。第一道軍陣三十萬人馬，分為前左右三軍。前軍十萬，由韓信親自統領，居中突出在前，直接面對楚軍。左軍十萬，由韓信的部將孔熙統領，右軍十萬，由韓信的另一員部將陳賀統領。左右兩軍都退後布置在中軍兩側，做側翼支援，也用來防止楚軍的兩翼突襲。第二道軍陣十萬人馬，由劉邦親自統領，做中軍部署在前軍後的縱深處，做第一道軍陣的依托和支援。第三道軍陣二十萬人馬，分為左後軍和右後軍兩部，左後軍十萬，由劉邦的部將周勃統領，右後軍十萬，由鉅鹿之戰的名將柴武統領。左後軍和右後軍退後部署在中軍的兩側，用作總預備軍，也用來防止楚軍騎兵的背後襲擊。

項羽軍十萬人，數量只有聯軍的六分之一。不過，對長於以少勝多、以精奇快猛取勝的項羽來說，足矣。關於垓下之戰項羽軍的軍陣，史書沒有記載，我們只能依據項羽一貫的作風和戰法稍作想像。數量處於劣勢的項羽軍，不能如同聯軍一樣，做攻守自如、開合有度的縱深布陣，而是必須集中兵力，主動地迅猛出擊，一舉突破聯軍的軍陣，然後深入潰陣。

項羽首先展開攻擊。楚軍前軍精銳，在鍾離昧的統領下正面衝擊韓信前軍陣首。楚軍騎兵，由兩翼出動，突襲韓信前軍陣兩側，要在奪取旗幟金鼓，打亂韓信軍的指揮系統。聯軍前軍在韓信指揮下，頑強抗擊楚軍的攻擊，由於兩翼受到楚軍騎兵襲擊，不得不收縮，陷入軍陣動搖的不利形勢，開始退卻。項羽掌握楚軍主力做中軍，緊隨鍾離昧前軍，做掩護支援。看到楚軍有利，韓信聯軍開始退卻，斷定總攻擊的時機已到，項羽一聲令下，親自統領中軍投入戰場，對退卻中的聯軍展開猛攻，準備一舉將韓信軍擊潰。

出乎項羽的意料之外，韓信軍儘管不利退卻，陣勢旗鼓卻不亂，儘管傷亡慘重，卻始終且戰且退。在項羽還來不及多想之際，從韓信軍兩翼，一直整裝待命的孔熙軍和陳賀軍突然壓迫過來，首先擊潰楚軍騎兵，進而一邊攻擊楚軍兩翼，一邊分兵向項羽軍和鍾離昧軍身後移動，將項伯所統領的楚軍後軍隔離開來，完成了對於楚軍的分割包圍。與此同時，韓信軍也停止了退卻，會合孔熙軍和陳

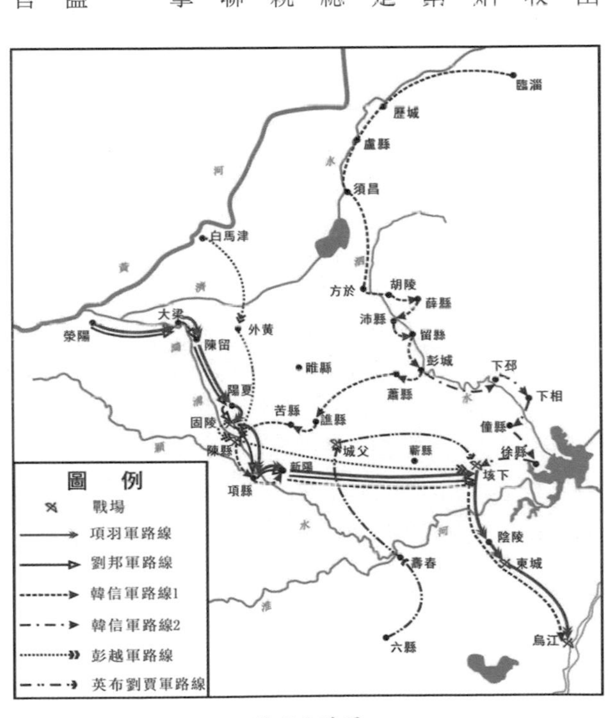

垓下之戰圖

賀軍，一道對楚軍展開總攻擊。

深陷包圍中的楚軍，在韓信三軍的分割包圍之下，軍陣大亂，無法有組織地抵抗，幾乎全軍潰滅。史書上一句話，十萬楚軍將士，戰死者八萬。可以想像戰況之慘烈。

西楚霸王（項羽）—清・上官周《晚笑堂畫傳》（乾隆八年刊行）

鴻溝

劉邦項羽議和，以鴻溝為界兩分天下，鴻溝以西屬漢，鴻溝以東屬楚。鴻溝引黃河水口多次變遷，今鴻溝故址界牌，樹立在廣武澗東霸王城邊。

靈璧垓下

垓下在哪裡？古往今來，多說在安徽省靈璧縣東南。我去韋集鎮，在一望無際的淮北原野上，尋得遺址所在。平地開闊，有連綿突起的土丘，傳說是垓下之戰死難將士的埋骨塚。小河中摸魚的農夫為我道說：進去過，是古墓，磚石砌成的，有壁畫。想來，當是東漢墓。

烏江一

2007年9月，我隨歷史追尋項羽敗退的蹤跡，出垓下渡淮河，過陰陵去東城，一直到烏江。烏江是流入長江的一條小河，進出長江的船隻常在這裡停泊。因為是船舶商旅往來的交通要地，秦帝國以來，政府在這裡設有亭部，負責郵政交通和治安管理，如今依然是河道縱橫的水鄉。

烏江二

項羽抵達烏江，烏江亭長整船靠岸，他要載項羽船出烏江河口，渡過浩蕩長江，回到江東稱王再起。想當年，如果項羽上了烏江亭長的船，或許就是如此景象？

烏江霸王祠
項羽是軍人，戰死，正是他軍旅生涯最美的終結。項羽的戰死地烏江，千百年來成了紀念項羽的聖地。「生為人傑，死為鬼雄」的燦爛光亮，閃耀在「勝者為王敗者賊」的世風暗影上。

烏江霸王祠
進霸王祠，出享殿有項王衣冠塚。參拜之餘，想起享殿后的那半副長聯：「司馬遷乃漢臣，本紀一篇，不信史官無曲筆」。我從二十一世紀來，未能臨祠大哭，感墓木余悲，有心穿透時空求往事真相，重構歷史。

垓下城

於是去固鎮縣，剛剛得到消息說，在濠城鎮發掘出古城，可能是垓下城遺址。濠城鎮在沱河南，古城遺址邊鄰沱河，四面圍有夯土城牆，城門四開，引沱河水環繞作護城濠，是一處淮河平原上難得的完整古城址。依依穿行古城，南口城牆高處樹陰中，立有「垓下城遺址」石碑，誠然信哉！

陰陵陳鐸祠

漢代陰陵城遺址在定遠縣古城集村，村中有古建廢墟陳鐸祠，別名霸王祠。傳說當年項王逃亡到這裡，被陰陵農夫陳鐸所欺，誤入大澤，被灌嬰追及，陳鐸後來受劉邦封賞，修建的祠堂遺留至今。

東城

東城遺址在定遠縣東南大橋鄉油坊李村，「東城遺址」石碑就立在城牆上。村落農居，清爽亮麗，走進院落，鋪路的都是秦磚漢瓦。

靈壁虞姬墓

2007年8月，我追隨項羽足跡到垓下，行色匆匆。從徐州楚都出發，走曹村，過符離，下蘄縣，村村鎮鎮，都是歷史地名。到靈壁縣，訪虞姬墓，一步一步走進那段歷史。

定遠虞姬墓

定遠虞姬墓出於傳說。傳說的內容大都不可靠，傳說的心思往往很真情。我也願意相信，垓下戰敗後，項羽帶走了虞姬的青絲秀髮，一直珍藏到東城。東城快戰前，秀髮自項羽懷中撒出，青絲化作白花，化作白鳥，化作白雲，引來一場白雪……。

六、烏江自刎

二十六位楚軍勇士，如何在項羽的統領下，置身漢軍的包圍圈中，與數千精銳騎兵殊死決戰，史書無言，已成絕筆。偉大的司馬遷，只以其神奇的史筆，為世人留下項羽之死的最後身姿言語。

垓下之戰，楚軍慘敗，鍾離昧所統領的前軍和項羽所統領的中軍幾乎全軍覆沒，十萬楚軍將士，生還者不到兩萬人。苦戰突出重圍的項羽，退守垓下，深溝高壘，堅守不出。大獲全勝的聯軍，將垓下的楚軍營壘團團圍困。

項羽一生，身經百戰，從未吃過敗仗，大規模的野戰，最是得心應手，宛若神助，用兵或如巨石滾下高山，或如狂風席捲落葉，從未失過手。垓下之戰，是項羽一生中唯一的一次敗仗，敗戰後困守孤城，也是他一生中從來未曾有過的屈辱體驗。

史書上說，項王統領殘部，以垓下城為要塞，修築營壘堅守，兵員缺少，糧食耗盡，聯軍的包圍圈，重重數層。項王鬱鬱不安，外出巡視軍中防務，聽到聯軍營壘中傳來陣陣熟悉的楚歌，大驚失色，自言自語道：「難道楚國都已經被漢軍攻佔？為何漢軍營中有如此之多的楚人！」

虞姬—清·上官周《晚笑堂畫傳》（乾隆八年刊行）

心情沉重的項王夜不能寐，起身在軍帳中默默飲酒。項羽的愛妾稱為虞姬，一直跟隨在身邊，項羽的愛馬叫作烏騅，多年最愛乘騎。英雄失路，望眼前美人託身無所，想帳外駿馬奔走無路，禁不住慷慨悲歌，心中滿腔的鬱結，竟然和著漢軍營中飄來的楚歌唱了出來：

「力拔山兮氣蓋世，時不利兮騅不逝。騅不逝兮可奈何，虞兮虞兮奈若何！」

歌詞大意是說，英雄蓋世力能拔山，時運不濟寶馬頓足，寶馬不行無可奈何，虞姬啊虞姬，你將何從？

據說，傷感欲絕的虞姬，起身為項王楚舞，和歌唱道：

「漢軍已略地，四面楚歌聲。大王意氣盡，賤妾何聊生。」

意思是說，漢軍已經攻佔了楚國，營壘之外盡是楚歌。大王頓挫失意，賤妾也無心生存。歌詞或許是後人的假託，卻是情理中的延伸。項羽與虞姬對詞和聲，同歌數闋。英雄一世的項王，禁不住潸然淚下，左右侍從，無不痛哭失聲，無人能夠抬頭仰望。

當晚半夜，項羽帶領八百名近衛騎士，出垓下城，突破漢軍的包圍圈，徑直南下而去。天亮，漢軍統帥部方才確認突圍的是項王，劉邦當即命令騎將灌嬰統領五千騎兵追擊，務必要擒殺項羽。

項羽一行急急南下，過澮水，渡淮河，八百騎士只剩下百有餘人。進入陰陵縣（現安徽定遠縣西北）境內，迷失了方向。向當地一農夫問路，農夫指點說：往左走。項羽一行左去，結果陷入沼澤地區，方知受騙上當。待到項羽一行走出沼澤時，灌嬰騎兵已經追趕上來，尾隨不捨。

項羽為了擺脫追兵，不顧人疲馬乏，強行軍往東而去，進入東城縣（現安徽定遠縣東南）境內時，身邊只剩下二十八騎。抵達四潰山（現安徽全椒、和縣之間），項羽遙望身後滾滾而來的漢軍旗幟煙塵，自忖難以脫逃，於是登山集結二十八位騎士，感慨說道：

「我自起兵以來，至今已經八年，身經七十餘戰，所當者破，所擊者服，未嘗吃過敗仗，這才霸有天下。然而到了眼下，竟然困窮於此，這是上天要亡我，而不是征戰的過錯啊！今天，我決死無生還意，願為諸君痛痛快快作最後之戰。一戰潰圍，二戰斬將，三戰奪旗，願為諸君，連勝三戰。願使諸君知道，這是上天要亡我，而不是征戰的過錯啊！」

於是項羽如往日臨戰，口授軍令，部署二十八騎整裝受命。他分二十八騎為四隊，每隊七騎，各向一方做環形布陣。他久久地觀察地勢，靜靜等候漢軍的到來。漢軍騎兵聚攏，將項羽一行團團圍困，裡外數重，水泄不通。

項羽手指山坡下旌旗晃動的漢軍，從容對部下說：「我領一隊先行，首先為諸君斬一敵將。」然後指著遠方吩咐道：「看清楚了，那裡有三處高敞地，你等三隊由另外三個方向馳入敵陣，突圍後分別抵達，等候我的到來。」話音未落，項羽一聲高呼，率領二十八騎突入漢軍軍陣。楚軍的突然行動，使漢軍猝不及防，隊列被打亂，軍陣被撕開，項羽趁勢斬殺敵將一員。就在這個時候，一名叫作楊喜的漢軍騎士迎面與項羽撞個正著，被圓睜雙眼的項羽一聲怒吼，馬受驚，人失態，掉頭一陣狂奔，跑出幾里地外。

戰況如項羽所言，四隊楚軍騎士，分別衝開漢軍軍陣，抵達項羽指定的三處高地。一時亂了陣腳的漢軍騎兵，在灌嬰的指揮下迅速重整隊列，再次實施包圍，由於不知道項羽在何處，於是分五千騎兵為三隊，分別包圍三處高地。此時的項羽，意氣風發，統領兩隊騎士馳下第一座高地，突入漢軍騎陣，破陣直奔第二高地而去，途中斬殺漢軍騎士數十人。抵達第二高地會合後，項羽趁漢軍還來不及重整隊列，率領三隊騎士馳下高地，斬殺漢騎兵高級將領——騎都尉一人，抵達第三高地，四隊騎士順利會合，查點人員，僅僅損失了兩名騎士。

項羽自負地問道：「今日之戰，如何？」

二十六名騎士下馬，俯伏項王馬前齊聲回答道：「如同大王所言。」

於是項羽統領二十六騎突圍一路東南去，抵達東城縣烏江亭地界（今安徽和縣烏江鎮）。烏江是流入長江的一條小河，進出長江的船隻常在這裡停泊，因為是船舶商旅往來的交通要地，秦帝國以來，政府在這裡設有亭部，負責郵政交通和治安管理。

項羽抵達烏江，烏江亭長已經整船靠岸，等待良久。亭長對項羽說：「渡過長江，就是江東地區。江東雖然不大，也是地方千里，居民數十萬之地，足以一隅稱王，願大王迅速渡江。眼下烏江，唯有臣下有船，縱使漢軍追兵到來，也是無船不能渡江。」

此時的項羽，心境澄明，來去已定。他難得一笑，回答亭長說：「天要亡我，我又何必渡江！想當初，八千江東子弟隨我渡江西進，到如今無一人生還，縱使江東父老兄弟憐愛不棄，仍然以我為王，我又有何臉面去見他們？縱使江東父老兄弟默默不言語，我項籍豈能問心無愧啊！」

項羽一聲長嘆，繼續對亭長說：「我知道你是厚道長者。我這匹烏騅馬，五歲正當年，我騎此馬所向無敵手，曾經一日馳行千里，不忍殺死，贈送予你。」

待到烏江亭長船載烏騅馬離岸遠去，項王命令部下下馬，將戰馬放生，二十六人手持盾牌刀劍步行，背靠烏江，相倚集結成三面環陣，以必死之心，靜候結束生命的最後一戰。

漢軍第一陣抵達，兩軍開始接戰……

二十六位楚軍勇士，如何在項羽的統領下，置身漢軍的重重包圍圈中，與數千精銳騎兵殊死決戰，史書無言，已成絕筆。偉大的司馬遷，只以其神奇的史筆，為世人留下項羽之死的最後身姿言語。

血戰中的項羽，已經身負十餘處創傷，突然間轉身不動，顧望眼前一位漢軍騎將喊道：「來人可是舊友呂馬童？」

突然被項羽直呼其名的呂馬童不敢正視項羽的目光，側身面對身邊的戰友王翳，手指著項羽說：「這就是項王！」

項羽繼續喊道：「我聽說漢王懸賞千金，封邑萬戶，要我的頭。我成全你！」說完揮劍自刎，得年三十二歲。

漢軍將士蜂擁而上，搶奪項羽的遺體，數十人相互蹂躪殘殺而死。最後，郎中騎王翳奪得項羽的頭，郎中騎楊喜、騎司馬呂馬童、郎中騎將楊武、騎士呂勝各奪得項羽遺體的一部分，帶回劉邦軍大營，經過驗證，確切無誤。

按照劉邦頒布的軍令，五位斬殺項羽的騎士分享千金萬戶的封賞，都受封最高爵位為列侯，從此載入史冊。

七、垓下行

我更願意相信項羽帶走的是虞姬的青絲秀髮，一直珍藏到東城。

東城快戰前，秀髮由項羽懷中撒出，青絲化作白花，化作白鳥，

化作白雲，引來一場白雪……

這場神奇的天變異動，成為項羽認定天命的契機，

他決心與虞姬同去，永不分離……

二〇〇七年八月，我追隨項羽足跡到垓下，行色匆匆。從徐州楚都出發，走曹村，過符離，下蘄縣，村村鎮鎮，都是歷史地名。到靈璧縣，訪虞姬墓，一步一步走進那段歷史。

垓下在哪裡？古往今來，多說在安徽省靈璧縣東南。我去韋集鎮，在一望無際的淮北原野上，尋得一塊小小的石碑「垓下遺址」，由靈璧縣人民政府所立。石碑在路北，無聲無息，默默藏身於田地樹叢裡。路南開闊，平地中有連綿突起的土丘，傳說是垓下之戰死難將士的埋骨塚。小河中摸魚的農夫為我道說：進去過，是古墓，磚石砌成的，有壁畫。想來，當是東漢墓。

於是去固鎮縣，剛剛得到消息說，在濠城鎮發掘出古城，可能是垓下城遺址。濠城鎮在沱河

南，古城遺址邊鄰沱河，四面圍有夯土城牆，城門四開，引沱河水環繞做護城濠，是一處淮河平原上難得的完整古城址。古城堆積的文化，從石器時代到戰國秦漢，至今依然保留著封閉聚居的村落形態。北魏酈道元《水經注》說，垓下城在洨水南。沱河應當就是古代的洨水，打開隨身攜帶的《水經注圖》對比，紙上實物，田野書齋，一種物我契合的歡娛，由河水浸潤而來，由城址生發開去，穿透紙背，踅入心來。

據當地耆老講，抗戰前南城門還在。我等依依穿行古城，到村南口，城牆高處樹蔭中，立有石碑一座，「垓下城遺址　安徽省人民政府一九八六年七月三日公布」，誠然信哉！

固鎮縣與靈璧縣本是一個縣，後來分開。沱河是兩縣的界河，河北是靈璧，河南是固鎮，靈璧的韋集鎮與固鎮的濠城鎮隔河相望，周圍是一望無際的淮北平原，千年的古戰場。以今度古，二十世紀四十年代淮海戰役在這一地區展開，三十年代的台兒莊戰役也在這一帶拉鋸。古往今來，數十萬大軍的決戰，都要有廣闊的戰場擺開軍隊，戰事的展開也一定在多處進行。連綿不斷的戰役，到了古代史家惜墨如金的筆下，常常成了語焉不詳的套話。文言文無法表達詳情細節的局限，現代的治史者一定要深思。

感銘中遙想當年，四面楚歌之夜，項王別離虞姬，統領八百騎士潰圍南走，正是應當出垓下南門。於是我等一行，驅車出南門尾隨歷史而去，過澮水穿越五河縣，直趨淮河。淮河水勢浩蕩，舟行船往，想項羽當年，渡淮後僅剩百餘騎，消失的七百名騎士，究竟是死於突圍的戰鬥？

抑或是葬身淮河波濤中……？

淮南是另一番景象，河道水田池塘，稻米竹葉蓮香，南北中國的氣候分野，東部的邊界就在淮河線上。進入鳳陽縣，朱元璋的故鄉，匆匆不敢停留，直奔定遠縣而去。一路上，地勢漸漸低下，緩緩向東南展開。車上追思回想，項羽隨同項梁率領八千江東子弟渡江挺進淮北，彙集各路英雄豪傑，浩浩蕩蕩往高處走。事不過八年，又統領八百殘部渡淮河回歸江東，一路損兵折將，如江河日下往低處流。何等不同的境況，何等不同的心境，西北高東南低的地形，也與中國歷史征服的趨勢同一走向？

到了定遠縣，秦漢的陰陵和東城，縣城都在境內，項羽生命最後的時光，都揮灑在這一帶的山山水水。扎扎實實住下來，又讀文獻，再查地圖，文管所的朋友，一早就來催行。出縣城，走西卅店，經太康鎮，北上進入靠山鄉。昨夜風雨，今日道路泥濘，棄車步行到古城集村，尋得漢代的陰陵故城。

古城集村地勢高敞，如同垓下城一樣，如今也是一孤立的自然村落，有城牆遺留，護城河舊道，一九九一年八月定遠縣人民政府在村口立有石碑「陰陵城遺址」。村中有古建廢墟陳鐸祠，別名霸王祠，傳說當年項王逃亡到這裡，被陰陵農夫陳鐸所欺，誤入大澤，被灌嬰追及，陳鐸後來受劉邦封賞，修建祠堂流傳至今。

民間傳說，多在似有似無之間，無中生有的事情少，附會添加的傳聞多，自有生成的歷史。

陳鐸祠的傳說，當由項羽迷路的故事而來，據當地人說，陰陵城西一帶，從前皆是水塘濕地，難道是《史記》所記的大澤？我惆悵西望，想到迷路的項羽在大澤中看到了什麼？或許是躲避戰亂的苦難民眾，對於楚國楚王的失念和絕望……

脫出陰陵，折回定遠，次日一早，再循項王足跡直奔東城而去。東城遺址在定遠東南大橋鄉，距縣城五十餘里。正當趕集的日子，殺豬宰羊，吆喝叫賣，人來人往，讓我想起當年豐邑沛縣的集市，也想起故鄉成都郊外的鄉鎮，賣肉的彷彿樊噲，買魚的宛若陳勝吳廣，至於那問價尋貨的少年，恍惚中有自己兒時的身影。

秦漢東城縣遺址在油坊李村，石碑就立在城牆上，「東城遺址　安徽省人民政府一九九八年五月」。村落農居，清爽亮麗，走進院落，鋪路的都是秦磚漢瓦。村西有河，隔河是二龍鄉潭村，有虞姬墓，因為道不同，昨日午後先去過了，一座巨大的封土堆，直徑近七十公尺，高達二十餘公尺。唐代學者張守節《史記正義》引地理書《括地志》說：「虞姬墓在濠州定遠縣東六十里」，就是指的這裡。觀望想來，應當是漢代王侯級的大墓？

項羽一生中，唯有一位紅顏相隨，這就是虞姬。關於虞姬的生平，史書上寥寥數語，「有美人名虞，常幸從」，留下她恩寵無盡的身世。垓下突圍前，項羽慷慨悲歌，呼喚「虞兮虞兮奈若何！」，反覆「歌數闋，美人和之」，勾畫她訣別無依的音姿。如此缺一漏萬的古史記載，自然留下了無限的想像空間。

秦漢時代有虞縣，在今河南虞城縣北，古為虞國。以姓氏推想，虞姬或者是古來虞國王族的後裔？兩千年來，流傳有兩座虞姬墓，一處在剛才說過的定遠縣二龍鄉潭村，還有一處在先前去過的靈璧縣。

兩處虞姬墓，都出於傳說。傳說的內容大都不可靠，傳說的心思往往很真情。有傳說虞姬在垓下自殺，悲痛的項羽帶走了她的頭。我願意相信虞姬被項羽埋葬在垓下，那就是靈璧的虞姬墓。我更願意相信項羽帶走的是虞姬的青絲秀髮，一直珍藏到東城。東城快戰前，秀髮由項羽懷中撒出，青絲化作白花，化作白鳥，化作白雲，引來一場白雪……這場神奇的天變異動，成為項羽認定天命的契機，他決心與虞姬同去，永不分離……

八、劉邦即位於定陶

劉邦是政客，他的人生最高境界，是獲取天下，執掌最高權力做秦始皇。垓下之戰，他將全部軍權交予韓信，既期待又不安，心多用在戰後的安排。勝利之後，他是放船出港，順風揚帆，一步一槳駛入預定的航道。

垓下之戰結束，項羽身死烏江。劉邦確認項羽已死之後，部署聯軍逐一平定楚國及其盟國各地。

臨江國是項羽分封的王國，領有秦帝國時代的南郡等地，首都在江陵（今湖北江陵）。第一代臨江王是共敖，在楚懷王時代，曾經出任國務大臣，以楚柱國的官職，領兵攻下秦帝國的南郡等地，因功被項羽封為王。共敖於漢三年（前二〇四年）七月死去，王位由他兒子共驩繼承。在楚漢戰爭中，臨江國始終站在楚國一邊，協助項羽作戰。項羽死後，共驩繼續抵抗，劉邦派遣將軍盧綰和劉賈進攻臨江國，江陵被圍困數個月之久。漢軍攻克江陵後，共驩被俘，帶回洛陽處死。

楚懷王時代，項羽被封為魯公，封地在魯縣。魯縣位於現在的山東曲阜，春秋戰國時代是魯國的首都。魯國（西元前一〇四六年—前二五六年）是周公的封國，西周初始受封建國，國運延續了將近八百年，直到戰國末年才被楚考烈王所滅。因為周公的緣故，在諸侯各國中，魯國保存西周文化最多。魯國又是孔子的故鄉，孔子繼承周公，開創了儒家文化。受此偉人世風的影響，多年來，魯縣成為文化之鄉，禮儀守節之國。

項羽是魯國的封君，魯國是項羽的領地，魯國人民是項羽的子民。按照古來封君立國的傳統和理念，子民必須為封君盡忠。垓下之戰前夕，形勢已經非常不利，魯縣周圍的城邑，大都已經被韓信軍攻克，魯縣堅守不下。垓下之戰結束，楚國各地紛紛歸服，唯有魯縣，恪守古來封建遺風，堅持為項羽守城。劉邦大為憤怒，親自統領大軍圍困魯縣，揚言攻克後屠城不赦。

劉邦是沛縣人，離魯縣不遠，對於崇尚周公孔子的魯縣民風文化，早有耳聞。他年輕時做過遊俠，看重然諾義氣，如今要坐天下當皇帝，對於守節盡忠的倫理，自然在意。當他瞭解到魯縣恪守古風禮節的固執時，不能不有所觸動，經過與謀士協商，他下令將項羽的頭展示給魯縣父老。魯縣父老由此確認項羽已死，魯縣子民與封君項羽間的君臣義務也自然解除，於是開城投降。

魯縣投降以後，劉邦對項羽的葬禮以及項氏一族的未來做了精心安排。他選定穀城作為項羽的葬地，以魯公的規格禮儀築墓安葬。下葬之日，劉邦親自出席葬禮為項王治喪，哭泣舉哀。

對於項氏一族，劉邦寬待懷柔，一律赦免不究，承諾禮遇封賞。一年後，他封項羽的叔父、項氏一族之長項伯為射陽侯，封項羽的姪兒項它為平臯侯，又封項襄為陶侯。項氏一族，都賜姓劉，納入皇族，與劉氏共榮。這已經是後話了。

安葬了項羽以後，老謀深算的劉邦，馬上著手安排韓信。垓下之戰結束，韓信指揮齊軍參與平定各地殘敵，東進到東郡定陶縣（今山東定陶），止軍築營休整。劉邦一行，由轂城東南而下，迅速抵達定陶，馬不停蹄，一路馳入韓信軍大營，當即召見韓信，解除了韓信的軍事指揮權。想來，此時的韓信，一方面對劉邦的突然出現感到驚詫，另一方面，對劉邦奪軍收權的舉動並無意外之感。同樣的事情，已經多次在劉邦和自己之間演出，他哭笑不得，很無奈。

韓信是軍人，他人生的最高境界，是聯百萬之軍，攻必克戰必勝。垓下之戰，他獲得最高統帥權，指揮六十萬大軍與項王決戰，他的全部心思，都在如何用兵取勝上。勝利之後，他難免惆悵茫然，不知所向。劉邦是政客，他的人生最高境界，是獲取天下，執掌最高權力做秦始皇。垓下之戰，他將全部軍權交予韓信，既期待又不安，心多用在戰後的安排。勝利之後，他是放船出港，順風揚帆，一步一槳駛入預定的航道。

解除了韓信的指揮權以後，劉邦全面控制了軍隊，他重新部署將領，精心安排人事，調整疆土封邑，開始做稱帝的準備。

漢五年正月，劉邦宣布天下大定，從此休戰息民，赦罪人，賞有功，重新安排天下。他下令說：「楚國已經平定，義帝沒有後代，楚國地區需要安定，楚國人民需要撫慰。齊王韓信，熟悉楚國風土人情，變更改立為楚王。王淮北之地，定都下邳。」同時下令說：「魏相國彭越為國操勞，親民愛兵，多次以少勝多擊破楚軍，今以魏國舊地封彭越為梁王，定都定陶。」將楚漢戰爭中左右勝負的兩大功臣做了妥善安排。

韓信彭越安排妥當以後，劉邦召集各國諸侯王和主要將相大臣匯聚定陶，協商稱帝的事宜。經過慎重協商和周密安排以後，由楚王韓信領頭，聯名韓王韓信、淮南王英布、前衡山王吳芮、趙王張敖、燕王臧荼，一道向劉邦上勸進皇帝號疏。疏中申明，劉邦在各諸侯王中軍功最高，德行最厚，漢王的稱號已經不能與此相稱，一致請求劉邦接受皇帝的稱號。劉邦做形式化的推辭以後，正式接受了皇帝的稱號，成為漢王朝的開國之君，第一任皇帝。

於是，在博士叔孫通的主持之下，按照秦王朝的禮節制定了即位的儀式，劉邦嫌麻煩，劈里啪啦一陣大刪減，只願意接受最簡略的即位禮，精明柔順的叔孫通一一照辦了。

漢五年（前二〇二年）陰曆二月初三，漢王劉邦在定陶縣城北的氾水北岸正式即皇帝位。即位儀式，簡略而盛大，起台築壇，告祭天地先祖，以韓信為首的六位諸侯王領頭居首，以太尉盧綰為首的漢與諸侯各國大臣將軍三百餘人跟隨，共同奉進皇帝尊號。想來，即位的場所可能就在軍營中，千軍萬馬，呼聲雷動。

劉邦即位後，漢國王后呂雉尊稱皇后，太子劉盈尊稱皇太子，又尊稱已經過世的母親劉媼為昭靈夫人，各種名目頭銜禮儀制度，都要一一制定，由戰亂到安定的種種安排，都要逐一處置，從此以後，中國歷史又進入一個新的時代，中國歷史上第一個聯合帝國——漢帝國的時代。

漢高祖（劉邦）—清・上官周《晚笑堂畫傳》（乾隆八年刊行）

第六章

倒影回聲中的楚和秦

一、誰殺死了項羽

呂馬童等五位斬殺項羽的漢軍騎士，因功封侯，從此載入史冊。逐一查閱這五位騎士殘存的檔案材料，一個驚人的事實浮現出來：他們都出身於秦帝國的首都內史地區，都是舊秦軍的騎兵將校。

西元前二〇二年，項羽自刎烏江，年僅三十二歲。

司馬遷說，人固有一死，或重於泰山，或輕於鴻毛。畢卡索說，死是一種美。我想，美麗的死，是人生的極致。項羽是軍人，戰死，正是他軍旅生涯最美的終結。

我整理歷史到項羽之死時，對於《史記》的這一段記事，在感嘆文辭之精絕壯美，敘事之栩栩如生的同時，常常有不可思議的奇妙感。這一段記事，究竟是文學還是史學，是虛構還是真實？究竟是司馬遷筆補造化的神來之筆，還是歷史託付太史公的秉筆之語？

讓我們再一次回到太史公筆下項羽之死的最後身姿言語：

烏江河岸，血戰中的項羽，已經身負十餘處創傷，突然間轉身不動，顧望眼前一位漢軍騎將喊道：「來人可是舊友呂馬童？」

突然被項羽直呼其名的呂馬童不敢正視項羽的目光，側身面對身邊的戰友王翳，手指著項羽說：「這就是項王！」

項羽繼續喊道：「我聽說漢王懸賞千金，封邑萬戶，要我的頭。我成全你！」說完揮劍自刎，享年三十二歲。

漢軍將士蜂擁而上，搶奪項羽的遺體，數十人相互蹂躪殘殺而死。最後，郎中騎王翳奪得項羽的頭，郎中騎楊喜、騎司馬呂馬童、郎中騎將楊武、騎士呂勝各奪得項羽遺體的一部分，帶回劉邦軍大營，經過驗證，確切無誤。

按照劉邦頒布的軍令，五位斬殺項羽的騎士分享千金萬戶的封賞，都受封最高爵位為列侯，從此載入史冊。

……

真是不可思議的記事。項羽之死的最後身姿，有誰看見了，項羽之死的最後言語，有誰聽見了，又是如何輾轉流傳，由司馬遷記載下來？這位被項羽稱為舊友的呂馬童是什麼人，他與項羽之間究竟有什麼關係？再者，與呂馬童並肩追殺項羽到烏江，共同奪得了項羽遺體一部的王翳、楊武、呂勝、楊喜又是些什麼人，他們與項羽和呂馬童之間又有什麼關係？凡此種種，千百年來都是不可解的謎。《史記》啊《史記》，在你的這些神秘記事後面，究竟隱藏著多少不為人知的秘密？

幸運的是，呂馬童等五位斬殺項羽的漢軍騎士，因功封侯，從此載入史冊，他們的功業和家系的簡介，都被保存在《史記》和《漢書》的〈功臣表〉中，一直流傳到了今天。我為了破解項羽之死的秘密，逐一查閱了這五位騎士殘存的檔案材料，真是不查不知道，一查嚇一跳！這五位斬殺項羽的漢軍騎士，竟然無一例外都出身於同一地區，都是舊秦軍的將士。

呂馬童，秦帝國的內史好畤縣（今陝西乾縣東）人，本是舊秦軍郎中騎將，漢元年參加劉邦軍團，曾經以司馬的官職出擊楚國將領龍且的軍隊，後來與他人共同斬殺項羽，漢七年正月受封為中水侯，封國之民為一千五百戶。

王翳，秦帝國內史下邽縣人（今陝西渭南市臨渭區），本是舊秦軍郎中騎，漢元年參加劉邦軍團，屬於淮陰侯韓信的部隊，後來跟隨將軍灌嬰，與他人共同斬殺項羽，漢六年封為杜衍侯，封國之民為一千七百戶。

楊喜，秦帝國內史華陰（今陝西西安南）人，舊秦軍郎中騎，漢二年參加劉邦軍團，屬於淮陰侯韓信的部隊，後來跟隨將軍灌嬰與他人共同斬殺項羽，漢七年封為赤泉侯，封國之民為一千九百戶。

楊武，秦帝國內史下邽縣人，舊秦軍郎中騎將，漢元年參加劉邦軍團，曾經參加攻擊陽夏縣的戰鬥，後來以都尉的官職與他人共同斬殺項羽，漢八年因功封為吳防侯，封國之民為七百戶。

呂勝，秦帝國內史地區人，舊秦軍騎士，漢二年加入劉邦軍團東出函谷關，後來以郎將的官職與他人共同斬殺項羽，漢七年封為涅陽侯，封國之民為一千五百戶。

這張表，用現在的話來說，就是一張個人檔案表，明確記載劉邦軍的功臣參加革命的時間、地點、身分、所屬、功績等等內容。這種紀錄，是勝利後論功行賞的依據，不但可靠，而且古今中外通行。透過這張表，我們可以看出一個非常驚人的事實：斬殺項羽的五位漢軍騎士，都出身於秦帝國本土的核心區域——首都內史地區，都是舊秦軍的騎兵將校，他們都是秦帝國滅亡以後，在關中地區加入到劉邦軍團中來的。

歷史是淡化遠去的海流，史書是泛起水面的浪花。古往今來活過死去的人何只數十百億，在史書上留下姓名者能有幾人？秦末漢初，人口大約兩千萬，垓下之戰，漢軍六十萬，楚軍十萬。七十萬戰士當中，六十九萬九千九百都是無名戰士。七十萬戰士當中，呂馬童、王翳、楊喜、楊武、呂勝等五名騎士能夠留下名字來，機率在十四萬分之一，可以說是偶然中的偶然。不過，以十四萬分之一的機率脫穎而出的五人，都是關中本土出身的舊秦軍將士，機率在百分之一百，這就絕非偶然了。

仔細追究下來，這五位秦軍將士的身後，不但牽連著數十萬舊秦軍將士的命運，也關涉到秦楚漢之間分合聚散、既爭鬥又承繼的複雜關係，不得不分頭一一敘說。

二、最後的秦軍

南部軍獨立，北部軍被殲滅，中部軍投降以後，秦政府宣布放棄皇帝稱號，恢復秦王的名號。這個時候的秦國政府，最大的希望就是維持舊秦王國的存在，而支撐這個希望的物質力量，就是駐守京師地區的最後一支秦軍主力部隊——京師軍還完好無損。

秦始皇麾下的帝國秦軍，曾經是當時亞洲大陸上最強大的軍隊。這支軍隊，久經百戰，名將輩出，在短短十數年間，徹底摧毀六國的軍事力量，統一了中國。秦帝國建立後，這支軍隊北上與匈奴騎馬軍團作戰，奪取了河套地區，將匈奴的勢力驅趕到蒙古高原北部，移民建立九原郡。在南方，秦軍越過五嶺山脈，深入亞熱帶和熱帶山川叢林，征服廣大的百越地區（現福建，廣東、廣西和越南北部），移民建立了桂林郡、南海郡和象郡。

秦帝國的軍隊組織，大體可以分為中央軍和地方軍兩部分。地方軍是屬於各地的守備部隊，由各地徵集，按各縣各郡配置，由各郡縣守尉指揮，數量不多，一般在當地駐守。中央軍是秦軍的主力，包括駐守關中保衛京師咸陽的衛戍部隊和駐守邊關要塞的野戰部隊。中央軍也由各郡縣徵發，裝備精良，訓練有素，秦征服六國，北擊匈奴，南侵百越，主要都是由中央軍擔當的。

秦末之亂爆發時，秦帝國軍隊的配置，除各地的地方軍外，中央所屬的主力軍大概有四支。一支是征服嶺南地區後留駐的南部軍，一支是屯駐長城沿線的北部軍，一支是新組建的中部軍，再有一支是駐守關中的京師軍。這四支秦軍，在秦末之亂中命運各不相同。我們分別一一敘述。

一、南部軍

南部軍是秦帝國征服和鎮守嶺南地區的軍隊，人數大約有十萬人。南部軍的第一任統帥是屠睢，第二任統帥是任囂，第三任統帥是趙佗。

秦帝國出兵逾越五嶺，征服嶺南地區，大約在始皇二十八年左右。出征嶺南，秦帝國究竟出動了多少軍隊，《史記》沒有明確記載。西漢時期編撰的《淮南子・人間訓》提到，秦將屠睢領軍五十萬進攻嶺南。《淮南子》是諸子雜說彙編，誇誇其談的事情多，嚴謹的史事少。五十萬大軍南征的說法，大概也是遊說之士的誇張。

當時，嶺南地區還處在部落君長時代，沒有完整的國家機構和組織嚴密的軍隊。面對這樣的對手，秦帝國全面動員，以五十萬大軍征嶺南的說法，很難令人相信。新近的研究認為，秦帝國南征軍的數量，可能在八到十萬之間，比較合於情理。據史書記載，隨同秦軍的南進深入，秦政府曾經數次向嶺南地區移民，將五十萬人數，理解為秦南征軍、後勤運送和前後移民的總人數，或許更合適一些。

秦末之亂爆發後，帝國東南的舊楚國地區反叛最為劇烈，秦與嶺南的交通聯繫完全斷絕。駐防嶺南的南部軍採取了安土保民的政策，封鎖了五嶺邊界，斷絕與北部地區的交通，完全沒有介入秦末之亂的戰爭中。大約在秦二世三年末（前二〇七年），南部軍統帥趙佗宣布獨立，建立了南越國。支撐南越獨立建國的基本軍事力量，就是南部軍。

二、北部軍

北部軍是秦帝國負責北方邊境地區防務的軍隊，沿長城駐守，主要是為了防禦北方地區的遊牧民族，特別是匈奴騎馬軍團的南侵。北部軍的第一任統帥是蒙恬，第二任統帥是王離，總部設在上郡膚施縣（大約在今陝西榆林一帶）。北部軍數量最高時號稱有三十萬人。

關於北部軍，史書的記載比較明確。秦始皇三十二年，秦始皇派遣大將蒙恬統領三十萬大軍北伐匈奴，奪取了匈奴在河套地區的肥美牧地，設置九原郡，移民屯田，修築長城要塞，建立了帝國北部邊境最大的軍事基地，長年駐以重兵。北部軍不僅直接面對匈奴的數十萬騎馬兵團，也是關中地區的北部屏障，重要性非同一般，軍隊的統帥蒙恬任內史兼任首都地區的行政長官，監軍是皇太子扶蘇。始皇三十七年，秦始皇死於出巡途中，李斯、趙高、胡亥偽造詔書送抵膚施，扶蘇和蒙恬先後自殺，北部軍改由副將王離統領，王離的副將是蘇角和涉間。

秦末之亂爆發，北部軍奉命內調參與平叛。在王離的統領下，北部軍主力渡過黃河，進入雁門太原地區，負責平定趙國和燕國地區的叛亂。北部軍控制了雁門太原地區後，封鎖井陘口，策反趙國大將李良，顛覆了武臣的趙國政權，進入華北平原，攻擊在齊國支援下重建的趙歇趙國。這一段時期，北部軍的主要交戰對手，是齊趙聯軍，主要戰場，是河北地區，數量大概有十餘萬人。二世二年九月，北部軍一部秘密南渡黃河，與退守濮陽的章邯軍會合，一舉擊潰圍城的楚軍，殺死了楚軍大將項梁，取得了平叛戰爭中的重大勝利。

濮陽大勝後，北部軍乘勝攻戰，將齊趙聯軍和趙王君臣圍困在鉅鹿，章邯也統領中部軍主力渡河北上支援，拉開了鉅鹿之戰的序幕。不久，項羽統領楚軍主力渡河北上，切斷王離軍和章邯軍的連接處，破釜沉舟渡過漳河，在鉅鹿城下大敗秦軍，大將王離被俘，副將蘇角戰死，另一位副將涉間自焚而死，北部軍全軍覆沒。

三、中部軍

中部軍是秦政府在秦末之亂中新組建的軍團，數量大概在二十餘萬左右，主帥是章邯，知名的重要將領有司馬欣和董翳。

二世元年八月，陳勝部將周文攻入關中，秦都咸陽告急。京師軍在戲水擊敗楚軍穩住陣腳後，秦政府任命少府章邯為大將，徵集關中地區的兵員，釋放驪山刑徒，緊急組建中部軍。不久，中部軍擊潰周文軍，出關乘勝東進，逐一消滅陳勝軍主力，攻克張楚首都陳縣。平定了張楚以後，中部軍進入魏國地區，攻克魏國首都臨濟，平定了魏國地區的叛亂。進而再接再厲，擊敗增援魏國的齊軍和楚軍，殺死齊王田儋。幾經勝敗反覆之後，與北部軍聯手在濮陽作戰，擊潰項氏楚軍主力，殺死了項梁。

消滅了黃河南岸各地的叛亂軍主力後，中部軍主力渡過黃河，攻佔了趙國首都邯鄲。然後，一面沿黃河設防，一面修築甬道為圍困鉅鹿的王離軍運糧，準備圍點打援，在鉅鹿一帶聚殲六國援軍。鉅鹿大戰，北部軍全軍覆沒，章邯統領中部軍退守河內安陽。二世三年七月，內外交困的章邯統領二十萬中部軍投降項羽。次年十一月，投降的秦軍在即將進入關中的時候，軍心不穩，遭到項羽所統領的聯軍突然襲擊，被坑殺於新安。至此，中部軍全軍覆沒。

秦帝國的建立，靠的是秦軍多年連續不斷的征戰勝利。與此相應，秦帝國的滅亡，也因為秦軍主力逐一從戰場上消失。南部軍獨立，北部軍被殲滅，中部軍投降以後，秦帝國滅亡的命運已經決定，二世三年八月，秦政府宣布放棄皇帝稱號，恢復秦王名號。秦政府的這項決定有兩重意義，一是宣布秦帝國解體，二是希望秦國與六國並存。這個時候的秦國政府，最大的希望就是維持舊秦王國的存在，支撐這個希望的物質力量，一是舊秦國的本土關中地區還在秦政府的手中，二是駐守首都地區的最後一支秦軍主力部隊——京師軍還完好無損。

京師軍的去向，將決定秦國的命運。

三、秦軍成為漢軍主力

劉邦攻佔了三秦以後，確定了從法統、領土、人力、制度等各個方面，全面繼承秦國的秦本位政策。從此以後，舊秦軍將士、舊秦國本土出身的秦人，源源不斷地加入到漢軍當中，成為漢軍的主要兵源，漢軍的人員結構，也因此發生了重大而意義深遠的變化。

秦帝國的京師地區，行政上稱為內史。秦的內史地區，大致東以函谷關為界，西到散關，北到蕭關，南到武關，三面環山，一面臨河，是易守難攻的形勝之地。渭河橫貫內史地區的中央，形成八百里秦川的關中平原，土地肥沃，物產豐富，人口密集，是當時天下最富饒的地區。內史地區的北部是上郡和北地郡，西部是隴西郡，南部是漢中郡、巴郡和蜀郡，都屬於秦國的本土地區。

秦末陳勝吳廣起義以來，關東大亂，各郡縣紛紛反叛，六國全部復國，秦軍陷入苦戰。與此相對應，舊秦國的本土地區一直非常穩定，沒有出現任何反叛和動亂。帝國秦軍的一支精銳主力部隊——京師軍始終駐守在內史地區，維繫著首都地區的安全。這一支軍隊，不但與秦帝國中央政府的存亡休戚相關，也與漢帝國的建立關係密切，項羽之死中種種難解之謎的解答，需要到這支秦軍的來龍去脈中去尋找。我們稍微詳細地加以敘述。

大體而言，秦帝國的京師軍，也就是配置在京師地區，負責保衛首都和皇帝的軍事力量主要有三支，它們分別是郎中令軍、衛尉軍和中尉軍。

郎中令軍是皇帝的侍從武官團，由郎中令統領，主要由郎官組成，數量多的時候將近千人。郎中令是皇帝的侍從總管，九卿大臣之一。郎官們既是皇帝的侍從近衛，也是官員的預備隊，個個出身良好，都經過嚴格的挑選。郎官比照軍事組織編制，由諸位郎將統領，在宮內負責皇帝的警衛和侍從。

衛尉軍是皇宮宿衛軍，由衛尉統領。衛尉也是九卿大臣之一，統率衛尉軍負責首都咸陽內外各個宮城的進出以及宮城內的保衛。衛尉軍的戰士稱為衛士，由帝國內郡徵召，數量大概在兩萬人左右。

中尉軍是首都地區的衛戍部隊，由中尉統領。中尉也是九卿大臣之一，他的工作主要包括兩部分，一是管理京師地區各縣的地方軍，負責首都各縣的治安秩序，一是統領駐京衛戍部隊，負責京師地區的守備、各個官署的保衛等等。由中尉所統領的這支駐京衛戍部隊，被稱為中尉軍，戰士主要由首都地區徵召，數量大概在五萬人左右，是一支精銳的野戰部隊。

秦末之亂中，京師軍一直留在關中負責首都地區和皇帝的保衛。二世二年九月，陳勝部將周文領軍攻入關中，抵達咸陽東郊的戲水地區時，屯駐在這個地區的中尉軍成功地組織了戲水阻擊戰，擊退了敵軍，保衛了首都咸陽，為章邯組建中部軍贏得了寶貴的時間。

戲水阻擊戰，是秦末之亂中秦京師軍參加的第一場戰事，關於這場戰事的詳細情況，我已經寫入本系列的第一部《秦崩》第五章中。戲水阻擊戰，參戰的秦軍主力是中尉軍。隨後，中尉軍協助新組建的中部軍將周文軍趕出關中，中部軍出關乘勝追擊，中尉軍則留在關中，繼續承擔著保衛首都地區的重任，始終沒有離開首都地區，也沒有捲入關東地區的戰事。

二世三年八月，劉邦軍攻破武關，進入關中地區。九月，秦王子嬰刺殺丞相趙高，掌握了政權，派遣軍隊在嶢關（今陝西藍田）附近阻擊劉邦軍，被劉邦軍擊敗。這支前往嶢關的秦軍，應當也是中尉軍。

嶢關阻擊戰失敗，劉邦軍兵臨咸陽城下。漢元年十月，秦王子嬰為了保全首都不被屠戮，統領百官開城投降。劉邦和平地接管了秦國政府和秦國本土，秦京師軍各部也被接管，成為劉邦軍的一部分。

十二月，項羽統領四十萬聯軍進入關中，鴻門宴上劉邦屈服，將所接管的秦國政權全部交出，秦京師軍也交由項羽處置。二月，項羽分封天下，舊秦國的關中地區被分為雍國、塞國和翟國三個王國，史稱三秦，秦京師軍被編入三秦的軍隊。

八月，韓信統領漢軍由漢中反攻關中成功，塞國和翟國投降，雍國不久被消滅，編入三秦軍的舊秦京師軍將士，再一次回到劉邦軍營，成為漢軍的一部分。

劉邦攻佔了三秦以後，確定了從法統、領土、人力、制度等各個方面，全面繼承秦國的秦本位政策，定都櫟陽，以舊秦國為根基，東進與項羽爭奪天下。從此以後，隨著戰爭的持續，徵兵制的執行，舊秦軍將士、舊秦國本土出身的秦人，源源不斷地加入到漢軍當中，成為漢軍的主要兵源，漢軍的人員結構，也因此發生了重大而意義深遠的變化。

我們已經敘述過了，劉邦是秦泗水郡沛縣人，這個地方，過去屬於楚國。陳勝吳廣起兵反秦，劉邦在沛縣起兵，殺掉縣令，依照楚國的制度，被推舉做了沛公，就是沛縣的長官，正式組建了軍隊，宣稱從屬於陳勝所建的張楚國。劉邦起家的這支軍隊，由沛縣出身的青壯年組成，約有三千人，被稱為沛縣子弟兵，是以後劉邦政治軍事集團的核心，未來漢帝國的開國元老，如蕭何、曹參、王陵、夏侯嬰、樊噲之屬，幾乎都在其中。

陳勝死後，劉邦又投靠楚王景駒。二世二年三月，劉邦軍攻克碭縣，徵召碭縣兵六千人編入軍隊，一氣擴張到近萬人。四月，項梁攻殺楚王景駒。劉邦投奔項梁，得到項梁的信任和支持，五千楚軍由項梁撥歸劉邦，劉邦軍擴張到一萬五千人，成為楚國的主力軍團之一。

項梁戰死後，各路楚軍收縮撤退，集結於彭城。二世二年後九月，楚懷王親政，對反秦戰略做了重大的調整，確立了保留秦國，寬貸秦人，以首先攻入關中的將領做秦王的方針，同時對楚國軍隊也做了整頓改編。劉邦得到楚懷王的信任，被任命為碭郡的最高長官——楚國的碭郡長，接受了西進攻取關中的重要使命。從此以後，早期劉邦軍的基本建制成形，這支楚國建制的楚軍碭郡軍團，人數大概在三萬人左右，主要由舊楚國和舊魏國出身的人組成，未來漢軍的中堅力量，就是這支三萬人的楚軍老部隊。在以後的征戰中，這支軍隊始終跟隨劉邦轉戰各地，直到建立漢帝國，轉化成為帝國統治階層的核心。

劉邦攻入關中，佔領秦國，統領的是這支軍隊。項羽分封劉邦為漢王，跟隨劉邦進入漢中的，也是這支軍隊。以這支軍隊為基礎，劉邦在漢中擴軍備戰，在韓信的主導下，按照秦軍的制度整訓舊部，將楚制的軍隊改造成為秦制的軍隊，同時徵召巴蜀漢中的秦人入伍，重新組建漢軍，一舉反攻關中成功。攻佔關中以後，漢軍開始大規模地徵召關中地區的秦人入伍，編入漢軍，出關作戰。從此以後，秦人源源不斷地進入漢軍，逐漸成為漢軍主力，在戰事中嶄露頭角，開始出現在史書的記載中。

正是在這種漢繼承秦，外來的楚人和本土的秦人由上而下的合流重組中，漢軍在彭城大敗以後組建騎兵部隊，分散在漢軍中的舊秦京師軍的騎兵將士，被集中抽調出來，組建了灌嬰騎兵軍團。這支騎兵部隊，在灌嬰的統領下，馳騁各地，屢建奇功，成為漢軍精銳的機動部隊。垓下之戰，他們奉命追擊項羽到烏江。其中的五位幸運者，因為斬殺項羽的功績，被封為列侯，從此青史留名。

呂馬童及其戰友們，在這種秦漢合流的背景下，都有自己曲折的歷史。

四、秦將楊喜的故事

秦將楊喜是項羽之死的當事者，歷史見證人。

楊喜的故事，是楊家代代相傳的口碑，一直傳到司馬遷的耳朵裡，由他加工編輯成文。《史記》項羽之死之所以如此精彩動人，讀來栩栩如生宛若身臨其境的秘密，就在這裡。

世界是舞台，歷史是戲劇。歷史的精彩，常常在於細節。

項羽之死，堪稱《史記》最精彩的名篇，我們由篇中的另一個細節，項羽烏江自刎前呼喚「故人」的一聲留言，牽引出了帝國秦軍的下落，也揭示了漢軍的主力是舊秦軍的秘密，將秦楚漢歷史的連續性彰顯了出來。

不過，千百年來，人們還忽略了項羽之死篇中的一個細節。垓下突圍以後，項羽渡過淮河，經過陰陵，來到東城。在東城境內一座稱作四潰山的小山坡上，項羽抒發了「此天之亡我，非戰之罪也」的有名感慨，然後布置身邊僅存的二十八位騎士，潰圍、斬將、刈旗，打了一次堪稱經典的教科書式的漂亮仗。

《史記》記敘這次戰事說，楚軍的突然行動，使漢軍猝不及防，隊列被打亂，軍陣被撕開，項羽趁勢斬殺敵將一員。就在這個時候，一名被稱作赤泉侯的漢軍騎士迎面與項羽撞個正著，被圓睜雙眼的項羽一聲怒吼，馬受驚，人失態，掉頭一陣狂奔，跑出幾里地外。

這位赤泉侯，是在東城之戰的記事中唯一實名出現的漢軍將士，他突然在項羽面前冒了一下，然後又一溜煙消失在數千追兵當中，失去了蹤跡。不過，這位赤泉侯，在隨後的烏江之戰中又出現了。我們已經詳細地敘述過了，項羽揮劍自刎後，遺體被五位漢軍騎士奪得，他們都因此獲得了賞金，受封為列侯，從此青史留名。其中的一位，就是赤泉侯，他姓楊名喜，內史華陰人，曾經是舊秦軍的郎中騎士，是一位全程參加追擊項羽的歷史親歷者，歷史事件的當事人。

楊喜這位當事人出現在項羽之死的歷史記事中，是一個不起眼的細節，千百年來，沒有引起人們的注意。我整理這段歷史，常常有不可思議之感，為什麼司馬遷在精彩而簡潔的記事中會插上這麼一段，突兀而不著邊際，宛若放錯了地方的斷簡。另一方面，項羽圓睜雙眼一聲怒吼，赤泉侯人馬俱驚，狂奔數里這一段描寫，往往會使我想到《三國演義》，手持丈八蛇矛的張飛，長坂坡據水斷橋一聲怒吼，嚇得曹將夏侯傑墜馬而亡，五千精騎止步不前。兩相對照之下，一種疑慮應然而生，《史記》的這類記事，是歷史還是演義，是真實的記事還是虛構的誇張？益發不可思議。

史記有些記事太精彩，精彩得使人不敢相信，項羽之死就是其中的一篇。近代以來，不少嚴謹的學者懷疑這些精彩的篇章不是真實的歷史記事，而是太史公文學虛構的神來之筆。我讀《史記·太史公自序》，太史公敘述編撰《史記》的手法說：「我不過是敘述故事，整理世間的不同流傳而已，並非有意去創作。」這一段可靠而實在的披露，提示我們司馬遷口風緊人實在，不編故事，不過，他好奇心重耳朵長，喜歡聽故事。《史記》中的種種故事，需要尋找來源和版本。

於是追查楊喜這位項羽之死的當事人，他的祖上無跡可尋，他的後代卻是綿綿不絕，千古留名。原來，自從楊喜因為斬殺項羽封為赤泉侯以後，楊家從此發跡，世世列侯，代代官宦，成為兩漢以來，最有名的世家大族，東漢時期四世三公的楊震一族，開創了隋王朝的楊堅一家，都是這個家族的後裔。

楊喜的第五代孫叫作楊敞，活躍於漢昭帝時期，深受執掌政權的大將軍霍光的賞識，長期在大將軍幕府擔任長史，也就是秘書長。楊敞後來先後出任大司農（財政部長）和御史大夫（副首相），官運亨通，一直做到丞相，被封為安平侯。

楊敞擔任丞相的第二年，漢昭帝去世，年僅二十二歲，沒有後代。霍光從諸侯王中選取漢武帝的孫子，昌邑王劉賀繼承了皇位。劉賀繼承皇位以後，行為淫亂不軌，危及國家安定，霍光深為憂慮，與親信大臣密謀廢黜劉賀，另立新皇帝。這件事情，可謂是漢朝歷史上破天荒的大事，不僅事關帝國的命運，也關係到參與者的身家性命。據史書上說，霍光主持制定了廢黜昌邑王的方案後，由大司農田延年到丞相府向楊敞通報。楊敞生性謹慎怕事，聽了通報後，嚇得汗流浹背，說不出話來，只是啊啊啊地一味連聲恭應。

會面途中，田延年上廁所離開，這個時候，一直在廂房聽取談話的楊敞夫人走了出來，急迫地對楊敞說道：「這是國家的大事情，如今大將軍的方案已經決定，讓大臣來通報君侯而已。君侯如果不迅速響應，果斷地表示與大將軍同心協力，而是猶豫不決，必定首先被誅殺清除。」夫人的話，點醒了楊敞，促使他拿定了主意。當田延年從廁所歸來時，楊敞與夫人一道，積極回應田延年的通報，表示堅決支持霍光廢黜昌邑王的方案，主動參與其事。昌邑王廢黜以後，霍光擁立漢武帝的曾孫劉病已即位，是為漢宣帝。楊敞因為擁立宣帝的功勞，不但保住了丞相的地位，而且得到了三千五百戶人家的新增封賞。

在這次事件當中，楊敞膽小怕事，優柔不斷，楊夫人深明大義，果斷決絕，夫婦二人的識見個性恰成鮮明的對照。這位在事關楊氏家族生死存亡的關鍵時刻站出來拿主意的傑出女性，與司馬遷關係甚深，《史記》項羽之死的精彩篇章，也與她有分割不開的關係。

原來，楊敞夫人是司馬遷的女兒，楊敞是司馬遷的女婿。司馬遷沒有兒子，他傾其一生所著的《史記》，完成後只抄寫了兩部傳世，副本一部收藏於漢朝政府的圖書館，正本一部收藏於家中，死後由女兒帶到丈夫楊敞府中保存下來。楊敞與楊夫人所生的兒子叫楊惲，是宣帝時期難得的博學才俊，他喜好歷史，熟讀《史記》，有外祖父司馬遷的遺風。

楊敞大概生於武帝元光年間，他在武帝元封年間（前一一〇年—前一〇五年）結婚，娶司馬遷的女兒為妻，年紀大概在二十五歲前後。司馬遷生於漢景帝中元五年，他比楊敞大十三歲左右。司馬遷大約死於武帝後元年間，他去世的時候，大概有六十歲了，女婿楊敞大約四十七歲。司馬遷與楊敞的交往，從元封年間兩家聯姻算起，到後元年間司馬遷死止，至少有二十年以上。兩家的往來，可謂是久遠而密切。

對於楊家來說，楊喜追殺項羽，是家族發跡的起點，也是楊家最引以為自豪的偉業。漢政府封賞楊喜為赤泉侯，頒發有丹書鐵券，用紅筆將封狀寫在鐵板上，與相關的檔案文書一道，做永久性的保存。丹書鐵券，是一分為二的合符，一半保存在漢朝宗廟，另一半保存在楊家，世世代代流傳。丹書鐵券結尾處有這樣幾行文字：「使河如帶，泰山若厲，國以永寧，爰及苗裔。」意思是說，即使黃河乾涸變成衣帶，泰山崩塌變為礪石，封賜之國仍將永存，綿綿不絕傳給子孫。

這就是歷史，王朝的歷史，侯國的歷史，家族的歷史，又一部史記。完全可以想像這樣一個場面，這份標記楊家發跡的丹書鐵券，供奉在楊家祠堂的中央，楊喜手撫丹書鐵券，向兒孫們講述受封的由來，講述當年的事情。楊喜去世以後，兒子繼承了侯位，他同樣手撫丹書鐵券，向自己的兒孫講述老爺子當年的輝煌事蹟。兒子去世以後孫子接替，孫子去世以後曾孫接替，一代一代繼續將故事講述下去。

楊喜的故事，一直講述到第五代孫楊敞。楊敞將這些故事講給夫人聽，當然，他也將這些故事講給老丈人司馬遷聽。司馬遷是漢政府的太史令，他正為寫《史記》網羅天下的放失舊聞，收集世間的傳言故事。言者也許無心，聽者定然有意。在與女婿同席的酒席宴間，司馬遷聽得津津有味，事後將這些生鮮的活歷史記錄下來，寫進書中。

楊喜的一生中，最光彩、最值得回憶、最值得大講特講的事情，毫無疑問就是參加垓下之戰，追擊到烏江斬殺項羽的戰績，這是他受封的功勳啊！東城被項王嚇得人馬受驚，倒退數里，烏江岸邊目睹項王最後的雄武，聽到項王最後的呼聲，他都親歷現場，自然講述得活龍活現，虎虎有生氣。當然，在楊喜的講述中，耳聞目睹之外，被俘楚軍的口供轉述，戰友間的傳聞流言，都可能混在其中，都可能被添油加醋。不過，無論如何，楊喜的口述都是當事人的證言，第一手的史料，經過第一流的歷史學家司馬遷的加工編撰，寫成了第一流的史學篇章，堪稱古代口述史的經典。

五、楚父秦母昌平君

我由西楚霸王與秦將呂馬童的舊友關係，聯想到項氏一族與秦人的交情，進而往前追溯，一直到項燕擁立秦國丞相昌平君為楚王。昌平君是秦王嬴政的表叔，楚王負芻的兄長，扶蘇的保護人，透過他的仲介，秦公子扶蘇與楚大將項燕也就聯繫起來了。

在楊喜講述的項羽之死的故事當中，戰友呂馬童最為神秘。故事中說，項羽在血戰煙塵中認出了呂馬童，高聲問道：「來人可是舊友呂馬童？」呂馬童不敢正視項羽，側身手指項羽對身邊的戰友說道：「這就是項王。」項羽又一聲高呼：「我聽說漢王懸賞千金，封邑萬戶，要我的頭。我成全你！」於是拔劍自刎。

精彩歷史中的又一個細節，引出又一個疑問：這位呂馬童，究竟是什麼人？他為什麼會被項羽稱為舊友，他與項羽究竟有什麼故舊關係？

追查呂馬童的歷史，他是秦帝國的內史好畤縣人，本是舊秦軍郎中騎將，皇帝近衛武官團的高級將校。秦將呂馬童不但地位比楊喜高，加入劉邦軍團的時間也比楊喜早一年。後來的經歷與楊喜類似，編入灌嬰所統領的騎兵部隊，隨同韓信征戰齊國，曾經以司馬的官職出擊楚國將領龍且的軍隊，垓下之戰後奉命追擊，在烏江岸邊與楊喜等人共同斬殺項羽，受封為中水侯。以上簡歷，就是史書中所留下的有關呂馬童的全部信息。在這些殘存的信息中，找不到呂馬童與項羽直接交往的蹤跡。

項羽自幼跟隨叔父項梁，由項梁一手撫養成人。項梁的交遊，常常就是項羽的交遊。秦帝國時期，項梁曾經到過關中，犯法入獄，被關在櫟陽縣的監獄裡。後來，項氏家族透過關係，請蘄縣的司法部長、獄掾曹咎寫信給櫟陽縣的獄掾司馬欣求情，項梁得以釋放。曹咎是蘄縣人，屬於楚人，後來從軍跟隨項梁，成為項氏楚軍的大司馬。司馬欣是櫟陽人，屬於秦人，後來策動章邯投降項羽，被封為塞王，首都就定在櫟陽。從這件事情當中，項梁、項羽和項氏家族與秦地秦人的往來，已經浮現出一些隱約的蹤跡。這些隱約蹤跡所透露出來的關係，是楚人與秦人的交情。

繼續往前追溯，項氏家族，是楚國的名門貴族，世世代代為楚軍將領。項梁的父親、項羽的祖父項燕曾經出任楚軍大將。秦始皇統一天下，秦軍大將王翦攻破楚國首都壽春，楚王負芻被俘。項燕擁立昌平君熊啟繼承王位，在淮北繼續抗擊秦軍。

昌平君熊啟，是一位神秘的歷史人物，根據史書的記載，他在歷史上只有兩次光輝的亮相，一次在楚國，就是他與項燕聯手反秦，被擁立為末代楚王的事情。還有一次是在秦國，他與呂不韋一道受命領兵平定嫪毐之亂，扶持年滿二十二歲的秦王嬴政親政掌權。這兩次光輝的亮相，乍一看可謂是風馬牛不相及，矛盾重重扯不到一起。

昌平君平定嫪毐之亂，在秦王政九年，也就是西元前二三八年。昌平君被擁立為楚王反秦，是在秦王政二十四年，也就是西元前二二三年，其間整整隔了十五年。十五年前，他是秦國的政要，在咸陽扶持秦王嬴政親政。十五年後，他成了嬴政的敵人，在淮北被項燕擁立為楚王。這位朝秦暮楚，活躍在秦楚兩國政權中樞的昌平君，究竟是什麼人？他與秦王嬴政，與楚將項燕究竟有什麼關係？在他的身後，是否隱藏著秦楚兩國之間不為人知的秘密？

一九七五年，考古學家在湖北省雲夢縣睡虎地發掘了多座秦國的墓葬，其中有一座編號為十一號的墓，是秦王政時代一位地方官員的墓葬，從這座墓葬中出土了大量的秦代竹簡，竹簡中有一份關於墓主生平的履歷書，用編年記事的形式寫成，被稱為《大事記》。在這份《大事記》中，昌平君的大名赫然出現：

二十一年，韓王死。昌平君居處其處，有死[士]屬。

「二十一年」，秦王政二十一年，西元前二二六年。韓王，末代韓王韓安。秦王政十七年，秦軍攻陷了韓國首都新鄭，韓王韓安被俘虜，韓國滅亡，被俘的韓王安被遷徙到陳縣（河南淮陽）軟禁。秦王政二十一年，韓王安死在陳縣，昌平君被遷徙到這裡來，有敢死之士跟隨。語焉不詳的隻言片語，宛若歷史的汪洋大海中濺出的點滴浪花，映照出水下無垠的深沉。

一九八九年，著名歷史學家田餘慶先生發表〈說張楚——關於亡秦必楚問題的探討〉一文，首次以索隱鉤沉的形式，將昌平君與項燕聯手反秦的事蹟做了歷史復原，秦國與楚國之間複雜而密切的關係，也由此透露出可以解讀的曙光。二〇一〇年，我追隨先生足跡，結合文獻和出土文物，將昌平君的一生做了完整的復原，寫成〈末代楚王史跡鉤沉——補《史記》昌平君列傳〉，終於將這位楚父秦母、連接嬴姓和熊姓兩大王族的神秘人物的真相大白於天下，秦國和楚國延續了四百餘年，整整二十一代的婚姻關係，也由此被披露出來。〈昌平君列傳〉，我用文言文寫成，下面，我將全文翻譯轉錄如下：

昌平君，是楚考烈王的庶子，名字叫作熊啟。楚頃襄王二十七年，秦國與楚國和好，楚國派遣太子熊元到秦國做人質，滯留秦國十年之久，在秦國娶妻生子。熊啟出生於秦國，他的母親，應當是秦昭王的女兒。

楚頃襄王三十六年，頃襄王熊橫病重，熊元與春申君密謀，隻身從秦國逃亡，回到楚國。同年秋天，頃襄王病逝，熊元被立為楚王，這就是考烈王。

熊啟和母親一道留在秦國，親近舅母華陽太后。到了秦始皇的父親子異認華陽太后為養母的時候，熊啟於是與子異也親近起來。莊襄王子異即位，熊啟以王室至親的關係出仕，受到華陽太后的寵愛和信任，受封為昌平君。

莊襄王病逝，長子嬴政十三歲被立為秦王，委政於太后與大臣。當時，太后有三位，嬴政的養祖母華陽太后、親祖母夏太后、母親帝太后。大臣有多位，主要有相國呂不韋、昌平君和昌文君等人。

秦王政九年，嬴政親政，長信侯嫪毒在咸陽發動武裝政變。秦王命令相國呂不韋、昌平君和昌文君領兵平定叛亂。當時，昌平君當為御史大夫，為平叛出力甚多。嫪毒的案件，牽涉到呂不韋。十年，呂不韋被免相，昌平君被任命為丞相。

十二年，右丞相熊啟與左丞相顛共同監造銅戈。十七年，華陽太后過世，秦王日益成長壯大，昌平君愈益感到旁落不安。這個時候，左丞相是隗狀，熊啟與他一道監造在郃陽製造的銅戈。

二十一年，秦王急欲攻滅楚國，大將王翦慎重其事，諫言不為所用，被貶斥罷將，稱病回到故鄉頻陽養老。丞相熊啟在朝廷的會議上附和王翦，另有隱情微辭，同時失去秦王的信任。就在這個時候，韓國故都新鄭發生叛亂，被俘後遷徙到郢陳□山的韓王安受牽連死去。於是，秦王將昌平君罷相，遷徙到韓王安死去的地方，有敢死之士追隨他前往。

二十二年，李信、蒙武領軍進攻楚國。昌平君在郢陳起兵反秦，迫使李信、蒙武軍撤回。在楚軍的夾擊下，李信軍大敗，部下七名都尉被殺。

秦王大怒，親自前往頻陽陳謝，強使王翦出任大將，領軍進攻楚國，圍困郢陳，南出平輿，攻破楚國都城壽春，俘虜楚王負芻。於是楚國大將項燕擁立昌平君為楚王，撤退到淮北繼續抗秦。這一連串事件，都發生在秦王政二十三年。

二十四年，王翦、蒙武繼續攻擊楚國，在蘄縣大破楚軍，昌平君戰死，項燕自殺，楚國至此滅亡。

……

在昌平君神秘而波瀾壯闊的一生中，有一件事情與本書所敘述的歷史最有關聯，值得專門提出來加以說明。

秦王政九年，長信侯嫪毐發動武裝政變，昌平君與呂不韋等一道受命領兵平定叛亂。秦王政十年，呂不韋免相，昌平君被任命為丞相，主持秦國政府的工作。在昌平君主持秦國政府工作的這一年，有一件重要的事情發生，就是秦王嬴政大婚，娶了正妻。

秦王嬴政的婚姻，由養祖母華陽太后主持。華陽太后是楚國人，是多年執掌秦國政權的楚系外戚集團的領軍人物，按照當時的國際婚姻慣例，她從自己的出身國楚國為自己的孫子選取了媳婦。昌平君是華陽太后信任的至親，他既是嬴政的表叔，又是在位的楚幽王的兄長，事情的具體運作，當由他一手操辦。迎娶的楚夫人，來自楚國王室，也是他的一位近親。

根據專家的推測，這位楚夫人，就是秦王嬴政的王后，長公子扶蘇的母親，史書失載的始皇后。華陽太后去世以後，昌平君成了秦國政權中楚系外戚集團的頭面人物，他是楚夫人的靠山，也是楚系公子扶蘇的保護人……

歷史很神秘，因為我們不能再回去。歷史也很無奈，因為史料太殘缺。有時候，歷史學家不得不如同偵探一樣，由少而又少的證據，透過聯想和推理，將斷裂的往事連接起來，求得一種合情合理的理解。

我由西楚霸王與秦將呂馬童的舊友關係，聯想到項氏一族與秦人的交情，進而往前追溯，一直到項燕擁立秦國丞相昌平君為楚王。昌平君是秦王嬴政的表叔，楚王負芻的兄長，公子扶蘇的保護人，透過他的仲介，秦公子扶蘇與楚大將項燕也就聯繫起來了。

六、尋找傳聞中的歷史流

這些年來，歷史現場去得多了，開始穿透記實和傳聞，超越紙上和書齋，在行走中獲得動態的歷史流。千百年來，散處各地的古跡遺址，常常被附會上各種民間傳說。這些傳聞故事，假假真真，不可貿然相信。不過，這些傳聞故事，自有自已的歷史，其中常常混雜著歷史的真實。

昌平君的父親熊元是楚頃襄王熊橫的嫡長子。楚頃襄王二十一年（前二七八年），秦將白起攻破楚國的首都郢城（今湖北江陵），楚國被迫遷都到陳縣（今淮陽），稱為郢，俗稱郢陳。頃襄王二十七年（前二七二年），熊元在春中君的陪同下，由郢陳出發到秦國做人質，不久在咸陽娶了秦王的女兒，生下昌平君。楚頃襄王三十六年（前二六三年），熊橫病重，透過春中君的策劃，熊元由咸陽隻身逃回郢陳，繼承了王位，是為考烈王，不久，春中君也回到郢陳，做了令尹，也就是楚國的丞相。

考烈王二十二年（前二四二年），在春中君的主持下，楚國聯合山東五國合縱進攻秦國失敗，被迫放棄郢陳，遷都到壽春（今安徽壽縣），也稱郢。秦王政二十一年（前二二六年），昌平君罷相，由咸陽遷徙到陳縣。一年後，他與楚國大將項燕聯手，在陳縣豎起反秦的旗幟，大敗攻楚的秦軍。這一段段秦楚糾結、複雜而曲折的歷史，都與陳縣這個地方相關聯。

秦統一天下後，陳縣一直是反秦的熱土，彙集了各種反秦勢力。魏國名士張耳陳餘被秦政府通緝，逃到陳縣隱藏。張良為了復仇離開故鄉，首先來到陳縣學習。秦末之亂，陳勝吳廣起義建立張楚國，首都就定在陳縣。陳縣啊陳縣，不去是不足以瞭解這一段風雲突變的歷史。

二〇〇九年八月，我隨歷史到淮陽訪古，直奔平糧台。先去馬鞍塚，看了楚頃襄王夫婦的墓，早就被盜竊一空。就近去平糧台遺址，新石器時代的古城，聚集著商周以來直到戰國秦漢的千餘座墓葬，頃襄王墓的車馬坑也在這裡。

又去淮陽縣城，四面皆湖，荷葉田田，蓮花點點，依稀到了江南。地面已無陳縣故城的蹤跡，考古的朋友介紹說，文革前城牆還有，知青返城時無處安身，都被削平修了住房。引領下，順著舊城牆地表走過，湖光水影間，彌漫出傷感，期待中的淮陽訪古行，漸行漸遠。

漸行漸遠中，陳縣淡去，浮現出來的，都是商水縣。商水縣在淮陽市西南，距淮陽不到五十公里。秦漢時代，商水和淮陽都屬於陳縣。因為順道，昨日先去過了。

商水之所以吸引我，是因為兩位歷史人物。一位是陳勝，秦末之亂的首事者，一位是扶蘇，秦始皇的長子。乍一看，陳勝和扶蘇，風馬牛不相及的人物，怎麼會與商水扯在一起？

《史記・陳涉世家》記載大澤鄉起義時說，陳勝吳廣斬殺了兩位押解的將尉，領導九百戍卒

淮陽

淮陽縣城，四面皆湖，荷葉田田，蓮花點點，依稀到了江南。地面已無陳縣故城的蹤跡。考古的朋友介紹說，文革前城牆還有，知青返城時無處安身，都被削平修建住房。在友人引領下，順著舊城牆地表走過，湖光水影間，瀰漫出傷感，期待中的淮陽訪古行，漸行漸遠。

楚頃襄王墓

2009年8月，我隨歷史到淮陽訪古，先去馬鞍冢，看了楚頃襄王夫婦的墓，早就被盜竊一空。就近去平糧台遺址，新石器時代的古城，聚集著商周以來直到戰國秦漢的千餘座墓葬，楚頃襄王墓的車馬坑也在這裡。

舉事復楚反秦，那一聲「王侯將相寧有種乎」的呼喊，千百年來成了平民革命、農民戰爭、甚至階級鬥爭的標誌。奇怪的是，千百年來，人們有意無意地忽視了陳勝吳廣起義的另一個標誌，就是「詐稱公子扶蘇、項燕」，宣稱扶蘇和項燕還活著，起義是在他們二位的領導下進行的。

項燕和扶蘇，都是第一等的貴族，陳勝吳廣宣稱起義是在他們領導下進行的，已經將階級鬥爭的顏色漂白，透露出陳勝可能是陳國王族後裔的信息，相關的事情，我已經寫進本系列第一部《秦崩》的改定本中，這裡就不再多說了。

秦末之亂的性質是六國復興，後戰國時代來臨。在這個歷史大背景中，陳勝吳廣起義復楚反秦，用抗秦而死的楚軍大將項燕號召楚國民眾，很好理解，然而，同時也用秦始皇的長子扶蘇來號召楚國民眾，就相當費解了。我曾經解釋這件事情說，扶蘇仁慈而冤死，陳勝吳廣起義借助於對於仁者的懷念來反抗暴君，有利於瓦解秦軍和秦政府。雖然也是一種理由，總是不盡如人意。

後來，為了親臨歷史現場，查詢地圖文物，得知商水縣有扶蘇村，扶蘇村有扶蘇墓，還有一座戰

扶蘇村

《史記・陳涉世家》記載陳勝吳廣起義「詐稱公子扶蘇、項燕」。秦漢時代，今淮陽和商水都屬於陳縣。商水縣有扶蘇村，扶蘇村有扶蘇墓和陽城古城，這些在傳聞中被放在同一時代的遺址，恐怕與這條難解的記載有關？

扶蘇墓

扶蘇墓在扶蘇村外，是商水縣文物保護單位。歷史考古圈內的人都知道，扶蘇被胡亥、趙高害死在上郡，他的墓葬在今陝西省綏德縣，他從來沒有到過河南商水，怎麼可能會埋在這裡？

國秦漢時代的古城，可能就是陳勝的出生地陽城。歷史考古圈內的人都知道，扶蘇被胡亥趙高害死在上地，他的墓葬在今陝西省綏德縣，他從來沒有到過河南商水，怎麼有可能埋在這裡？商水的扶蘇墓，肯定不是埋葬扶蘇的真墓。

這些年來，歷史現場去得多了，對於真實的歷史和歷史的真實有了切身的體驗，開始穿透記實和傳聞，超越紙上和書齋，在行走中獲得動態的歷史流。千百年來，散處各地的古跡遺址，常常被附會上各種民間傳說。這些傳聞故事，假假真真，不可貿然相信。不過，這些傳聞故事，自有自己的歷史，其中常常混雜著歷史的真實。

由此生發開去，商水縣有扶蘇村，扶蘇村有扶蘇墓和陽城古城，這些在傳聞中被放在同一時代的遺址，背後或許有歷史的關聯。這些關聯，恐怕與《史記・陳涉世家》的那條難解的記載有關，陳勝吳廣起義「詐稱公子扶蘇、項燕」的歷史之謎，或許可以在商水獲得解答？

扶蘇村在商水縣舒莊鄉，距離縣城十八公里。親臨現場的當天，大概是下過雨，路上多泥濘，戰國秦漢的繩紋瓦片，不時散見在路邊。村外的扶蘇墓意外的大，使我想起長安縣秦二世胡亥墓的規模，屬於商水縣文物保護單位，有一九七八年商水縣革命委員會所立的石碑。扶蘇墓北二百公尺，還有一座墓，據稱為蒙恬墓，已經被平毀。兩座墓葬，都建在古代遺址上，不知何時被戴上了花冠，寫上了扶蘇和蒙恬的名字。

循路進了扶蘇村，村裡村外地下，延伸著陽城古城，地上還可以見到城牆的殘留。上世紀

陽城古城

循路進了扶蘇村，村裡村外地下，延伸著一座古城遺址，地上還可見到城牆的殘留。上世紀80年代，商水縣對古城做過考古調查，確認遺址屬於戰國秦漢，可能就是陳勝的出生地陽城？

楊鳳翔

打聽到當年參與調查的楊鳳翔先生還健在，當即前往拜望。楊先生七十有餘，退休在家，喜迎我等遠道的好古同行。一席話下來，喜出望外，楊先生就是當年陶片的採集人，採集到的四件陶片，有一件還保存在楊先生手邊，欣然展示予我們。

扶蘇陶片

大碗大小的陶罐殘底，當中有一四方的戳印，陶文據考證為「扶蘇（胥）司工」。陶片上有楊鳳翔先生墨筆手書「河南省商水縣扶蘇村古城址1980，04，10日出土　採集人楊鳳翔」，是僅存的一件，堪稱珍貴。

八十年代，商水縣對古城做過考古調查，確認這是一座戰國秦漢時代的古城，東西長八百公尺，南北寬五百公尺，城中有建築和冶鐵遺址。在城東南的堆積層中，還採集到四件印有「扶蘇司工」的陶器殘底。

臨場想來，扶蘇墓是毛，陽城古城是皮，扶蘇墓是附會，陽城古城是附會下面的根基。皮之不存，毛將焉附。看來，扶蘇墓的由來，一定與陽城古城相關，「扶蘇司工」的陶文，正是連接扶蘇墓與陽城古城的結點。

去文管所尋找當年的採集物，時過境遷，人事多變，已經蕩然無存。打聽到當年參與調查的楊鳳翔先生還健在，當即前往拜望。楊先生七十有餘，退休在家，喜迎我等遠道的好古同行。一席話下來，喜出望外，楊先生就是當年陶片的採集人，採集到的四件陶片，有一件還保存在楊先生手邊，欣然展示予我們。大碗大小的陶罐殘底，當中一四方的戳印，陶文據考證為「扶蘇（胥）司工」，陶片上有楊先生墨筆手書「河南省商水縣扶蘇村古城址1980，04，10日出土　採集人楊鳳翔」，是僅存的一件陶片，堪稱珍貴。

宋代地理書《輿地紀勝》稱這座古城為扶蘇城，說：「秦二世時，陳涉詐稱公子扶蘇，此城蓋涉所築。」陳勝吳廣起義建立張楚國，定都淮陽，政權僅僅存在了半年，這座古城，不可能是陳勝修建的。不過，這座古城與扶蘇有關的傳說卻相當久遠。據當地的民間傳說，陳勝在大澤鄉起義打出了扶蘇的旗號，詐稱起義是在扶蘇和項燕的領導下進行的，他定都淮陽以後，宣稱扶蘇戰死，將自己的故鄉陽城改名為扶蘇城，為他修築墳墓，並修建有祭祀的建築。不無可能，或許這就是扶蘇墓的由來？

陳勝的故鄉在哪裡？多年來一直聚訟紛紜，有人說在安徽宿縣，有人說在河南登封，還有人說在南陽方城。陳勝是古代陳國王族的後裔，大澤鄉起義的九百壯士，都是從陳郡各地召集來的戍卒，他的故鄉，應當在古代陳國境內，也就是秦帝國的陳郡境內。商水屬於古代陳國，距離陳國的首都陳縣很近，扶蘇村的這座古城，應當就是陳勝的故鄉陽城。

陳勝吳廣大澤鄉起義後，不但各國貴族紛紛響應，天下名士學者也前往投奔。以孔子的後裔孔甲為首的儒生們，身懷禮器詩書，也來到陳縣，加入張楚政權。儒生們雖然不擅長騎馬打仗，卻長於製造輿論，建設制度。想來，他們加入張楚政權以後，繼承了大澤鄉起義的傳統，繼續製造扶蘇的傳說，不但將扶蘇塑造成保護儒生的仁者，而且將這些附會傳說實實在在地融入到張楚政權的制度和文化建設中，扶蘇城、扶蘇墓的淵源，也許可以一直追溯到這裡來？

歷史是什麼？歷史是用殘存的史料，去復活消失了的往事，在終極的意義上講，一切歷史都是推想。我隨歷史到現場，閱讀文獻，考察文物，採集民間傳說，融會貫通中，情不自禁加入到傳說的建設中，體驗到傳聞中也可以尋覓到真實的歷史流。

尾聲　失人心者失天下

寫完《楚亡》以後，項羽為什麼失敗的問題一直盤旋在我的腦際，千頭萬緒，千言萬語，不知從哪裡說起？

項羽二十四歲隨同叔父項梁起兵會稽，成為楚軍副將。二十七歲在鉅鹿全殲秦軍主力，主宰天下，自封西楚霸王。二十八歲以三萬精兵擊潰五十六萬劉邦聯軍，達到軍事生涯的頂峰。三十二歲垓下戰敗，亡走烏江自殺身亡。他那短暫的一生，宛如流星劃過長空，輝煌炫目，轉瞬即逝。

司馬遷總結項羽的一生說，秦末群雄並起，爭奪天下的豪傑不可勝數。項羽沒有尺寸的封土領地，乘勢崛起於里巷民間，不過三年時間，統領六國聯軍滅亡秦朝，號令天下分封王侯，被稱為「霸王」。地位雖然不長久，也是近代以來未嘗有過的事情。不過，項羽背棄關中回到楚國，放逐義帝自立為王，當各國紛紛仿效背叛時，他怨恨不解，不也是自困自惱嗎？以功高勞厚自傲，行事逞一己的私見而不師法古人，一意以武力經營天下，自稱霸王之業。不過五年時間，國破家亡，身死東城，至死不覺悟不反省不自責，大過大失中宣稱：這是「天要亡我，而不是用兵的過失」，豈不荒謬！

在司馬遷的總結中，明確地指出了項羽之所以失敗的四個原因。一、背棄關中回到楚國，是說項羽不繼承秦國西都關中，而是自王梁楚東都彭城，犯了戰略地理的錯誤。二、放逐義帝自立為王，是說項羽不能妥善對待舊主楚懷王，引發以下尅上的政治風潮，犯了政治倫理錯亂的錯誤。三、以功高勞厚自傲，行事逞一己的私見而不師法古人，是說項羽犯了固執己見和不向歷史學習的錯誤。四、一意以武力經營天下，自稱霸王之業，是說項羽犯了迷信武力而忽視政治的錯誤。

司馬遷的總結，寫於項羽敗亡百年以後，是歷史學家整理文獻，回顧往事的結論。在項羽敗亡五年以前，偉大的軍事家韓信曾經精闢地分析過項羽的為人行事，預測項羽將會由強轉弱，最終敗亡。韓信的這個分析和預測，見於他出任漢軍大將前向劉邦呈述的滅楚戰略方策「漢中對」。在「漢中對」中，韓信陳述項羽必敗的原因說：「項羽雖然稱霸天下臣服諸侯，卻不據有關中而定都彭城，這是他的第一個失誤（戰略地理）。項羽背棄懷王之約，以自己的好惡裂土封王，諸侯心中不服，這是他的第二個失誤（分配不公）。項王將舊主懷王驅逐到江南，新封諸侯紛紛效仿，也都驅逐舊主，搶佔肥美的土地，這是他的第三個失誤（政治倫理錯亂）。項王所到之處，沒有不摧殘破滅的，百姓都怨恨，人民不親附，只不過迫於威勢，勉強服從而已。這是他的第四個失誤（迷信武力）。」

對照韓信和司馬遷對項羽敗亡原因的意見，我們可以很清楚地看到，在認定項羽放棄關中定都彭城而犯了戰略地理錯誤，處理懷王不當而犯了政治倫理錯亂的錯誤，迷信武力而忽視政治的錯誤上，兩人的看法是完全一致的。

司馬遷是歷史學家，他從歷史的事後發展和前後貫通的歷史視野，補充了項羽固執己見和不向歷史學習的錯誤，在《史記》的其他篇章中，他曾經多次批評項羽不採納范增的意見和不學習周秦成功的經驗，進一步做了具體的說明。韓信是歷史的當事人，「漢中對」是韓信當面呈述給劉邦的滅楚方略，其中強調的項羽背棄懷王之約分配不公的過失，是直接針對劉邦被不公平地分封到巴蜀漢中而言的，是站在劉邦的立場強調反楚的法理依據，未必是項羽失敗的原因。如果從總結歷史教訓的角度上看，鴻門宴沒有誅殺劉邦，大分封沒有對劉邦採取更為嚴厲的防範措施，比如將劉邦分封到巴蜀而不追加漢中，才是項羽敗於劉邦的原因之一。

值得注意的是，司馬遷在總結了導致項羽敗亡的四大原因後說：項羽在不過五年時間內，國破家亡，身死東城，至死不覺悟不反省不自責，大過大失中宣稱：這是「天要亡我，而不是用兵的過失」，豈不荒謬！他透過批評項羽的謬誤，引出了天意的話題，委婉指出並非是天要亡你項羽，而是另有原因。韓信直接明確，他在指出導致項羽敗亡的四大原因後說：「從整體上來看，項王名義上是天下的霸主，實際上已經失去了天下的人心，所以，他的優勢容易轉化為劣勢。」他睿智地闡述了自己的見解：失人心者失天下，人心的向背是命運轉化的決定性條件。

韓信上「漢中對」時，楚漢戰爭尚未爆發，項羽攜分封天下的威勢，手握重兵，坐鎮徐州，君臨天下，正處在西楚霸王的極盛峰巔。在這個時候，韓信為什麼會說項羽已經失去了天下的人心呢？韓信的話，並非空穴來風，而是實有所指，指的是項羽新安坑殺二十萬秦軍降卒，首先失去了秦國人心的事情。他在「漢中對」的後半段明確指出：「二十萬將士，在新安被項王使詐坑殺，唯有章邯、司馬欣、董翳三人脫逃，秦人怨恨這三個人，痛入骨髓。如今，項王強以威勢封三人為王，得不到秦人的擁護和愛戴」，換來的都是秦國人心的背離和仇恨。

我在本系列的第一部《秦崩》中寫道：「新安坑殺降卒，使項羽失去了秦國人心，斷絕了項羽入關以後在關中立足的可能。新安坑殺降卒，埋下秦國人民仇恨項羽的種子，使秦國軍民從此敵對於項羽。二十萬秦軍被坑埋於新安地下，數百萬敵對軍民被製造於秦中地上。在爾後的楚漢戰爭中，秦國軍民死心塌地跟隨劉邦與項羽血戰死鬥，關中成為劉邦穩固的根據地，秦人秦軍成為漢軍的主力部隊，歸附劉邦的秦軍將士們最後追擊項羽至烏江岸邊，將項羽分屍斬首，種種曲折歷史的事由根源，都可以追溯到這裡。可以說，新安坑殺秦軍降卒，是項羽一生中最大的政治失誤，是項羽由盛而衰的轉折、失敗的起點。」

決定性的錯誤往往是錯誤連鎖的開端。新安坑殺秦軍降卒，使項羽無法在關中生根立足，不得不放棄秦國，回到徐州建立西楚。回到徐州的項羽，不得不驅逐已經定都徐州的楚懷王，由此而失去了擁戴懷王的楚國舊臣的人心，促成陳嬰和呂青等人後來紛紛離去，也埋下了與范增決裂的種子。項羽在徐州，遠離三秦蜀漢，為了彌補地理上的不利，他吞併魏國，將魏豹分封到河東，又將韓王韓成殺害，有意吞併韓國，由此失去韓魏兩國的人心，不但促成魏豹背楚，彭越生亂，也促成張良與韓王韓信死心塌地跟隨劉邦，又為自己製造了新的敵人……

人心是什麼？人心就是眾人之心，體現在臣，就是臣心，體現在軍，就是軍心，體現在民，就是民心，民心是最大的人心。人心可察可用，人心多變如水，人心可以載舟，也可以覆舟。泛舟掌舵的人，熟悉水性則順水乘風，往往事倍功半，不察水性則逆流頂風，難逃折楫沉舟。領軍治國的人，體察人心則定國安邦，不察人心則難逃國破身亡。

項羽國破身亡的命運，決定於垓下之戰。垓下之戰，楚國眾叛親離，幾乎喪失了所有的盟國，不得不孤軍與諸國聯軍奮戰。垓下之戰，指揮聯軍擊敗項羽，決定項羽敗亡命運的人，正是預言項羽必敗的韓信。偉大的韓信，他不但自身就是項羽所失的人心之一，也是促成項羽命運轉化的關鍵性人物，他認為項羽必敗於「失人心者失天下」的話，不但來自於他的睿智，也來自他親身的體驗，不可不謂是貼近歷史的至理名言。

失人心者失天下。歷史的後來者，不可不警惕深思。

後記　歷史是我們的宗教

這本書，是獻給父親在天之靈的紀念。

父親是文史學者*。我步入史學之門，父親是引路人，我開始寫作，父親是最忠實的讀者和最細緻的批評者，也是最貼心的鞭策者。二〇一〇年，父親滿了八十八歲，失去了對於塵世的眷戀，聲言大限已到，去世前告誡我說：「人生無常，萬物有主，慎之敬之，留名於世。」無常，變化不定。無常，短暫不久。人生百年，幾近極限。人生苦短不定，來時不想，去時常思。來時觀望未來，去時回首往事。觀望未來，多是歷程的展望；回首往事，常是終極的關懷。

「人生無常」，是父親在生命結束之前對於生命的終極關懷，關懷的是個人的生命，關懷的是人的生命，飄搖的生命在永恆中短暫無定。對於這一點，我很能理解。「萬物有主」，是父親在生命結束之前的另一終極關懷，他關懷萬物，關懷萬物的主人，使我深感意外。

* 李運元（一九二二—二〇一〇），西南財經大學經濟系教授，主治中國經濟史，著有《柿紅閣經濟史文選》等。

萬物有主，關注的是宇宙萬物，相信宇宙萬物之上有更高的存在，這是明確無誤的宗教關注。父親不是教徒，生前對於各種宗教都有關心，卻從來沒有深入。他一生沉浸在中國的古籍古典中，最關心的是歷史，特別是古代中國，古書成了他晚年最高的精神慰藉。對於父親來說，歷史是宗教，古典就是經書。費解的是：在父親心中，誰是萬物的主人？

多年來，我一直在外國教授中國古代史。我有一門思想史的課，用長沙馬王堆漢墓出土的帛畫做教材，講授古代中國人的死後世界。對於死後世界的思考，是催生宗教的源頭。各種宗教，無一不產生自對於死後世界的超越關懷。天堂、地獄、人間，前世、今生、來世，都是宗教的觀念。在佛教傳來以前，古老的中國缺少對於死後的關懷，諸子百家關注生，迴避死，追求生命的延續，逃避生命的終結，古老的中國文化，成為一種重生避死的世俗文化。因此之故，古老的中國，有哲學而沒有宗教，有天而沒有神，有追求而沒有信仰，關注興盛的延續而忽視衰亡的新生……

我讀《論語》，「季路問事鬼神。子曰：未能事人，焉能事鬼。敢問死。曰：未知生，焉知死。」智慧的孔子，以應當致力於人事的理由，迴避了對於神事的傾注，以應當關注生的理由，迴避了對於死的追問。以孔子為代表的諸子百家，在生與死之間選擇了生，在神與人之間選擇了人，創造了廣及宇宙自然、道德倫理、社會政治的東方理性文化，卻與宗教失之交臂，留下了精神的空白。

古來中國人精神的空白，往往出歷史來填補，千百年來，歷史成了中國人的宗教。我們沒有聖經而有古典，我們沒有神殿而有宗廟，我們沒有神的教諭而有歷史的教訓，我們沒有最後的審判而有歷史的裁決。我們沒有永遭懲罰的地獄，而有遺臭萬年的歷史恥辱柱，我們沒有進入天堂的永恆至福，而有寫入青史的千古留名。孔子說：「知我罪我，其惟春秋。」在歷史的殿堂中接受審判獲得位置，成了今生中國人的來世追求。

唐代詩人陳子昂寫道：「前不見古人，後不見來者。念天地之悠悠，獨愴然而涕下。」面對久遠的歷史、無限的空間，詩人感嘆生命的短暫，認識的有限。面對此情此景，歷史學家另有感悟：前不見古人，歷史可以復活；後不見來者，歷史可以預測。念天地之悠悠，歷史綿延不絕。獨愴然而涕下，歷史慰藉心靈。

如果說，歷史是中國人的宗教，歷史學家就是司儀祭師。先師司馬遷說：「文史星曆，近乎卜祝之間。」遠古的史官，正是上觀天文、下察人事的卜師，也是溝通神與人，連接過去與未來的先知。史官真實地記錄人事，虔誠地上達神明，謙虛地傾聽天聲，忠實地下達人間，如此得到神意，作為行動指南。不真實的紀錄，不忠實的傳達，無異於欺騙神明，必將遭受災難懲罰。歷史學家秉筆直書的法規，植根於正確預測未來的必需，來源於人類對於神明的敬畏。

多少年來，耳邊都是無神論，喧囂著人定勝天，人是萬物之靈，人是自然的主人的鬧聲，如今看來都是虛妄之心，狂放之言，顛倒了主客，倒置了本末。花草一季，樹木百年，千萬年的河山，永恆的星空，人何以堪？在偉大的自然面前，人類渺小如同螻蟻蛛絲，短暫如同雪花飄落。人也不是天人合一，而是天主人客。人與自然，不是對等，而是主客。自然是永恆的主人，人類是短暫的過客。人來作客要感恩，人來作客要知足，乾淨地來，乾淨地去，保持美麗的環境，留給後來的新客。自然是超越人類的存在，不管是在時間的永恆，還是在空間的無限。自然是君臨人類的神明，不管是在未知的無限，還是在力量的無窮。自然是人類應當感恩的主，自然是人類應當敬畏的神。

我讀聖經，瞭解人類的原罪。我讀佛經，知曉人欲的虛妄。我讀《周易》，明瞭福禍天降。我讀《老子》，體會萬物自然。我讀司馬遷撰寫《史記》的宗旨：「究天人之際，通古今之變，成一家之言。」心領神會，鑄為心中的模範豐碑，奉為史家的最高境界。

中國自殷周革命以來，天取代鬼神，成為心靈的皈依和精神的敬畏。天是自然化的神明，天是規律化的主宰，天是歷史理性化的本源。運行的天道，主宰著宇宙萬物，主宰著歷史和人類、國家和個人的命運。歷史學家遊走在星空和大地之間，在天道和人道之間求索。歷史學家觀望星宿的移動，推演大地的分野。歷史學家觀察天道的變化，預測人世的變遷。

「殷鑑不遠，在夏后之世。」中國文化中歷史意識的覺醒，也在殷周之際。殷滅夏，正是周滅商的鏡鑑。以水為鏡，可以知容顏；以史為鏡，可以知興替。自己看不見自己，需要借助於鏡子，當代不能認識當代，需要借助於歷史。司馬遷說：「居今之世，志古之道，所以自鏡也。」

已經參透了今借助於古，當代借助於歷史以自我認識的奧妙。

司馬遷生當後戰國時代，列國並立，諸子百家的流風遺韻尚存，他繼承家風遺訓，網羅天下放失舊聞，觀望歷史變遷，體察興盛衰亡，成就一家之言。他是孔子的繼承者，他引孔子之言自述心志：「我欲載之空言，不如見之於行事之深切著明也。」他著《史記》，是延續孔子整理《易傳》、《春秋》、《詩》、《書》、《禮》、《樂》的諸子傳統，寓義理於歷史，五百年後自成一家。

兩千年來，《史記》堪稱中國歷史敘事的峰巔，其敘事之良美有據，思想之微露深藏，被譽為「史家之絕唱，無韻之離騷」，諸子又一家。司馬遷的人格風範，孤立特行而堅韌高節，起伏曲折而獨領風騷。他體察生死有不同價值說：「人固有一死，或重於泰山，或輕於鴻毛。」他相信生的價值要到死後才能確定：「要之死日，然後是非乃定。」偉大的司馬遷，他將生命注入歷史，在著述立言中求得永生，歷史是他的宗教，他是歷史的司祭。

二〇一〇年七月，我送父親的骨灰到青城後山墓地與母親合葬。祭祀之餘，環視群山，仰望雲天，空谷絕響中，再次聽到父親的訓誡：「人生無常，萬物有主，慎之敬之，留名於世。」小子須臾不敢忘。古聖先賢有言：「太上有立德，其次立功，其次立言，經久不廢，此之謂三不朽。」小子無德無功，唯立言以不辱先人。

叔本華說，立言者的天空，有流星、行星和恆星。流星閃爍，轉瞬即逝。行星借光，與時並六歲。

荊軻刺秦王。秦將王翦、辛勝攻燕。

前二二六（秦王政二十一）年

七歲。

秦軍攻取燕都薊，燕遷遼東。秦將王賁攻楚。韓國新鄭反。

前二二五（秦王政二十二）年

八歲。

秦將王賁水淹大梁，魏王假降。魏國亡。故秦相昌平君熊啟與楚將項燕聯手反秦。秦將李信、蒙武攻楚大敗。

前二二四（秦王政二十三）年

九歲。

秦將王翦攻取楚都壽春，俘楚王負芻。

前二二三（秦王政二十四）年

十歲。

楚將項燕擁立昌平君為楚王。秦將王翦、蒙武大敗楚軍，昌平君死，項燕自殺。楚國亡。

前二二二（秦王政二十五）年

十一歲。

秦將王賁攻遼東，俘燕王喜，燕國亡。攻代，俘代王嘉，趙國亡。

前二二一（秦王政二十六）年

行。唯有恆星，矢志不渝地放射自身的光芒，因其高遠，需要多年才能抵達地球人間。

承先父遺訓，有幸學史的我，已將立言的價值，交由時間審量。悵望無垠長空，能留幾絲光亮？

西元二〇一三年四月十三日校畢於京都東本願寺涉成園，重聆父語天聲。

附錄

附錄一　楚漢之際列國大事月表

漢元年（前二〇六年）

二月　項羽尊楚懷王為義帝，分天下為十九國，封十九王。

國	王	都	身分
楚	西楚霸王項羽	都彭城（今徐州）	楚將（立一月）
	衡山王吳芮	都邾（今湖北黃岡北）	楚將（立一月）
	九江王英布	都六（今安徽六安東北）	楚將（立一月）
	臨江王共敖	都江陵（今湖北荊州）	楚將（立一月）
秦	漢王劉邦	都南鄭（今陝西漢中）	楚將（立一月）
	雍王章邯	都廢丘（今陝西興平東南）	秦將（立一月）
	塞王司馬欣	都櫟陽（今陝西臨潼北）	秦將（立一月）
	翟王董翳	都高奴（今延安北）秦將	（立一月）
趙	常山王張耳	都襄國（今河北邢台西南）	趙將（立一月）
	代王趙歇	都代（今河北蔚縣東北）	趙王（立一月）
魏	西魏王魏豹	都平陽（今山西臨汾西南）	魏王（立一月）
	殷王司馬卬	都朝歌（今河南淇縣）	趙將（立一月）
齊	齊王田都	都臨淄（今山東淄博）	齊將（立一月）

	濟北王田安	都博陽（今山東泰安東南）	齊將（立一月）
	膠東王田市	都即墨（今山東平度）	齊王（立一月）
燕	燕王臧荼	都薊（今北京西南）	燕將（立一月）
	遼東王韓廣	都無終（今天津薊縣）	燕王（立一月）
韓	韓王韓成	都陽翟（今河南禹縣）	韓王（立一月）
	河南王申陽	都洛陽（今河南洛陽）	趙將（立一月）

三月　各王啟程離開關中就國。

楚　義帝熊心立二月。徙都郴縣。
　　西楚霸王項羽立二月。
　　衡山王吳芮立二月。
　　九江王英布立二月。
　　臨江王共敖立二月。

秦　漢王劉邦立二月。
　　雍王章邯立二月。
　　塞王司馬欣立二月。
　　翟王董翳立二月。

趙　常山王張耳立二月。
　　代王趙歇立二月。

魏　西魏王魏豹立二月。

殷王司馬卬立二月。

齊　齊王田都立二月。

濟北王田安立二月。

膠東王田市立二月。

燕　燕王臧荼立二月。

遼東王韓廣立二月。

韓　韓王韓成立二月。被項羽帶往彭城，張良隨行。

河南王申陽立二月。

四月

楚　義帝熊心立三月。

西楚霸王項羽立三月。廢韓王韓成，更為侯，潁川郡屬楚。

衡山王吳芮立三月。

九江王英布立三月。

臨江王共敖立三月。

秦　漢王劉邦立三月。

雍王章邯立三月。

塞王司馬欣立三月。

趙　翟王董翳立三月。
常山王張耳立三月。
代王趙歇立三月。

魏　西魏王魏豹立三月。
殷王司馬卬立三月。

齊　齊王田都立三月。
濟北王田安立三月。
膠東王田市立三月。

燕　燕王臧荼立三月。
遼東王韓廣立三月。不肯徙遼東。

韓　潁川郡屬楚。
河南王申陽立三月。

五月

楚　義帝熊心立四月。
西楚霸王項羽立四月。
衡山王吳芮立四月。
九江王英布立四月。
臨江王共敖立四月。

秦　漢王劉邦立四月。拜韓信為大將，申軍法，整軍備戰。
　　雍王章邯立四月。
　　塞王司馬欣立四月。
　　翟王董翳立四月。
趙　常山王張耳立四月。
　　代王趙歇立四月。
魏　西魏王魏豹立四月。
　　殷王司馬卬立四月。
齊　齊王田都立四月亡。之臨淄，為田榮所攻，失國降楚。
　　濟北王田安立四月。
　　膠東王田市立四月。
燕　燕王臧荼立四月。
　　遼東王韓廣立四月。不肯徙遼東。
韓　潁川郡屬楚。
　　河南王申陽立四月。

六月
楚　義帝熊心立五月。
　　西楚霸王項羽立五月。

衡山王吳芮立五月。

九江王英布立五月。

臨江王共敖立五月。

秦

漢王劉邦立五月。大將韓信整軍備戰。

雍王章邯立五月。

塞王司馬欣立五月。

翟王董翳立五月。

趙

常山王張耳立五月。

代王趙歇立五月。

魏

西魏王魏豹立五月。

殷王司馬卬立五月。

齊

齊王田榮立一月。田榮擊殺膠東王田市，自立為齊王。予彭越將軍印，令反梁地，擊濟北王田安。

濟北王田安立五月。彭越來襲。

膠東王田市立五月亡。在即墨為田榮所殺。

燕

燕王臧荼立五月。

遼東王韓廣立五月。不肯徙遼東。

韓

潁川郡屬楚。

河南王申陽立五月。

七月

楚

義帝熊心立六月。

西楚霸王項羽立六月。誅殺韓王韓成。彭越來襲，遣蕭公角擊之，軍敗。

衡山王吳芮立六月。

九江王英布立六月。

臨江王共敖立六月。

秦

漢王劉邦立六月。韓信指揮漢軍佯攻隴西，疑兵子午，大軍秘密集結陳倉道。

雍王章邯立六月。

塞王司馬欣立六月。

翟王董翳立六月。

趙

常山王張耳立六月。陳餘與齊聯軍來襲。

代王趙歇立六月。

魏

西魏王魏豹立六月。

殷王司馬卬立六月。

齊

齊王田榮立二月。使彭越擊楚，助陳餘攻常山。

濟北王田安立六月亡。被彭越攻殺，併入齊國。

燕

燕王臧荼立六月。

遼東王韓廣立六月。不肯徙遼東。

韓

潁川郡屬楚。故韓王韓成為項羽所殺。

河南王申陽立六月。

八月

楚

義帝熊心立七月。

西楚霸王項羽立七月。領兵擊齊。封鄭昌為韓王拒漢。

衡山王吳芮立七月。出兵隨項羽攻齊。

九江王英布立七月。稱病不出。

臨江王共敖立七月。出兵隨項羽攻齊。

秦

漢王劉邦立七月。反攻進入關中。戰陳倉，好畤，圍廢丘，滅塞、翟。

雍王章邯立七月。從楚。章邯被漢圍於廢丘。章平困守隴西。

塞王司馬欣立七月亡。兵敗降漢，併入漢國為渭南、河上郡。

翟王董翳立七月亡。兵敗降漢，併入漢國為上郡。

趙

常山王張耳立七月。陳餘與齊聯軍來襲，敗我。

代王趙歇立七月。

魏

西魏王魏豹立七月。

殷王司馬卬立七月。

齊

齊王田榮立三月。項羽來襲。

燕

燕王臧荼立七月。攻佔遼東國，擊殺韓廣。

遼東王韓廣立七月亡。為臧荼所擊殺，併入燕國。

韓　韓王鄭昌立一月。為項羽所立，都陽翟拒漢。
　　河南王申陽立七月。

九月

楚　義帝熊心立八月。
　　西楚霸王項羽立八月。領兵擊齊。發兵拒漢軍於陽夏。
　　衡山王吳芮立八月。從楚。
　　九江王英布立八月。稱病。
　　臨江王共敖立八月。從楚。
秦　漢王劉邦立八月。圍廢丘，將軍薛歐、王吸出武關，因王陵兵，從南陽迎太公於沛，項羽發兵拒之於陽夏。
　　雍王章邯立八月。從楚。章邯被漢圍困廢丘。章平困守隴西。
趙　常山王張耳立八月。陳餘與齊聯軍來襲，敗我。
　　代王趙歇立八月。
魏　西魏王魏豹立八月。從楚。
　　殷王司馬卬立八月。從楚。
齊　齊王田榮立四月。項羽來襲。
燕　燕王臧荼立八月。併遼東國。
韓　韓王鄭昌立二月。都陽翟拒漢。

河南王申陽立八月。從楚。

漢二年（前二〇五年）

十月

楚

義帝熊心立九月亡。在郴縣被英布部下殺害。

西楚霸王項羽立九月。領兵擊齊。

衡山王吳芮立九月。從楚。

九江王英布立九月。稱病。

臨江王共敖立九月。從楚。

秦

漢王劉邦立九月。張耳來歸，謁廢丘。出關至陝縣，河南王申陽降，置河南郡。張良自韓歸來。遣韓信攻韓，鄭昌降。

雍王章邯立九月。從楚。章邯被漢圍廢丘。章平困守隴西。

趙

常山張耳立九月亡。軍敗奔漢。

趙王趙歇立一月。為陳餘迎立。親齊。

代王陳餘立一月。為趙歇所立。親齊。陳餘留趙輔佐趙歇，以夏說為相國守代。

魏

西魏王魏豹立九月。從楚。

殷王司馬卬立九月。從楚。

齊

齊王田榮立五月。項羽來襲。

燕　燕王臧荼立九月。從楚。

韓　韓王鄭昌立三月亡。韓信來襲，軍敗降漢。

河南王申陽立九月亡。軍敗降漢，為河南郡。

十一月

楚　西楚霸王項羽立十月。領兵擊齊。

衡山王吳芮立十月。從楚。

九江王英布立十月。稱病。

臨江王共敖立十月。從楚。

秦　漢王劉邦立十月。還都櫟陽，開放秦苑。立韓王信。拔雍國隴西郡。

雍王章邯立十月。從楚。章邯被漢圍廢丘。漢拔我隴西郡。章平走北地郡？

趙　趙王趙歇立二月。親齊。

代王陳餘立二月。親齊。

魏　西魏王魏豹立十月。從楚。

殷王司馬卬立十月。從楚。

齊　齊王田榮立六月。項羽來襲。

燕　燕王臧荼立十月。從楚。

韓　韓王韓信立一月。為劉邦所立，都陽翟。

十二月

楚　西楚霸王項羽立十一月。領兵擊齊。

衡山王吳芮立十一月。從楚。

九江王英布立十一月。稱病。

臨江王共敖立十一月。從楚。

秦　漢王劉邦立十一月。

雍王章邯立十一月。從楚。章邯被漢圍廢丘。章平退守北地郡。

趙　趙王趙歇立三月。親齊。

代王陳餘立三月。親齊。

魏　西魏王魏豹立十一月。從楚。

殷王司馬卬立十一月。從楚。

齊　齊王田榮立七月。項羽來襲。

燕　燕王臧荼立十一月。從楚。

韓　韓王韓信立二月。從漢。

正月

楚　西楚霸王項羽立十二月。項羽與田榮會戰城陽。田榮敗死平原。項羽立田假為齊王。坑降卒，齊民叛。

衡山王吳芮立十二月。從楚。

九江王英布立十二月。稱病。
臨江王共敖立十二月。從楚。

秦　漢王劉邦立十二月。拔北地郡，虜章平。
雍王章邯立十二月。從楚。章邯被漢圍廢丘。北地郡失守，章平被虜。

趙　趙王趙歇立四月。親齊。
代王陳餘立四月。親齊。

魏　西魏王魏豹立十二月。從楚。
殷王司馬卬立十二月。從楚。

齊　齊王田榮立八月亡。為項羽所殺。齊王田假立一月。為項羽所立。

燕　燕王臧荼立十二月。從楚。

韓　韓王韓信立三月。從漢。

二月

楚　西楚霸王項羽立十三月。齊民叛，繼續征齊。
衡山王吳芮立十三月。從楚。
九江王英布立十三月。稱病。
臨江王共敖立十三月。從楚。

秦　漢王劉邦立十三月。立漢社稷，施恩賜爵。
雍王章邯立十三月。從楚。章邯被漢圍廢丘。

趙	趙王趙歇立五月。親齊。
	代王陳餘立五月。親齊。
魏	西魏王魏豹立十三月。從楚。
	殷王司馬卬立十三月。從楚。
齊	齊王田假立二月。從楚。田橫反叛。
燕	燕王臧荼立十三月。從楚。
韓	韓王韓信立四月。從漢。

三月

楚	西楚霸王項羽立十四月。齊民叛，繼續征齊。
	衡山王吳芮立十四月。從楚。
	九江王英布立十四月。稱病。
	臨江王共敖立十四月。從楚。
秦	漢王劉邦立十四月。自臨晉渡河，魏王豹降，將兵從。下河內，虜殷王司馬卬，置河內郡。至修武，陳平來歸。至洛陽，受董公說為懷王發喪[1]。
	雍王章邯立十四月。從楚。章邯被漢圍廢丘。
趙	趙王趙歇立六月。出兵助漢攻楚。

1 （高紀合理）。

代王陳餘立六月。出兵助漢攻楚。

魏　西魏王魏豹立十四月。漢兵壓境，從漢攻楚。

殷王司馬卬立十四月亡。為漢所虜，屬漢為河內郡。

齊　齊王田假立三月。從楚。田橫反叛。

燕　燕王臧荼立十四月。從楚。

韓　韓王韓信立五月。從漢攻楚。

四月

楚　西楚霸王項羽立十五月。在齊城陽郡，以精兵三萬襲彭城，大敗漢軍五十六萬。故塞王司馬欣、翟王董翳來歸。

衡山王吳芮立十五月。從楚。

九江王英布立十五月。稱病。

臨江王共敖立十五月。從楚。

秦　漢王劉邦立十五月。集結諸國聯軍攻克彭城，五十六萬大軍為三萬項羽軍所敗。敗退途中遣隨何之九江國說英布。

雍王章邯立十五月。從楚。章邯被漢圍廢丘。

趙　趙王趙歇立七月。助漢攻楚。

代王陳餘立七月。助漢攻楚。

魏　西魏王魏豹立十五月。從漢攻楚。

齊　齊王田假立四月亡。被田橫擊敗，亡走楚。齊王田廣立一月，為田橫所立。田橫為相。

燕　燕王臧荼立十五月。從楚。

韓　韓王韓信立六月。從漢攻楚。

五月

楚　西楚霸王項羽立十六月。攻下邑，進軍滎陽。遣項聲、龍且攻淮南。

衡山王吳芮立十六月。從楚。

九江王英布立十六月。隨何說英布叛楚。

臨江王共敖立十六月。從楚。

秦　漢王劉邦立十六月。退守滎陽，蕭何發關中兵。韓信收兵來會，破楚京索間，築甬道取敖倉粟。組建騎兵，灌嬰為將。

雍王章邯立十六月。從楚。章邯被漢圍廢丘。

趙　趙王趙歇立八月。知劉邦不殺張耳，反漢從楚。

代王陳餘立八月。知劉邦不殺張耳，反漢從楚。

魏　西魏王魏豹立十六月。反漢從楚。

齊　齊王田廣立二月。與楚和解。

燕　燕王臧荼立十六月。從楚。

韓　韓王韓信立七月。從漢敗歸滎陽。

六月

楚　西楚霸王項羽立十七月。戰滎陽。項聲、龍且攻淮南。

衡山王吳芮立十七月。從楚。

九江王英布立十七月。叛楚從漢，楚軍來襲。

臨江王共敖立十七月。從楚。

秦　漢王劉邦立十七月。還櫟陽，立太子。拔廢丘，定雍地。

雍王章邯立十七月亡。廢丘城降，章邯自殺。

趙　趙王趙歇立九月。從楚。

代王陳餘立九月。從楚。

魏　西魏王魏豹立十六月。從楚。

齊　齊王田廣立三月。從楚。

燕　燕王臧荼立十七月。從楚。

韓　韓王韓信立八月。從漢。

七月

楚　西楚霸王項羽立十八月。楚漢相持滎陽。

八月

楚　西楚霸王項羽立十九月。戰滎陽。項聲、龍且攻淮南。遣項它助魏。

	衡山王吳芮立十九月。從楚。
	九江王英布立十九月。叛楚從漢，楚軍來襲。
	臨江王共敖立十九月。從楚。
秦	漢王劉邦立十九月。之滎陽。令蕭何輔太子守關中。遣酈食其說魏豹不聽。遣韓信、曹參、灌嬰擊魏。
趙	趙王趙歇立十一月。從楚。
	代王陳餘立十一月。從楚。
魏	西魏王魏豹立十八月。從楚。漢軍來襲。楚將項它領軍來援，為步將。
齊	齊王田廣立五月。田橫為相，從楚。
燕	燕王臧荼立十九月。從楚。
韓	韓王韓信立十月。從漢。
九月	
楚	西楚霸王項羽立二十月。戰滎陽。項聲、龍且攻淮南。項它助魏。
	衡山王吳芮立二十月。從楚。
	九江王英布立二十月。叛楚從漢，楚軍來襲。
	臨江王共敖立二十月。從楚。
秦	漢王劉邦立二十月。韓信破魏虜魏豹。請以三萬人北擊燕趙東擊齊，南斷楚糧道。
趙	趙王趙歇立十二月。從楚。

代王陳餘立十二月。從楚。

魏　西魏王魏豹立十九月亡。魏國為韓信攻破，魏豹被俘押送滎陽。屬漢為河東、上黨、太原郡。

齊　齊王田廣立六月。從楚。

燕　燕王臧荼立二十月。從楚。

韓　韓王韓信立十一月。從漢。

後九月

楚　西楚霸王項羽立二十一月。戰滎陽。項聲、龍且攻淮南。項它兵敗魏國歸來？

衡山王吳芮立二十一月。從楚。

九江王英布立二十一月。叛楚從漢，楚軍來襲。

臨江王共敖立二十一月。從楚。

秦　漢王劉邦立二十一月。韓信破代，虜代相國夏說。

趙　趙王趙歇立十三月。從楚。

代王陳餘立十三月。從楚。

魏　屬漢為郡，魏豹在漢。

齊　齊王田廣立七月。從楚。

燕　燕王臧荼立二十一月。從楚。

韓　韓王韓信立十二月。從漢。

漢三年（前二〇四年）

十月

楚　西楚霸王項羽立二十二月。戰滎陽。項聲、龍且攻淮南。
衡山王吳芮立二十二月。從楚。
九江王英布立二十二月。叛楚從漢，楚軍來襲。
臨江王共敖立二十二月。從楚。

秦　漢王劉邦立二十二月。韓信攻趙，井陘關之戰，殺陳餘，虜趙歇。

趙　趙王趙歇立十四月亡。韓信來襲，被俘。屬漢為常山郡。
代王陳餘立十四月亡。韓信來襲，敗死。屬漢為代郡。

魏　屬漢為郡，魏豹在漢。

齊　齊王田廣立八月。從楚。

燕　燕王臧荼立二十二月。聽韓信從漢。

韓　韓王韓信立十三月。從漢。

十一月

楚　西楚霸王項羽立二十三月。楚漢相持滎陽。

十二月

楚　西楚霸王項羽立二十四月。戰滎陽，破漢糧道。項聲、龍且攻下淮南。項伯收九江兵。殺英布妻子。

衡山王吳芮立二十四月。從楚。

九江王英布立二十四月亡。兵敗，亡走滎陽。九江為楚郡。英布使人收舊部數千人，與漢王俱屯守成皋。

臨江王共敖立二十四月。從楚。

秦　漢王劉邦立二十四月。守滎陽、成皋。糧道破乏糧，酈食其勸劉邦封六國後，張良反對。與陳平黃金四萬離間楚君臣。韓信、張耳繼續平定趙國。

趙　屬漢為郡。張耳、韓信在趙國。

魏　屬漢為郡。，魏豹在漢。

齊　齊王田廣立十月。從楚。

燕　燕王臧荼立二十四月。從漢。

韓　韓王韓信立十五月。從漢。

正月

楚　西楚霸王項羽立二十五月。楚漢相持滎陽。

二月

三月

四月

楚　西楚霸王項羽立二十八月。圍滎陽急。范增不許劉邦請和，急攻。中陳平反間計，范增告老，死於途中。鍾離眛等被疏遠。

衡山王吳芮立二十八月。從楚。
臨江王共敖立二十八月。從楚。
秦　漢王劉邦立二十八月。劉邦在滎陽、成皋。請和不成，離間范增成功。
趙　屬漢為郡。張耳、韓信繼續平定趙國。
魏　屬漢為郡。魏豹在漢。
齊　齊王田廣立十四月。從楚。
燕　燕王臧荼立二十八月。從漢。
韓　韓王韓信立十九月。從漢。

五月
楚　西楚霸王項羽立二十九月。圍滎陽，殺紀信。攻破成皋。聞漢王出武關，引兵南下。令終公守成皋。
漢王不戰，又引兵擊彭越。
衡山王吳芮立二十九月。從楚。
臨江王共敖立二十九月。從楚。
秦　漢王劉邦立二十九月。劉邦與陳平等脫出滎陽，入成皋回關中收兵。紀信出城偽降。周苛、樅公殺魏豹守滎陽。成皋失守，退守鞏縣一帶。劉邦從袁生計，出武關，與英布行收兵宛葉間，聞項羽來，堅壁不戰。復北上擊破終公，攻克成皋。
趙　屬漢為郡。韓信張耳繼續平定趙國。
魏　屬漢為郡。魏豹死。彭越渡泗水，與項聲、薛公戰下邳，殺薛公。

齊　齊王田廣立十五月。從楚。

燕　燕王臧荼立二十九月。從漢。

韓　韓王韓信立二十月。從漢。

六月

楚　西楚霸王項羽立三十月。破彭越，引兵西拔滎陽，擄周苛、樅公、韓王信。圍成皋，拔之。

衡山王吳芮立三十月。從楚。

臨江王共敖立三十月。從楚。

秦　漢王劉邦立三十月。滎陽失守。劉邦被圍成皋。與滕公出成皋北門，渡河之小修武，奪韓信、張耳兵。成皋失守，漢軍退守鞏縣一帶。

趙　屬漢為郡。韓信、張耳在小修武，劉邦來奪其軍。

魏　屬漢為郡。彭越軍為項羽擊破。

齊　齊王田廣立十六月。從楚。

燕　燕王臧荼立三十月。從漢。

韓　韓王韓信立二十一月。被俘在楚。

七月

楚　西楚霸王項羽立三十一月。被阻於鞏縣一帶。

衡山王吳芮立三十一月。從楚。

秦　臨江王共敖立三十一月，死，子共尉嗣。從楚。

趙　漢王劉邦立三十一月。得韓信軍復大振，軍小修武，臨河。西守鞏。令張耳守趙，遣韓信攻齊。

魏　屬漢為郡。張耳守趙。韓信準備攻齊。

齊　屬漢為郡。彭越亡走，游擊河北。

燕　齊王田廣立十七月。備戰抗擊韓信軍來襲。

韓　燕王臧荼立三十一月。從漢。

韓王韓信立二十二月。被俘在楚。

八月

楚　西楚霸王項羽立三十二月。被阻於鞏縣一帶。彭越、劉賈、盧綰擾亂後方。

衡山王吳芮立三十二月。從楚。

臨江王共尉立一月。從楚。

秦　漢王劉邦立三十二月。軍小修武，臨河。西守鞏。從郎中鄭忠計，高壘不戰，使盧綰、劉賈將卒二萬，騎數百，從白馬津渡河入楚地，會合彭越，燒糧草，下睢陽、外黃等十七城。

趙　屬漢為郡。張耳守趙，韓信準備攻齊。

魏　屬漢為郡。彭越會合劉賈、盧綰攻楚後方。

齊　齊王田廣立十八月。備戰抗擊韓信軍來襲。

燕　燕王臧荼立三十二月。從漢。

韓　韓王韓信立二十三月。被俘在楚。

楚	西楚霸王項羽立三十三月。東擊彭越。留曹咎守成皋。
	衡山王吳芮立三十三月。從楚。
	臨江王共尉立二月。從楚。
秦	漢王劉邦立三十三月。軍小修武，高壘不戰。西守鞏。酈食其建議取敖倉。遣酈食其說齊。
趙	屬漢為郡。張耳守趙。韓信軍逼近平原津。
魏	屬漢為郡。彭越會合劉賈、盧綰攻楚後方。項王來襲。
齊	齊王田廣立十九月。遣華無陽、田解將重兵屯歷下，備韓信。酈食其來說。
燕	燕王臧荼立三十三月。從漢。
韓	韓王韓信立二十四月。被項羽俘虜。

漢四年（前二〇三年）

十月

楚	西楚霸王項羽立三十四月。項羽引兵擊彭越、劉賈、盧綰，下梁地十餘城。曹咎、司馬欣軍敗失守成皋。鍾離眛守滎陽，為漢所圍。項羽還軍廣武與劉邦對峙。遣龍且救齊。
	衡山王吳芮立三十四月。從楚。
	臨江王共尉立三月。從楚。
秦	漢王劉邦立三十四月。破曹咎、司馬欣軍，取成皋，圍滎陽，軍廣武。與項羽對峙廣武澗，數落項羽

趙　十大罪狀，為項羽射中，退入成皋。韓信渡河攻破齊軍。

魏　屬漢為郡。張耳守趙。韓信用蒯通計，渡河攻破齊軍。

齊　屬漢為郡。彭越、劉賈、盧綰在梁楚地游擊。

燕　齊王田廣立二十月。楚將龍且來救。

韓　燕王臧荼立三十四月。從漢。

韓王韓信立二十五月。被俘在楚。

十一月

楚　西楚霸王項羽立三十五月。軍廣武。龍且救齊兵敗身亡。

衡山王吳芮立三十五月。從楚。

臨江王共尉立四月。從楚。

秦　漢王劉邦立三十五月。在成皋，疾痛。入關至櫟陽，梟司馬欣頭於櫟陽市。留四日，復入軍廣武。韓信使者來，請王齊。漢王怒，欲攻齊。

趙　趙王張耳立一月。劉邦所立，都邯鄲。

魏　屬漢。彭越、盧綰、劉賈在梁地游擊。田橫兵敗投彭越。

齊　齊王田廣立二十一月死。齊王田橫立。齊楚聯軍為韓信所破，龍且死，齊王田廣被俘。田橫自立為齊王，還擊灌嬰，敗於嬴下，走彭越。灌嬰下博陽，得齊相田光。曹參擊田既，取膠東。

燕　燕王臧荼立三十五月。從漢。

韓　韓王韓信立二十六月。被俘在楚。

十二月

正月

二月

楚　西楚霸王項羽立三十八月。軍廣武。

衡山王吳芮立三十八月。從楚。

臨江王共尉立七月。從楚。

秦　漢王劉邦立三十八月。軍廣武。遣張良立韓信為齊王。

趙　趙王張耳立四月。

魏　屬漢為郡。彭越、劉賈、盧綰在梁地游擊。

齊　齊王韓信立一月。都臨淄。劉邦所立。

燕　燕王臧荼立三十八月。從漢。

韓　韓王韓信立二十九月。被俘在楚。

三月

四月

楚　西楚霸王項羽立四十月。軍廣武。遣武涉說韓信中立。

衡山王吳芮立四十月。從楚。

臨江王共尉立九月。從楚。

秦　漢王劉邦立四十月。在成皋、廣武。

趙　趙王張耳立六月。
魏　屬漢為郡。彭越、劉賈、盧綰在梁地游擊。
齊　齊王韓信立三月。楚使武涉來說韓信。蒯通說韓信。
燕　燕王臧荼立四十月。從漢。
韓　韓王信立三十一月。被俘在楚。

五月
六月

楚　西楚霸王項羽立四十二月。軍廣武。
衡山王吳芮立四十二月。從楚。
臨江王共尉立十一月。從楚。
秦　漢王劉邦立四十二月。軍廣武。
趙　趙王張耳立八月。
魏　屬漢。彭越、盧綰、劉賈在梁地游擊。
齊　齊王韓信立五月。從漢。
燕　燕王臧荼立四十二月。從漢。
韓　韓王韓信立三十三月。被俘在楚。

七月

楚　西楚霸王項羽立四十三月。軍廣武。

衡山王吳芮立四十三月。從楚。

臨江王共尉立十二月。從楚。

淮南王英布立一月。劉邦所立，都壽春。

秦　漢王劉邦立四十三月。軍廣武。

趙　趙王張耳立九月死。子張敖嗣。

魏　屬漢。彭越、盧綰、劉賈在梁地游擊。

齊　齊王韓信立六月。從漢。

燕　燕王臧荼立四十三月。從漢。

韓　韓王韓信立三十四月。被俘在楚。

八月

楚　西楚霸王項羽立四十四月。軍廣武。陸賈來說，不許。侯公來說，許與漢和。以鴻溝為界，中分天下。

衡山王吳芮立四十四五月。從楚。

臨江王共尉立十三月。從楚。

淮南王英布立二月。從漢。

秦　漢王劉邦立四十四月。軍廣武。遣陸賈說項羽不成。再遣侯公說項羽成。

趙　趙王張敖立一月。

魏　屬漢為郡。彭越、劉賈、盧綰在梁地游擊。

齊　齊王韓信立七月。從漢。

燕　燕王臧荼立四十四月。從漢。至梟騎助漢攻楚。

韓　韓王韓信立三十五月。被俘在楚。

九月

楚　西楚霸王項羽立四十五月。軍廣武。歸還太公、呂后。

衡山王吳芮立四十五月。從楚。

臨江王共尉立十四月。從楚。

淮南王英布立三月。從漢。

秦　漢王劉邦立四十五月。軍廣武。太公、呂后歸自楚

趙　趙王張敖立二月。

魏　屬漢為郡。彭越、劉賈、盧綰在梁地游擊。

齊　齊王韓信立八月。從漢。

燕　燕王臧荼立四十五月。從漢。

韓　韓王韓信立三十六月。獲釋歸漢？

漢五年（前二〇二年）

十月

楚　西楚霸王項羽立四十六月。從廣武東歸，被漢軍追至陽夏南，大敗漢軍於固陵。

　　衡山王吳芮立四十六月。從楚。

　　臨江王共尉立十五月。從楚。

　　淮南王英布立四月。從漢。

秦　漢王劉邦立四十六月。追項羽至陽夏，大敗於固陵。用張良計，招韓信、彭越領兵前來會戰。

趙　趙王張敖立三月。

魏　屬漢為郡。彭越引兵之陳。劉賈、盧綰引兵之壽春。

齊　齊王韓信立九月。引兵南下西進。

燕　燕王臧荼立四十六月。從漢。

韓　韓王韓信立三十七月。從漢。

十一月

楚　西楚霸王項羽立四十七月。陳下之戰，大敗。大司馬周殷叛楚。彭城失守。

　　衡山王吳芮立四十七月。從楚。

　　臨江王共尉立十六月。從楚。

　　淮南王英布立五月。之九江會周殷。劉賈圍壽春，大司馬周殷叛，以舒屠六，舉九江兵迎英布，並行屠城父。

秦　漢王劉邦立四十七月。陳下大敗項羽。

趙　趙王張敖立四月。從漢。

魏　屬漢為郡。彭越之陳下會戰。

齊　齊王韓信立十月。之陳下會戰。攻破彭城。

燕　燕王臧荼立四十七月。從漢。

韓　韓王韓信立三十七月。從漢。

十二月

楚　西楚霸王項羽立四十八月亡。垓下之戰大敗，突圍至烏江自殺，葬穀城。

衡山王吳芮立四十八月。從漢。

臨江王共尉立十七月亡。盧綰、劉賈來襲。共尉兵敗被俘處死。屬漢為郡。

淮南王英布立六月。之垓下會戰。

秦　漢王劉邦立四十八月。垓下會戰大勝，引兵之魯，葬項羽穀城，還至定陶，奪韓信軍。盧綰，劉賈攻滅臨江王共尉。封項伯等四人為侯。

趙　趙王張敖立五月。

魏　屬漢為郡。彭越之垓下會戰。

齊　齊王韓信立十一月。之垓下會戰。

燕　燕王臧荼立四十八月。從漢。

韓　韓王韓信立三十九月。從漢。

正月

楚　楚王韓信立一月，都下邳。由齊王改立。定陶擁立劉邦。
衡山王吳芮立四十九月。定陶擁立劉邦。
淮南王英布立七月。定陶擁立劉邦。

秦　漢王劉邦立四十九月。定陶即皇帝位。定都洛陽。

趙　趙王張敖立六月。定陶擁立劉邦。

魏　梁王彭越立一月，都定陶。劉邦所立。定陶擁立劉邦。

齊　齊王韓信改立為楚王。齊國屬漢。田橫亡入海。

燕　燕王臧荼立四十九月。定陶擁立劉邦。

韓　韓王韓信立三十九月。定陶擁立劉邦。

附錄二　項羽年表

前二三二（秦王政十五）年
一歲。生於楚國下相（今江蘇宿遷）。
秦軍敗於李牧。燕太子丹質於秦，逃歸燕。

前二三一（秦王政十六）年
二歲。
韓南陽假守騰降秦。

前二三〇（秦王政十七）年
三歲。
內史騰攻韓，俘韓王安，韓國亡。

前二二九（秦王政十八）年
四歲。
秦將王翦、楊端和攻趙。

前二二八（秦王政十九）年
五歲。
秦軍破趙都邯鄲，俘趙王安，趙遷代。

前二二七（秦王政二十）年

十二歲。

秦將王賁攻齊，俘齊王建，齊國亡。秦統一天下。徙天下豪戶十二萬戶於咸陽。

前二二〇（秦始皇二十七）年

十三歲。

秦始皇第一次巡遊。

前二一九年（秦始皇二十八）年

十四歲。

秦始皇第二次巡遊。

前二一八（秦始皇二十九）年

十五歲。

秦始皇第三次巡遊。張良博浪沙刺殺秦始皇未遂。

前二一七（秦始皇三十）年

十六歲。

秦將屠睢伐南越失敗。

前二一六（秦始皇三十一）年

十七歲。

秦始皇逢盜蘭池。

前二一五（秦始皇三十二）年

十八歲。

秦始皇第四次巡遊。秦將蒙恬伐匈奴。

前二一四（秦始皇三十三）年

十九歲。

秦將任囂攻佔南越。秦將蒙恬渡河築長城。

前二一三（秦始皇三十四）年

二十歲。隨項梁避難吳中？

發五十萬軍民戍嶺南。焚書。

前二一二（秦始皇三十五）年

二十一歲。

修直道。籌建阿房宮。處罰方士。

前二一一（秦始皇三十六）年

二十二歲。

遷三萬戶至北河、榆中。

前二一〇（秦始皇三十七）年

二十三歲。

秦始皇第五次巡遊。項羽在吳縣遇始皇帝車駕。七月，秦始皇死於沙丘。

前二〇九（秦二世元）年

二十四歲。隨項梁起兵會稽。

二世巡遊天下。陳勝吳廣起兵於大澤鄉，各地響應，六國復國。

前二〇八（秦二世二）年

二十五歲。隨項梁渡江北上，在薛縣擁立懷王。與劉邦聯軍救東阿，破秦軍濮陽東，東屠成陽，斬三川守李由於雍丘。章邯大破項梁軍於定陶，項梁死。懷王徙都彭城親政，項羽還軍彭城西。

二世殺李斯，趙高為丞相。

前二〇七（秦二世三）年

二十六歲。殺宋義奪軍。全殲王離軍鉅鹿下，諸侯軍皆屬。秦將章邯統領二十萬秦軍投降。

趙高殺二世，秦撤除帝號。

前二〇六（漢元）年

二十七歲。秦王嬴嬰降，秦亡。新安坑殺秦軍降卒，將諸侯兵四十萬進入關中。鴻門宴和解。殺嬴嬰，火燒咸陽。自封西楚霸王，分割天下為十九國。

田榮反楚，自立為齊王。項羽領兵征齊。誅殺韓王韓成，封鄭昌為韓王。

前二〇五（漢二）年

二十八歲。殺義帝。擊殺田榮。立田假為齊王。以精兵三萬襲彭城，大敗聯軍五十六萬。西戰滎陽。遣項聲、龍且攻淮南。遣項它助魏。

韓信攻克魏國、代國。

前二〇四（漢三）年

二十九歲。中陳平反間計，范增死。圍攻滎陽，殺紀信，攻破成皋。聞漢王出武關，引兵南下，令終公守成皋。又引兵擊破彭越，西拔滎陽，擄周苛、樅公、韓王信。再拔成皋，被阻於鞏。又東擊彭越，留曹咎守成皋。

韓信攻克趙國，迫使燕國歸順。

前二〇三（漢四）年

三十歲。引兵擊盧綰、彭越，下梁地十餘城。曹咎、司馬欣軍敗失守成皋。鍾離眛守滎陽，為漢所圍。項羽還軍廣武與劉邦對峙，射傷劉邦。遣龍且救齊軍敗。遣武涉說韓信中立。陸賈來說，不許。侯公來說，許與漢和。

韓信破齊楚聯軍，封齊王。

前二〇二（漢五）年

三十一歲。項羽軍廣武，東歸，被漢軍追至陽夏南，大敗漢軍於固陵。陳下為聯軍所敗。垓下大敗，烏江自刎，死葬穀城。

韓信出兵陳下、垓下，大敗楚軍。

附錄三　韓信年表

前二二八（秦王政十九）年

一歲。生於楚國淮陰（今江蘇淮安）。

秦軍破趙都邯鄲，俘趙王安，趙遷代。

前二二七（秦王政二十）年

二歲。

荊軻刺秦王。秦將王翦、辛勝攻燕。

前二二六（秦王政二十一）年

三歲。

秦軍攻取燕都薊，燕遷遼東。秦將王賁攻楚。韓國新鄭反。

前二二五（秦王政二十二）年

四歲。

秦將王賁水淹大梁，魏王假降。魏國亡。故秦相昌平君熊啟與楚將項燕聯手反秦。秦將李信，蒙武攻楚大敗。

前二二四（秦王政二十三）年

五歲。

秦將王翦攻取楚都壽春，俘楚王負芻。

前二二三（秦王政二十四）年

六歲。

楚將項燕擁立昌平君為楚王。秦將王翦、蒙武大敗楚軍，昌平君死，項燕自殺。楚國亡。

前二二二（秦王政二十五）年

七歲。

秦將王賁攻遼東，俘燕王喜，燕國亡。攻代，俘代王嘉，趙國亡。

前二二一（秦王政二十六）年

八歲。

秦將王賁攻齊，俘齊王建，齊國亡。秦統一天下。徙天下豪戶十二萬戶於咸陽。

前二二〇（秦始皇二十七）年

九歲。

秦始皇第一次巡遊。

前二一九年（秦始皇二十八）年

十歲。

秦始皇第二次巡遊。

前二一八（秦始皇二十九）年

十一歲。

秦始皇第三次巡遊。張良博浪沙刺殺秦始皇未遂。

前二一七（秦始皇三十）年

十二歲。

秦將屠睢伐南越失敗。

前二一六（秦始皇三十一）年

十三歲。

秦始皇逢盜蘭池。

前二一五（秦始皇三十二）年

十四歲。

秦始皇第四次巡遊。秦將蒙恬伐匈奴。

前二一四（秦始皇三十三）年

十五歲。

秦將任囂攻佔南越。秦將蒙恬渡河築長城。

前二一三（秦始皇三十四）年

十六歲。母死，葬高敞地？

發五十萬軍民戍嶺南。焚書。

前二一二（秦始皇三十五）年

十七歲。遊蕩鄉里，從人寄食，受南昌亭長妻之辱？

修直道。建阿房宮。處罰方士。

前二一一（秦始皇三十六）年

十八歲。垂釣，受漂母之食？

遷三萬戶至北河、榆中。

前二一〇（秦始皇三十七）年

十九歲。受胯下之辱？

秦始皇第五次巡遊。七月，秦始皇死於沙丘。

前二〇九（秦二世元）年

二十歲。在淮陰靜觀時局之變。

二世巡遊天下。陳勝吳廣起兵於大澤鄉，各地響應，六國復國。

前二〇八（秦二世二）年

二十一歲。加入渡江北上的項梁軍。

前二〇七（秦二世三）年

二十二歲。為郎中隨項羽，參加鉅鹿之戰。

前二〇六（漢元）年

二十三歲。隨項羽入關中。失望脫離楚國，隨劉邦進入漢中。為連敖、治粟都尉，拜為大將，統領漢軍出漢中攻克關中。圍章邯於廢丘。

秦亡。項羽自封西楚霸王，分割天下為十九國。

前二〇五（漢二）年

二十四歲。往滎陽援救劉邦敗軍，破楚軍於京索之間。領軍開闢北方戰場，攻克魏國、代國。

劉邦軍彭城大敗，退守滎陽。

前二〇四（漢三）年

二十五歲。背水之戰，攻克趙國。迫使燕國歸屬。

劉邦與項羽拉鋸對峙於洛陽—滎陽地區。

前二〇三（漢四）年

二十六歲。破齊，大敗齊楚聯軍，封齊王。拒絕武涉和蒯通三分天下的提議。

劉邦與項羽對峙於滎陽廣武澗。

前二〇二（漢高帝五）年

二十七歲。領齊軍援救劉邦，敗楚軍於陳。垓下之戰，統領聯軍大敗項羽。解除兵權，徙為楚王，都下邳。

劉邦即皇帝位。

前二〇一（漢高帝六）年

二十八歲。之陳朝見劉邦，以謀反罪被拘捕帶回洛陽，後赦免為淮陰侯，軟禁於長安。

封子劉肥為齊王。封從兄子劉賈為荊王。封兄劉喜為代王。封弟劉交為楚王。

前二〇〇（漢高帝七）年

二十九歲。軟禁於長安。

劉邦領軍攻韓王韓信，被匈奴圍困於平城。代王劉喜廢為侯，封子劉如意為代王。

前一九九（漢高帝八）年

三十歲。軟禁於長安。

漢與匈奴和親。

前一九八（漢高帝九）年

三一十歲。軟禁於長安。

廢趙王張敖。徙代王劉如意為趙王。

前一九七（漢高帝十）年

三十二歲。軟禁於長安。

代相國陳豨反。

前一九六（漢高帝十一）年

三十三歲。以謀反罪被殺，夷三族。

封子劉恆為代王。以謀反罪殺梁王彭越，夷三族。封子劉恢為梁王。封子劉友為淮陽王。封趙佗為南越王。淮南王英布反，兵敗死。封子劉長為淮南王。封兄子劉濞為吳王。燕王盧綰逃入匈奴，封子劉建為燕王。

附錄四　蘇軾〈代侯公說項羽辭〉

漢與楚戰，敗於彭城。太公間走，見獲於楚。項羽常置軍中以為質。漢王遣辯士陸賈說項羽請之，不聽。後遣侯公，羽許之，遂歸太公。侯公之辯，過陸生矣。而史闕其所以說羽之辭，遂探其事情以補之，作〈代侯公說項羽辭〉。

漢王四年，遣辯士陸賈東說項王，請還太公。項羽弗聽，賈還。漢王不懌者累日。左右計無所出。侯公在軍中，而未知名，乃超進而言曰：「秦為無道，荼毒天下，戮人之父，刑人之子，如刈草菅。大王奮不顧身，建大義，除殘賊，為萬民請命。今秦氏已誅，天下且定，民之父子室家，皆得保完以相守也，其慶大矣。宜與太公享萬歲無窮之歡。不幸太公拘於強仇，以重大王夙夜之憂。臣聞主憂臣辱，主辱臣死。大王諸臣，未有輸忠出奇，以還太公之屬車，蹈義死節，以折項羽之狼心者，臣恐天下有以議漢為無人矣，此臣等之罪也。臣願先即辱國之誅。」漢王嘻戲曰：「吾惟不孝不武，而太公暴露拘辱於楚者，三年矣。吾重念天下大計，未獲即死之，此吾所以早夜痛心疾首東向而不忘也。顧為之奈何？」侯公曰：「臣雖不敏，願大王假臣革車一乘，騎卒十人，臣朝馳至楚壁，而暮與太公驂乘而歸，可乎？」漢王慢罵曰：「腐儒，何言之易也。夫陸賈天下之辯士，吾前日遣之，智窮辭屈，抱頭鼠竄，顛狽而歸，僅以身免。若何言之易也！」

侯公曰：「待人以必能者，不能，則喪氣。倚事之必集者，不集，則挫心。大王前日之遣賈也，恃之為必能之人，望之有必集之事。今賈乃困辱而歸，是大王氣喪而心挫也，宜有以深鄙臣也。且大王一失任於陸賈，乃遂懲艾以為無足使令者，是大王示太公之無還期，待天下為無士也。」漢王曰：「吾豈忘親者耶，顧若豈足以辨此？且項王陰忮不仁，徒觸其鋒，與之俱靡耳。」侯公曰：「昔趙平原君苦秦之侵，欲結楚從也，求其可與從適楚者二十人。蓋擇於門下也，食客數千，得十九焉，其一人無得也，最下客毛遂請行。平原君不擇而與之俱，卒至強楚，廷叱其王，而定從於立談之間者，毛遂功也。日者，趙王武臣見獲於燕，以其臣陳餘、張耳之賢，擇人請王，往者十輩，無一返者。終於養卒請行，朝炊未終，乃與趙王同載而歸。此大王之所知者。臣乃今日願為大王之毛遂、養卒，大王何慊不辱平原、餘、耳之聽哉。」漢王曰：「善。」即飭車十乘，騎卒百人，以遣侯公。

侯公至楚，晨扣軍門，謁項王曰：「臣聞漢王之父太公為俘囚，臣竊慶大王獲所以勝於漢者。前日漢王遣使請之，而大王不與，至將烹焉，臣竊弔大王似不恤楚矣。」項王瞋目大怒，叱侯公曰：「若自薦死，乃欲為而主行說以僥幸也。且吾親與人角，而獲其父，固將甘心焉。今乃言無恤者，何也？」侯公曰：「臣以區區之身，備漢之使，而有謁於大王，故大王以臣為漢遊說而忘忠楚也。大王試幸聽之。使其言有可用，則楚漢之大利，兩君之至歡，豈臣之私幸也。使其言無可用，則臣徐蹈鼎鑊，以從太公之烹，蓋未晚也。」

項王曰：「太公之不得歸必矣，若將何言？」侯公曰：「夫漢王失職，怏怏而西，因思歸之士，收豪傑之伍，舉梁漢之師，下巴蜀之粟，併三秦，定齊魏，日引而東，以與大王決一旦之命，大王視其志，固將一天下，朝諸侯，建七廟，定大號，為萬世基業耶？抑將區區徇匹夫之節，為曾參之孝而已者耶？且連兵帶壘，與楚百戰以決雌雄，乃有天下三分之二，大王軍覆將死，自救不暇，凡所以運奇決勝為大王之敵者，在漢王與諸將了事耶？抑太公實為之也耶？雖庸人孺子固知之。然則太公，獨一亡似人耳，不足為楚、漢之輕重。大王幸虜獲之，而禍福實繫焉，視其用之如何耳。得所以用而用之者強，失所以用而用之者亡。苟為失其所用，未若不獲之為善也。大王所以久拘而不歸者，固以要之。誠是也。且要而能致之，則權在我。要而不能致，則權在人。權之所在，以戰必克。則要者，名也；歸者，實也。大王苟不得志於名，當速收效於實，無為兩失而自遺其患。是以臣竊為大王慎惜此舉也。大王固嘗置之俎上而命之矣，彼報之曰：『必欲烹之，願分羹焉。』且父子相愛之情，豈相遠哉。方漢王窘於彭城，二子同載，推墮捐之，弗顧也，安知其視父不與子同也。太公之囚楚者，三年矣，彼誠篤於愛父，固將捐兵解甲，膝行頓顙楚之轅門，為之請一旦之命，今勵士方力，督戰方急，無一日而忘與楚從事，此其志在天下，無以親為也。大王今不歸之，以收其實，將久留之，以執其名，故曰似不恤楚也。」

項王怒氣少息，徐曰：「顧吾所仇者漢王爾，其父何與耶？且漢王親以其身投吾掌握者，數矣，我常易而釋之，今乃曰東向必欲亡楚而後已，故吾深仇之，欲菹醢其父，聊快於一時，況與之歸耶？」侯公曰：「辱大王幸賜聽臣，臣請言其不可者。夫首建大義誅暴秦者，惟楚。世為賢明顯名於天下者，惟楚。天下豪傑樂從而爭赴者，惟楚。被堅執銳為士卒先，所向摧靡，莫如大王。兵強將武，百戰百勝，莫如大王。諸侯畏懼，惟所號令，莫如大王。割地據國，連城數十，莫如大王。大王持此數者以令天下，朝諸侯，建大號，何待於今。然而為之八年，智窮兵敗，土疆日促，反為漢雌。大王嘗自知其所以失乎？」項王曰：「吾誠每不自知，如公言焉，公試論吾所以失者。」侯公曰：「大王知夫博者事乎？夫財均則氣均，氣均則敵偶，然後勝負之勢，決於一時。今大王求與漢博，方布席徒手未及投地，而驟以已資推遺之，已而財索氣竭，徒手而校之，則大王之勝勢去矣。夫仁義禮智，所以取天下之資，而制敵之具也。大王乃棄資委具，以為無所事，以故漢皆獲而收執之，此所以自引而東，視大王如無也。」項王曰：「何謂棄資委具？」侯公曰：「夫秦民之不聊生久矣。漢王之入關也，秋毫無所犯，解秦之罟，約法三章，民大慶悅，惟恐其不王秦也。大王之至，燔燒屠戮，酷甚於秦，秦人失望，何以為仁？大王始與諸侯受約懷王，先入關者，王之，漢王出萬死不顧一生之計，叩關決戰，降俘其主，以待大王，而大王背約，遷之南鄭，何以為信？大王以世為楚將，方舉大義，不立其後，無以令天下，遂共立懷王而稟聽之，及天下且定，乃陽尊為帝而放殺之，何以為義？以范增之忠，陳平之智，韓信之勇，皆人傑。爭天下者，視此三人為之存亡。然而增死於疑，平、信去而不用，何以為智？是以漢王於其入關也，天下歸其仁。其還定三秦也，天下歸其信。為義帝縞素也，天下歸其義。其用平、信也，天下歸其智。此四者，大王素有之資，可畜之具，惟其委棄而不用，故漢皆得而收執之，是以大王未得所以稅駕也。方今之勢，漢王者，高資富室也。大王者，窶人也。天下者，市人也。市人不趨窶人而趨高資富室，明矣。然則大王今日之資，恃有一太公爾。天所以相楚也。今不歸之，以伸區區之信義，紓旦夕之急，臣恐漢人怒氣益奮，戰士倍我，是大王又以其資遺漢，且將索然而為窮人矣。此臣所以為大王寒心也。夫制人之與見制於人，克人之與見克於人，豈同日而語哉。願大王熟計之。」

項王曰：「孤所以恩漢者亦至矣。然去輒背我，今其父在此，猶日急鬥，誠一旦歸之，徒益其氣爾。」侯公曰：「不然。臣聞懷敵者強，怒敵者亡。大王於漢，有足懷而制之，乃欲怒而鬥之，臣意天溺大王之衷，將遂孤楚矣。大王誠惠辱一介之使護太公，且致言漢王曰：『前日太公播越於外，羈旅敝軍，獲侍盥沐者三年於茲，而君王方深督過之，是以下國君臣未敢議太公之歸。今君王敕駕迎之，孤恐久稽君王旦暮問安侍膳之歡，敢不承令，敬遣下臣衛送太公之屬車以還行宮。孤亦願自今之日，與君王捐忿與瑕，繼平昔之歡，君王有以報不穀者，皇天后土，實與聞之。』如此而漢不解甲罷兵以答大義，則曲在彼矣。大王因之號令士卒，以趨漢王，此秦所以獲晉惠公也。今大王不辱聽臣，臣無所受命而歸，漢王固將慟哭於軍曰：『楚之仇我者深矣，使者再返，而太公不歸矣，且號為舉大義，除殘賊，拯萬民，終之有不共戴天之仇，何面目以視天下，今日之事，有楚無漢，有漢無楚，吾將前死楚軍，不返顧矣。』漢王持此感怒士心，整甲而趨楚軍，此伍子胥所以鞭平王之屍也。」

項王曰：「善。吾聽公，姑無烹。公第還，語而王令罷兵，吾今歸之矣。」侯公曰：「此又不可。夫智貴乎早決，勇貴乎必為。早決者無後悔，必為者無棄功。王陵，楚之驍將也，一旦亡去漢，大王拘執其母，將以還陵也，而其母慷慨對使者為陵陳去就之義，敕陵無還，遂伏劍而死。故天下皆賢智其母，而莫不哀其死也。今太公幽囚鬱抑於大王之軍，久矣。今聞使者再返，而大王無意幸赦還之，臣竊意其變生於無聊，不勝恚辱之積，一旦引決，以蹈陵母之義，則大王悔恐自失，雖欲回漢軍之鋒，不可得矣。臣聞來而不可失者，時也。蹈而不可失者，機也。方今大王糧匱師老，無以支漢，而韓信之軍，乘勝之鋒，亦且至矣，大王雖欲解而東歸，不可得矣。臣願大王因其時而用其機，急歸太公，與漢王約，中分天下，割鴻溝以西為漢，以東為楚。大王解甲登壇，建號東帝，以撫東方之諸侯，亦休兵儲粟，以待天下之變。漢王老，且厭兵，尚何求哉，固將世為西藩，以事楚矣。」項王大悅。聽其計，引侯生為上客，召太公，置酒高會三日而歸之。

太公、呂后既至，漢王大悅，軍皆稱萬歲。即日封侯公平國君，曰：「此天下辯士，所居傾國者，故號平國君焉。」

附錄五　王世貞〈短長說下〉

〈短長說〉分上下兩編，共四十則一四八六八字，內容為歷史故事。上編二十三則，敘述戰國中後期到秦亡的多種歷史逸聞。下編二十三則，敘述楚漢相爭到西漢初年的多種歷史逸聞。

〈短長說〉是明代文豪王世貞的補史之作。他假借託古的形式，聲稱補史的文字出於地下，是整理竹簡的記錄，給後代的讀者製造了不少困惑。根據最新的研究，這部書肯定不是出土文獻而是王世貞的編撰。不過，這部書的內容，絕非天馬行空的胡編亂造，而是在史書記載的空白點上，運用間接的材料，基於已知史實，做合理的推測和構築。這部書，從史料學的角度上看，無疑是偽書。不過，這部書，從文學的角度上看，是擬古文的佳作，從史學的角度上看，相當逼近歷史的真實，從哲學上看，具有邏輯的真實性。

〈短長說〉最初收入王世貞的文集《王鳳洲四部稿》。萬曆後期，李光縉增訂《史記評林》時，將全文插入卷首。長期以來，該書的流傳相當有限，學界也瞭解不多，關注甚少。我在寫作《楚亡》的過程中，基於一切歷史都是推想的理念，較多地使用了該書下編的內容，於是將其作為附錄轉載於此。轉載的文字，依據日本汲古書院一九七二年出版的《和刻本正史史記》，該書輾轉依據的原本是《史記評林》李光縉增訂本。篇題和文字校正，依據我的學生藤田侑子的畢業論文《「短長說」的研究》。

短長說下

王世貞曰。耕齊之野者。地墳。得大篆竹冊一袠曰短長。其文無足取。其事則時時與史牴牾云。按劉向敘戰國策。一名國事。一名短長。一名長書。一名脩書。所謂短長者。豈戰國逸策歟。然多載秦及漢初事。意亦文景之世。好奇之士。假託以撰者。余怪其往往稱嬴項薄炎德。誕而不理。至謂四皓為建成侯偽飾。淮陰侯毋反狀。乃庶幾矣。錄之以佐稗官一種。凡四十則。

（短長說上二十三則，略）

第二十四則「項王晨朝諸大夫」章

項王晨朝諸大夫。韓生見曰。大王有意幸王關中。關中四塞地肥饒可都勿失也。項王默未答。亞父曰。善哉韓生言也。秦以虎踞東面。而笞捶天下。固萬世業也。沛公聞之。驚曰。殆矣。夫項王虎狼也。而處關中。是負嵎而伺肉人也。吾且肉矣。子房曰。無恐也。請得見項伯。乃夜見項伯曰。舍人言大王乃肯王關中。灞滻之旁美田宅園圃百一之賈。君擅甲焉。不佞亡臣之余敢請其羨。伯曰。唯唯。賴君之庇。庶幾有之。曰。敢問大王之所與將者師幾何。曰。四十萬人固也。渡江而北為楚者師幾何。曰。十萬有奇。人之好去鄉者情乎。曰。非情也。新城之役。秦師之就坑者幾何。曰。二十萬人。二十萬人之為父兄若子弟親戚者幾何。曰。不可幾也。亡慮百萬。敢問大王之坑秦師也何故。曰。為武信君。乃起嘆曰。嗟夫君之夫蚤計良也。今幸乃遇良。為武信君報也者。則為秦師報也者。其懷刃而欲剸大王與君之腹專矣。大王之卒十萬人。不好去鄉者十之八。則毋跳而留衛王者十之二矣。夫以二萬之卒。而欲壓百萬之怨民。使之日眈眈焉而計其隙。即灞滻之旁美田宅園圃以億計。君安得長擅之乎。夫使烏獲酣寢十其仇。褒短衣而環侍。即毋烏獲明矣。項伯曰。善。入言之項王曰。客有稱新城之役者。宮其室伻其人。寢食其其惴惴焉。項王曰。亞父亟請之。吾非忘之也。富貴不歸故鄉。如衣繡夜行。誰知者。明日韓生復流訕。乃烹韓生。

第二十五則「亞父謂項王（一）」章

亞父謂項王曰。善勝敵者策敵者也。不善勝敵者策於敵者也。甚矣大王之為漢也。臣薦韓信而大王不用。已令漢用之矣。臣薦陳平而大王不用。已令漢用之矣。漢欲大王殺義帝以為大王罪。大王殺之矣。今者又欲大王棄臣。大王固先厭臣矣。

第二十六則「亞父謂項王（二）」章

亞父謂項王曰。木蠹膚者淺蠹也。蠹衷者全蠹也。臣不肖少嘗習於秦。知秦之善因六國之間也。始用應侯筴走信士。日夜輂而之函谷之外。以害脅諸孱王而相之。毋事治事練卒。務以東折符南詈敵。而北肆兵而歸重於秦。偃然而坐制天下之權十七。秦猶以為未也。夫吳冠而越吟。人得其自也。有信信有疑信。則日夜輂黃金而走函谷之外。以隙乘諸幸臣而誘之。而後天下之權十全制也。諸孱王各賢其臣而不疑自。魏無忌天下之賢公子也。收五弱挫強鷙於崤澠之外。秦因晉鄙客而間之曰。是陰王乎。公子卒謝病免。角尉文君上黨阨而未快志也。又使藺卿之舍人間於平原君曰。此夫易與且降矣。獨畏馬服君子耳。馬服君子代尉文君。而喪四十五萬人。武遂之役。秦難李牧也。則以郭開間曰。牧為壽插匕首行弒也。趙王信之而涔亡。燕王不欲誅太子丹以媾。代嘉為秦間曰。秦欲得太子丹頭而飽。無所事燕也。丹頭獻而兵朝渡遼水之上矣。五國兵而齊懼亡欲從。后勝為之間曰。齊謹秦。秦不忍以尺刃東向也。齊不備而王建餓於松柏。而後知后勝也。是何秦之巧。而六國之拙也。故用間難也。因間易也。雖然猶未盡易也。自夫英主鮮幸而間則破也。若乃處骨肉之地。當肺腑之任。休戚均焉。而旦暮為敵間。如伯者此全蠹也。雖英主不得破矣。

第二十七則「亞父既謝項王而歸彭城也」章

亞父既謝項王而歸彭城也。邑邑剌剌。唇燥吻涸。淫火四上焚於大宅。肉食鮮進。數引漿勺。中夜起坐。徬徨顛錯。乃召卜師取龜躬以清水澡之。以卵祓之祝之曰。玉靈夫子。增雖耄老敢忘家國。其敢以請。則為楚卜曰。兵庶幾戢哉。其兆首仰足開。身作外疆情。則又卜曰。增病矣。其得無殆乎。其兆首上開。內外交駭。身節折。亞父慘然不悅曰。卜師前。卜師乃前跪曰。下走愚不敢以天請。敢以人請也。君侯之初從武信君也。為筴誰立。亞父曰。立懷王。曰。武信君之敗於雍王也。君侯奈何不先言之。曰。固言之而武信君愎弗聽也。然吾時在襄城。曰。君王之擅殺卿子冠軍也。而胡弗止也。亞父曰。何哉。夫卿子冠軍以口將者也。而又多外心。且師老矣。秦克趙而強。我聞克而餒必敗。夫一呼吸而存亡係焉。非君王其誰安楚。卜師曰。善。君王之坑秦降卒二十萬新安也。而胡弗止也。曰。吾固止之。而君王方有恐也。其秦卒怨且有謀。夫六國之吏民。剚項刲腹斷肢屠胃於秦人之手者十世矣。而今幸得復。且以秦人之一。謝趙人之二。而猶未足也。蓋君王一言之而眾刃蝟發。誰能已也。以諸侯僇秦二十萬而不可。以諸侯十世而百倍之可。吾未之敢信也。曰。君王之誅子嬰而燒秦宮室也。而胡弗止也。曰。有之。夫子嬰者。秦公子也。我楚之先懷王而以詐死。王負芻而以幽死。君王之大父燕與武信君。而皆以鬥死。夫諸侯王之先降而全者誰也。其各修怨焉。夫誰能止。都城之內外。若朝宮者大而不可訓。其離宮則孰非諸侯王之故。而忍存之。夫是以弗止也。曰。君王之倍帝約。而弗予漢秦也。而胡弗止也。曰。君王非倍約也。以程功也。當是時救河北難。入關易。攴秦之勁難。乘秦之隙易。籍令漢王與卿子偕而北也。我君王之入關也。我入關秦且折而楚。漢王與卿子敗。敗而彭城繼之。楚亦折而秦。且漢王不待報而遽有秦。閉關以扞我。是漢先倍約也。非君王也。曰。然則君王胡以不逐都關中。曰。以存約也。示與漢兩置之。且君王綱紀之僕靡一西人焉。而皆楚卒也。誰能無楚思。卜者前賀曰。卜之天而君侯左也。卜之人天且為右焉。雖然義帝江之役其真盜乎。抑有以受乎。君侯其與聞乎。抑弗聞也。請更卜之心。亞父不能答。夕疽發於背。七日而亞父卒。

第二十八則「漢王欲媾楚以請太公不得」章

漢王欲媾楚以請太公不得。客有侯生者。蹙齃勝攣。淚目泥耳。前仰後俯。衣褐因謁者見曰。臣請為王媾楚。漢王叱曰。而胡言之易也。謀若良平。辯若隨陸。弗敢任行。而胡言之易也。侯生曰。王請太公耶。弗請太公耶。請太公也。而以輕絕天下之士何也。令臣必貌見王。王必貌取人。則胡不以將張蒼而將韓信。王曰。善。子先之。富貴且共之。侯生遂東見項王曰。漢王之使陪臣來謁。媾未畢。項王按劍疾聲若霆霓。曰。季不欲得父耶。欲得父而不以丞相何來。令豎儒來調迺公也。趣鼎提烹之。侯生曰。始以為大王英雄也。乃今知大王非英雄也。大王乃不如漢王。項王曰。何謂也。曰。漢王誠欲得太公。則遣丞相何來。遣臣來。是不欲得太公也。大王之王漢王也。漢王如不聞也。既王漢。因以王漢為大王罪曰。負約而愚天下。江之役漢王如不聞也。義帝死。乃以死義帝為大王罪曰。弒君而愚天下。鼎之問太公且就烹。漢王如不聞也。必太公死。乃以是為大王罪曰。殺吾父弗義。請與天下共報之。大王幸赦太公。漢王語塞請和也。漢之君臣相與謀曰。吾遣丞相何往。齎金帛稱臣。割地以求太公。楚王必喜而予太公。予太公吾毋以為兵端也。乃定使臣。烹臣與太公。而後漢君臣之計中。夫決謀之謂英。立斷之謂雄。大王勇揜謀而不斷。已食其禍。而食敵以實利也。臣故曰大王非英雄也。大王以直予漢。則毋若以曲予漢。正告天下曰。漢之土地甲兵寡人無所利焉。漢王嘗與寡人約為兄弟。吾不忍其父而歸之。以庶幾息肩元元。漢王內逼親外逼名。必不敢畔楚而搆禍於天下。項王室劍劍膝曰。快乎先生之言如發矇也。禮太公使侯生御而歸漢。漢王悅曰。此辯士所居傾國。因封侯生平國君。

第二十九則「西楚霸王使司馬」章

西楚霸王使司馬奉書漢之諸王列侯大將護軍中尉卒正人吏。漢王劉季奸回不道。倍詛棄父。酗酒嫚賢。以干天罰。惟我兩軍迫於兇殘。不以好見。敢布腹心。昔我武信君有討於薛。季寔帥群盜而請啟行。爰錫虎賁五千驃將十人。以為季紀綱之僕。寡人迅掃河北。遏劉全師。季得抵間以入崤函之險。蹈空解理。兵刃不血。伊誰之故。季遂鬻寡人以奸而距嶢關。義帝一介之使。逆門不內。寡人以為討。寔搖其尾。寡人寬之弗誅。念厥功剪茅壓紐。王有巴漢。惟是故裔勞臣。

瓜分天下。寡人亡所利焉。庶幾與諸侯王息肩。季復潛兵布謀。以盜三秦。強劫五國。衷刃向德。飾摭浮僭。污衊寡人。簧譖其下。贏秦為毒。屠割寰宇。十世之殤。奮其武怒。甘心於報。新安之役。雖寡人先之。寔諸侯王吏民意也。秦鑿元元之膏以建阿房。示萬世侈。寡人有憂焉。六王之宮厥亦有孫子臣士。痡胸疾首。鬱為烈炎。秦獲六王。良者餓死。敢忘子嬰之僇。惟義帝之暴終以侍衛不虔。為寡人罪。君其問諸水浜。抑聞之。季也出蜀而東窺關。帝豈已大故耶。季又聳諸田畔王命。以牽我於齊。而入我彭城。寡人不獲已。迺有泗睢之役。季不習於戰。大棄其師。寡人寬之弗追。季又跳劫老弱。張兵威而窺我。寡人不獲已。迺有滎陽之役。季又不習於守。大棄其師。寡人寬之弗追。季又揜奪我同盟。挑脇我與國。離間我腹心。為鬼為蜮。為蝚為螟。寡人欲有肆焉。為先武信君之故。與諸侯王大夫吏之不寧。季幸旦赦。寡人夕改圖也。盟季父而歸之。約曰。鴻溝以西為漢。以東為楚。季踴躍稱報世世臣妾。季履后土而戴皇天后土寔聞斯言。餘腥在齒。復謬聽一二憸壬。稱兵固陵。矢鏃未交。鳥潰獸散。今者復誘齊王武王趙王梁相國。以土地金帛而謀楚曰。得楚與天下共之。諸侯王自視。與季父孰德。季已滅寡人德。棄父不顧。其何有於諸侯王也。寡人甲雖敝足以一奮。諸侯王所習鉅鹿彭城事者。斬季降請以關中事之。世世鄰好。與天無極。季能革心自悔。竄還故封。寡人亦無所恨。

第三十則「彭王既封梁」章

彭王既封梁。大置酒會客。匽輒傴而前弔曰。嗟夫大王之以身託王是也。是殉王也。何故。曰。大王之起鉅野一役夫耳。非六國素貴眾附而暫失職者也。大王遊師梁楚。其附離漢。若沉而若浮。非有蕭曹金石之素也。大王之功。獨有徇魏下昌邑。絕楚糧道。間給軍食耳。非齊王信略定之勳也。夫蕭曹之貴不益侯。而齊王之立非主上之意也。大王安得獨偃然南面而稱孤哉。且固陵之役。漢以誅楚告。而大王恐疑恫喝而不應也。漢以勝楚捐睢陽以北至穀城王大王告。而大王翩然來也。是以梁而來也。抑為梁而來也者。漢焉得以純臣視大王也。且夫天下不一而人易王也。天下一而王不易王也。無智愚知之。臣故曰殉王也。大王盍謝梁而就侯之故封乎。夫以一世王而身裂。孰與百世侯而子孫不絕也。彭王嚄唶不忍辭也。後竟有雒陽事。

第三十一則「鍾離將軍辟漢亡之楚」章

鍾離將軍辟漢亡之楚。楚王臣欲弗納。鍾離將軍恚且自剄也。騎無詭謂曰。請為將軍嘗之。乃入拜賀曰。大王行千金報漂母。又闊略惡少年而不誅且官之。天下之士靡不南向馮軾而入楚。以得奉大王布衣之間為幸。大王之英風薄海外。今者門有一鍾離將軍。自言與大王有連也。楚王曰。鍾離將軍故有連也。雖然。垓下之決。田王亦既辭梁王而之嶋矣。願鍾離將軍之事田王也。曰。德德者常也。德讎者變也。然而厚也。讎德者薄也。大王既以幸寬惡少年而不誅且官之。而獨棄鍾離將軍。是大王再用變而後居薄也。臣竊為大王不取也。且夫虞卿賢臣也。急魏齊之禍。捐相印而與之間行亡命。鍾離將軍怨不勝魏齊。漢暴不勝秦。而大王之賢遠過虞卿。幸毋以他卻也。楚王曰。固也。鍾離將軍得罪漢。而寡人漢臣也。寡人眇眇之身。不足以殉鍾離將軍。不願見也。曰。大王虞臣漢也。則請毋虞臣漢。夫什方侯之璽。漢皇帝腐心而授之。為其功大也。漢皇帝必不忍以大王之匿鍾離將軍。掩大王功明矣。楚國雲夢之渚。折蘆之炎。亦足以藏鍾離將軍而無疐。楚王曰。諾。請見之。

第三十二則「漢之五年封英布為淮南王」章

漢之五年封英布為淮南王。出而有驕色。隨大夫請見不拜曰。幸甚無恙。今天下稱雄勇於大王者。獨項王耳。項王滅。獨大王在。漢之諸王楚王信最貴。大王次之。其諸南面而王者。固皆鴈行弗敢先也。雖然。大王之所稱功烈於天下者五耳。初渡江振武信君之弱而起之。以破秦嘉景駒軍一也。以二萬人北撥邯離之銳。而為軍鋒冠二也。坑秦卒二十萬以快諸侯三也。取間道破函谷關以與大兵會四也。又與衡山臨江王為郴之績五也。夫是五功而皆在楚漢弗與也。其一功為楚窘漢者也。其二功又豪傑之所腹誹也。大王以九江歸漢。龍且來見。討弗能距。固陵之役在軍。軍不能勝。今徒以一歸誠故。而偃然而當列城邑之封。又以驕色御之。臣恐漢幕之士自執圭而上。皆得持功籍而與王差計也。淮南王謝不敏曰。孤之獲有此日也。大夫之賜也。請以黃金百

鎰。白璧一雙。為大夫壽。隨大夫辭而去之。曰。吾以為淮南王功也。是吾且代淮南王禍也。吾弗敢受也。

第三十三則「高皇后謂酇侯」章

高皇后謂酇侯曰。相國來。帝討叛豨。託君以老婦弱子。胡婾自遂也。酇侯免冠謝曰。唯社稷之策。與主上之寵命。不有寧也。后曰。吾三使使問軍中事。而三不答也。意者憂不在外歟。夫淮陰侯饜項之頸也。而中廢意怏怏。吾甚憂之。其反也。老婦請厲礩盎而為君先。酇侯曰。臣聞之決癰者虞其咽。淮陰侯功臣也。主上未有命誅之。臣懼挑禍也。且臣老不足以任大事。酇侯趨出。辟陽侯見曰。臣異日得侍后。未見不色懌者也。今者乃不色懌也。毋以臣委弱歟。後曰。否。吾欲甘心淮陰侯。相國不與也。辟陽侯曰。相國文吏易搖。臣請徵之。出見酇侯曰。下走不敢從百執事以見。竊怪相國鮮食惡寢。中若負隱憊胡憊也。相國謝曰。無有。曰。不佞得從良家侍環衛之列。唯是一二語與聞之。日者皇后朝罷而嘆曰。老婦誶過言漢中帥誰壇而拜者。得無生語泄乎。吾母子不食新矣。酇侯大恐色變。入請死。遂謀誅淮陰侯。

第三十四則「冒頓為單于強」章

冒頓為單于強。而數苦北邊。高祖患之。以問劉敬。敬曰。天下初定士卒罷於兵。未可以武服也。冒頓以力為威。未可以仁義說也。獨可以計久遠子孫為臣耳。然恐陛下不能為。上曰。誠可。何為不能。顧為奈何。劉敬對曰。陛下誠能以適長公主妻之。彼知漢適女必慕以為閼氏。生子必為太子代單于。冒頓在。固為子壻。死則外孫為單于。豈聞外孫敢與大父抗禮者哉。兵可無戰以漸臣也。上曰。善。叔孫生進曰。大漢方一宇宙超三五。乃無故而飾愛女以為匈奴御。得無貽笑後世哉。夫匈奴。豺狼也。其父之不卹。而手鏑之以死。何有於婦父。冒頓之有子也。而見其大父之死於冒頓也。則曰吾父且不武。何以獨忍吾大父。而弗忍外大父也。不然而以十萬騎入塞。牧日均而孫也。吾何以無漢分地。請得九州之偏若幽冀者寓牧焉。奚辭扞之。上曰。虜貪而好色。故餌之。叔孫生曰。冒頓餌人者也。非為人餌者也。不觀其初得志。而以其所愛閼氏予東胡。而兵隨其後。彼豈其遽耄昏哉。而我乃用彼之餌人而餌之。上不聽。入宮以語呂后。后大啼泣曰。妾唯一子一女。奈何棄之匈奴。上乃嘆曰。唉而之不欲棄女匈奴也晚矣。則以磔淮陰侯也。

第三十五則「高皇帝謂群臣」章

高皇帝謂群臣曰。吾少也賤。嘗習於戰國而未竟也。夫三武安君孰賢。陸大夫曰。武安君秦似賢。夫武安君秦不假尺箠寸兵一介衛。緩頰而鼓燕厲趙憚楚靡齊膠韓魏。而西脅秦。天下之權。舒縮三寸之舌。佩金者六。此豪達之極操也。十五年函谷不出兵而男女獲老。此慈惠之宏覆也。臣故曰武安君秦賢。舞陽侯曰。不然。武安君起賢。白起將而摧韓魏伊闕安邑華陽陘城野王。趙上黨楚鄢郢。首虜百萬。城大小二百。自蚩尤以還。未有績烈若是偉著者也。身死而秦用其教以吞天下。臣故曰武安君起賢。季將軍曰。因易也。反難也。二武安君無無因者。起因勇也。秦因怯也。以關中吏士之勇。即非起將之。勢不得不勝也。以六國之怯。即非秦誘之。勢不得不合也。武安君牧賢也。夫武安君當衰季之趙。厲殘傷之卒。北摧虜西遏強嬴若拉朽。然反弱而見強。反負以要勝。牧存趙存。牧亡趙亡。臣故曰武安君牧賢。帝曰善夫。季將軍之言將矣。

第三十六則「建成侯為太子謂留侯」章

建成侯為太子謂留侯曰。君故為主上時時秘謀。今數欲易太子。太子不敢以望君。君為言太子而主上不聽也。萬歲後太子不敢以望君。留侯曰。地疏而計親者拙也。位賤而圖貴者誖也。且上數在困急中幸用臣筴。今天下安定。以愛欲易太子。夫以疏賤幾棄之人。而處於骨肉之間。百臣等何益。建成侯劫曰。雖然為我強計之。曰。此未易口舌爭也。顧上有不能致者天下四人。東園公綺里季夏黃公角里先生四人者老矣。皆以為上嫚侮人。故逃匿山中。義不為漢臣。然上高此四人。公能為太子致之乎。為太子致之而見之。上必異而問之。問之而事可大助也。建成侯曰。善。言之高皇后。使使者齎黃金百鎰。白璧四雙。安車四乘。以太子書。繇商山而道。披箐棘貽四皓曰。寡人之竊寤寐高誼久矣。屬卒卒無燕閒之閒。不敢以身過。請敬使家令布其區區。夫四先生鸞矯鵠舉。遊於空外。糠粃萬乘。草芥窮顯。使海內傾嚮而慕聲。且以秦皇帝之強捶六國王。而不能以寸組被四先生。以項氏之暴血五諸侯。而不能尺刃脇四先生。寡人則何敢言。雖然寡人可以執鞭箠。而共掃除之役無不為也。寡人竊有請也。堯舜欲以天下辱巢許。故巢許弗辱也。出不能加治於唐虞。而遯足增華於堯舜。是故其入箕渭益深也。若師尚父之於文王則不然。八十而非熊。九十而鷹揚。百有二十而磐石於齊。施於孫子。大表東海。夫天下不以巢許故而廢師尚父。四先生即不厭師尚父一沛。其餘卷舒若雲。又似游龍。九有被施。萬代若新。豈不快哉。四皓委髮蛻臥。詳憊不屬曰。老臣不足以辱太子使者。庶無所之。長安千里而遙。老臣固道路之遺骨也。且焉敢以子先父也。使者三請不可。乃返。建成侯憂曰。若之何更見。留侯曰。子為之號鶖於市而曰鸛也。其日非鸛。而訕之者十九。號山雞於市曰鸞也。其不即以為鸞。而訕之者十不一也。夫鸛恆見。而鸞不恆見也。四皓之辟世人久矣。帝向者固高之特耳之耳。建成侯曰。請受教。閟使者問狀貌。所近而推得之舍人中老者。為隱衣冠抵掌而談商山甚悉。及太子燕上置酒。受留侯辭以從。上怪問曰。彼何為者。四人前對言姓名。上乃大驚曰。吾求公數歲。公辟逃我。今公何自從吾兒遊乎。四人皆曰。陛下輕士善罵。臣等義不受辱。故恐而亡匿。竊聞太子仁孝恭敬愛士。天下莫不延頸欲為太子使者。故臣等來耳。上曰。煩公。幸卒調獲太子。四人為壽。已畢趨去。上目送之。召戚夫人指示曰。我欲易之。彼四人輔之。羽翼已成難動矣。呂后真而主矣。長安人人謂太子能屈四皓也。

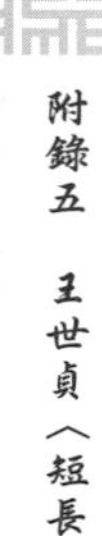

第三十七則「漢高帝誅淮南王」章

漢高帝誅淮南王。還張飲沛懽甚。已而酒見群臣。倨謂曰。吾孰與古帝王稱。酇侯曰。堯舜。帝不懌曰。相國過諛吾。吾焉敢望堯舜哉。鄂君曰。唯陛下過損以不如堯舜。即堯舜不如也。夫堯唐侯也。舜天子之介壻也。陛下起布衣。無尺寸之籍。其不如一也。嬴項之強難為力。故百倍水焉。堯使禹治之。九年而甫畢。陛下五載而大定。其不如二也。唐虞之甸不千里而近。今薄海內外。罔不臣妾。其不如三也。堯舉共工鯀驩兜而僨事。陛下拔三傑而將相之。動若響應。其不如四也。臣故曰陛下過損也。非相國過諛也。帝大悅曰。雖然請舍是而儗我。鄂君曰。秦始皇哉。帝怒甚。按劍而叱曰。豎子吾提三尺誅無道秦。童子知之。始皇何人而辱我。鄂君再拜曰。始皇聖之威也。以不足辱陛下乎。則可。然愚者任目睹跡。從耳程響。陛下幸赦之。請得舉其似。夫始皇稱皇帝。陛下因之不改。始皇斥郡縣。湯沐之奉大於王畿。陛下因之不改。始皇立丞相太尉御史九卿。陛下因之不改。始皇築冀宮象天闕。陛下之未央崔嵬不改。始皇為黃屋左纛千乘萬騎。陛下之旌旂鬱然不改。始皇惡儒。陛下亦惡儒。始皇斥太子。陛下亦數欲斥太子。然而始皇不好酒。陛下好酒。始皇之誅韓灌魏鹵趙斬燕滅楚囚齊兵不留行。陛下血濉水而跳滎陽。始皇使蒙恬北逐胡築長城。萬里之內無馬跡。陛下之困白登。七日不食。卑賂以脫。始皇下五嶺拓南粵。陛下不能使尉佗解椎而正襟。始皇之世。六王之裔。脇息黔首。陛下不能使臧荼黥布之毋反。始皇之世。翦信終牖下。而陛下不能使韓彭之毋族。繇此言之。陛下殆不如也。帝默然良久。乃舉爵自罰曰。敬以謝鄂君之規。

第三十八則「高帝崩」章

高帝崩。曲逆侯畏呂嬃之讒也。舍軍而馳。至宮哭甚哀。因奏事喪前。太后哀之曰。君勞。出休矣。曲逆侯固請得宿衛。太后乃以為郎中令曰。傅教帝。居久之。曲逆侯為人長白姣麗。時時与辟陽侯審食其並宿衛。其美踰辟陽侯。即辟陽侯亦自以弗如也。而太后數目屬之。勞賜餐糒上尊相繼。曲逆侯心恐。乃使其舍人謁辟陽侯曰。陳侯敬使使謁君侯。敢布腹心。陳侯雖幸蚤貴。然外臣也。豈敢以僭君侯。惟是長信之目屬焉。懼一旦之失身以為君侯憂。帝長矣無所事傅。侯請得辭宿衛為外臣。辟陽侯心然之耳。且又多之也。曰。是能讓。乃請間於太后曰。曲逆侯何如臣也。太后曰。是忠臣也。先帝信之而託肺腑。今其傅人主也。十日而不洗沐。蚤起晚罷。若忘其有家者。辟陽侯起避席曰。曲逆侯之為忠臣。天下莫不聞。然其美麗也。少而有佚行於嫂。天下亦莫不聞。今臣幸而得侍宿衛。以貌寢故無譏者。以曲逆侯之萬一而波及臣也。臣何所逃死。太后不懌曰。若貌曲逆侯耳。吾何有也。為出之。雖然不可以不重。乃拜安國侯右丞相。而曲逆侯為左丞相。

第三十九則「潁陰侯為大將軍東擊齊」章

潁陰侯為大將軍東擊齊。齊哀王貽之書曰。高帝提三尺劍。誅暴秦有天下。寔賴君侯及二三大臣之力。剖符定封以啟湯沐。世世勿絕。唯是庶邦兆民之供。與君侯二三大臣共之。惠帝崩高后用事。私其家人。誅僇懿親。剪滅宗社。弗神其鬼。白馬之盟蔑焉。以王諸呂。君侯及二三大臣寔與聞之曰。委曲旁迕以濟大幾。今少主非先惠帝遺體。鮠硊負乘。祿產寔鑿其牙。旦夕改社。寡人眇小之區。非敢以與宗廟大筴。唯君侯與二三大臣。是希以徼惠於高皇帝。今者崤函之間有兵師焉。云君侯將之以誅寡人。寡人未敢信也。寡人少不能知君侯。嘗聞之先王言。雍丘之起君侯寔布腹心。高皇帝削嬴掃項百十鄰死。以有今日爵列通侯位至三事。君侯所鄰死百十。且富貴者為高皇帝耶。為呂后也。今幸社稷之靈。呂氏倒持太阿以授君侯。君侯不蚤定計即不諱。與二三大臣何面目見高皇帝於地下。潁陰侯大慙詫曰。此嬰之日夜切齒而腐心者也。敬與齊王連和。

第四十則「淮南王之椎辟陽侯也」章

淮南王之椎辟陽侯也。免冠詣北闕謝。文帝以親親故不忍誅。而怒不已也。入見太后而請罪曰。臣有弟不能訓。而擅僇高皇帝之大臣。臣不能屬司寇。而寬之敢謝不法。太后曰。帝毋忘高皇帝耶。曰。何敢忘。曰。帝亦知呂后之人彘戚夫人乎。知之。曰。高皇帝而在也。其能無人彘辟陽侯哉。淮南王代帝。而行高皇帝誅者也。何罪。其速賜王冠。

參考論著舉要

這本《楚亡：從項羽到韓信》，是《秦崩：從秦始皇到劉邦》的續集，凡是列在《秦崩》書後的參考書，都是本書參考過的，於是重新附在本書後面。不過，隨著內容的推移，也隨著新的發現和新的研究成果的公布，我對參考書目也相應做了一些補充，增添在原來的書目後面，希望保持一種連續性。

一、歷史敘述類

1. 黃仁宇《萬曆十五年》，中華書局，一九八二年，二〇〇六年增訂版。
2. 顧頡剛《秦漢的方士和儒生》，上海古籍出版社，一九八二年。
3. 西嶋定生〈武帝之死〉，載《日本學者研究中國史論著選譯‧第三卷‧上古秦漢》，中華書局，一九九三年。
4. 伏爾泰《路易十四時代》，吳模信等譯，商務印書館，一九九七年。

5. 吉本《羅馬帝國衰亡史》，席代岳譯，聯經出版公司，二〇一一年。
6. 鹽野七生《ローマ人の物語》，新潮社，一九九二年。
7. 李開元《秦崩：從秦始皇到劉邦》，聯經出版公司，二〇一〇年。
8. 李開元《秦謎：秦始皇的秘密》，聯經出版公司，二〇一〇年。

二、人物傳記類

1. 吳晗《朱元璋傳》，人民出版社，二〇〇三年。
2. 林語堂《蘇東坡傳》，作家出版社，一九九五年。
3. 朱東潤《張居正大傳》，東方出版中心，一九九九年。
4. 安作璋、孟祥才《漢高帝大傳》，河南人民出版社，一九九七年。
5. 張文立《秦始皇評傳》，陝西人民出版社，一九九六年。
6. 鶴間和幸《秦の始皇帝》，吉川弘文館，二〇〇一年。
7. 藤田勝久《司馬遷とその時代》，東京大學出版社，二〇〇一年。
8. 堀敏一《漢の劉邦》，研文出版，二〇〇四年。
9. 佐竹靖彥《劉邦》，中央公論新社，二〇〇五年。
10. 普魯塔克《希臘羅馬英豪列傳》，席代岳譯，聯經出版公司，二〇〇九年。

三、古典類

1. 司馬遷《史記》，中華書局，一九八九年。
2. 司馬光《資治通鑑》，中華書局，一九七六年。
3. 班固《漢書》，中華書局，一九七五年。
4. 洪興祖《楚辭補注》，中華書局，一九八三年。
5. 王先謙《荀子集解》，中華書局，一九八八年。
6. 陳奇猷《韓非子集釋》，上海人民出版社，一九七四年。
7. 張雙棣《淮南子校釋》，北京大學出版社，一九七七年。
8. 楊守敬、熊會貞疏《水經注疏》，江蘇古籍出版社，一九八九年。
9. 周振甫《周易譯注》，中華書局，一九九一年。
10. 蘇東坡《蘇軾文集》，中華書局，一九八六年。
11. 長澤規矩也解題《和刻本正史史記》，汲古書院，一九七二年。
12. 韓兆琪《史記箋證》，江西人民出版社，二〇〇五年。

四、專門史類

1. 馬非百《秦集史》，中華書局，一九八二年。

2.楊寬《戰國史》，上海人民出版社，一九九八年。

3.林劍鳴《秦史稿》，上海人民出版社，一九八一年。

4.王子今《秦漢交通史》，中央黨校出版社，一九九四年。

5.霍印章《秦代軍事史》（《中國軍事史》第四卷），軍事科學出版社，一九九八年。

6.陳梧桐、李德龍、劉曙光《西漢軍事史》（《中國軍事史》第五卷），軍事科學出版社，一九九八年。

7.后曉榮《秦代政區地理》，社會科學出版社，二〇〇九年。

8.周振鶴《西漢政區地理》，人民出版社，一九八七年。

五、專題研究類

1.郭沫若《十批判書》，科學出版社，一九六二年。

2.勞榦《勞榦學術論文集》，藝文印書館，一九七六年。

3.陳夢家《漢簡綴述》，中華書局，一九八〇年。

4.譚其驤《長水集》，人民出版社，一九七八年。

5.田餘慶《秦漢魏晉史探微》，中華書局，一九九三年。

6.錢穆《先秦諸子繫年》，河北教育出版社，二〇〇二年。

7. 李開元《漢帝國的建立與劉邦集團》，三聯書店，二〇〇〇年。
8. 辛德勇《歷史的空間與空間的歷史》，北京師範大學出版社，二〇〇五年。
9. 藍永蔚《春秋時期的步兵》，中華書局，一九七九年。
10. 張傳璽《秦漢問題研究》，北京大學出版社，一九八五年。
11. 張大可《史記研究》，甘肅人民出版社，一九八五年。
12. 吳榮曾《先秦兩漢史研究》，中華書局，一九九五年。
13. 辛德勇《秦代政區與邊疆地理研究》，中華書局，二〇〇九年。
14. 陳蘇鎮《「春秋」與「漢道」——兩漢政治與政治文化研究》，中華書局，二〇一一年。
15. 邢義田《治國安邦》，中華書局，二〇一一年。

六、考古類

1. 袁仲一《秦始皇陵的考古發現與研究》，陝西人民出版社，二〇〇二年。
2. 王學理《咸陽帝都記》，三秦出版社，一九九九年。
3. 徐衛民《秦公帝王陵》，中國青年出版社，二〇〇二年。
4. 王輝《秦出土文獻編年》，新文豐出版公司，二〇〇〇年。

七、地圖類

1. 譚其驤主編《中國歷史地圖集》，第二冊，地圖出版社，一九八二年。
2. 史念海主編《西安歷史地圖集》，西安地圖出版社，一九九九年。
3. 國家文物局主編《中國文物地圖集》，陝西分冊，西安地圖出版社，一九九八年。
4. 國家文物局主編《中國文物地圖集》，河南分冊，中國地圖出版社，一九九一年。
5. 國家文物局主編《中國文物地圖集》，江蘇分冊，中國地圖出版社，二〇〇八年。

八、日文學術類

1. 增淵龍夫《中国古代の社會と国家》，岩波書店，一九九六年。
2. 西嶋定生《中国古代国家と東アジア世界》，東京大學出版社，一九八〇年。
3. 守屋美都雄《中国古代の家族と国家》，東洋史研究會，一九六八年。
4. 佐藤武敏《司馬遷の研究》，汲古書院，一九九七年。
5. 栗原朋信《秦漢史の研究》，吉川弘文館，一九八六年。
6. 藤田勝久《「史記」戦国史料の研究》，汲古書院，一九九七年。

歷史大講堂

楚亡：從項羽到韓信

2013年5月初版 定價：新臺幣390元
2022年1月初版第四刷

著者	李開元
叢書編輯	梅心怡
校對	呂佳真
封面設計	沈佳德
內文組版	菩薩蠻

出版者	聯經出版事業股份有限公司
地址	新北市汐止區大同路一段369號1樓
台北聯經書房	台北市新生南路三段94號
電話	(02)23620308
台中分公司	台中市北區崇德路一段198號
暨門市電話	(04)22312023
郵政劃撥帳戶	第0100559-3號
郵撥電話	(02)23620308
印刷者	文聯彩色製版印刷有限公司
總經銷	聯合發行股份有限公司
發行所	新北市新店區寶橋路235巷6弄6號2F
電話	(02)29178022

副總編輯	陳逸華
總編輯	涂豐恩
總經理	陳芝宇
社長	羅國俊
發行人	林載爵

行政院新聞局出版事業登記證局版臺業字第0130號

本書如有缺頁，破損，倒裝請寄回台北聯經書房更換。 ISBN 978-957-08-4170-1 (平裝)
聯經網址 http://www.linkingbooks.com.tw
電子信箱 e-mail:linking@udngroup.com

本書照片由李開元提供。

國家圖書館出版品預行編目資料

楚亡：從項羽到韓信/李開元著．初版．新北市．聯經．2013年5月（民102年）．432面．14.8×21公分（歷史大講堂）
ISBN 978-957-08-4170-1（平裝）
[2022年1月初版第四刷]

1.秦漢史

621.9 102006405